新型黏结相钨合金
及其强化技术

向道平　著

北　京
冶　金　工　业　出　版　社
2025

内容提要

本书在概述钨合金基础上，介绍了 W-Ni-Mn 合金、W-Ni_3Al 合金及 W-VCoNi 合金的制备及其强化技术。在 W-Ni-Mn 合金部分，介绍了原料预处理及烧结技术等对合金的影响；在 W-Ni_3Al 合金部分，介绍了成分调控、结构设计、细晶强化、固溶强化、界面工程、氧化物弥散强化和相变强化等对合金的影响，以及典型合金的盐雾腐蚀行为；在 W-VCoNi 合金部分，介绍了中熵合金在钨合金中的应用及其相关强化技术。

本书可供从事钨合金等难熔合金及其强化技术相关科研、生产及应用研发的科研人员，以及大专院校材料科学与工程及粉末冶金技术相关专业师生参考。

图书在版编目（CIP）数据

新型黏结相钨合金及其强化技术 / 向道平著 . 北京 : 冶金工业出版社，2025. 6. -- ISBN 978-7-5240-0287-1

Ⅰ. TG146. 4

中国国家版本馆 CIP 数据核字第 2025AY8169 号

新型黏结相钨合金及其强化技术

出版发行 冶金工业出版社　　**电　　话**（010）64027926

地　　址 北京市东城区嵩祝院北巷 39 号　　**邮　　编** 100009

网　　址 www. mip1953. com　　**电子信箱** service@ mip1953. com

责任编辑　杨盈园　美术编辑　彭子赫　版式设计　郑小利

责任校对　梅雨晴　责任印制　范天娇

三河市双峰印刷装订有限公司印刷

2025 年 6 月第 1 版，2025 年 6 月第 1 次印刷

710mm×1000mm　1/16；14. 75 印张；283 千字；223 页

定价 78. 00 元

投稿电话　**（010）64027932**　**投稿信箱**　**tougao@ cnmip. com. cn**

营销中心电话　**（010）64044283**

冶金工业出版社天猫旗舰店　**yjgycbs. tmall. com**

（本书如有印装质量问题，本社营销中心负责退换）

前　言

钨重合金，简称钨合金，是一种以钨为主、并且添加低熔点金属等为黏结相制备的复合材料。凭借其优良综合力学性能，以及良好抗辐射性和耐腐蚀性，钨合金被广泛应用于军事、航空航天、医疗等众多领域。

当钨合金作为结构材料服役时，其综合力学性能的好坏是必须考虑的重要问题之一。除合金成分及配比外，钨合金的力学性能还与烧结条件、黏结相种类、钨晶粒尺寸等多种因素有关。其中，选择或设计新型黏结相是提高钨合金性能的最有效方法之一。利用新型黏结相，可以改善合金组织形貌，细化晶粒结构，从而提高钨合金的力学性能。因此，本书以不同新型黏结相钨合金为基础，研究其制备技术、不同强化方式及机理，甚或盐雾腐蚀行为，目的是为开发更高性能钨合金奠定技术和理论基础。

在新型 W-Ni-Mn 合金相关研究中，先以简单机械混料辅助放电等离子烧结（SPS）技术，制备了具有较好力学性能的较细钨晶粒 W-Ni-Mn 合金。接下来，通过机械激活原料辅助较低温 SPS 技术，进而制备了近乎全致密的更细钨晶粒 W-Ni-Mn 合金。最后，通过固相烧结和短时液相烧结的“两步 SPS”技术，制备了钨晶粒继续减小的高硬度 W-Ni-Mn 合金，主要探讨了合金显微结构与力学性能之间的关系。

在新型 W-Ni_3Al 合金相关研究中，主要对通过机械球磨制备片状 Ni_3Al 黏结相和原位生长纳米 Al_2O_3 协同强化 W-Ni_3Al 合金、通过向原料中添加微量 B 元素用以辅助低温烧结 W-Ni_3Al 合金、通过机械球磨片状 Ni_3Al 黏结相及以微量 B_2O_3 代替 B 协同强化 W-Ni_3Al 合金、通过机械球磨片状 Ni_3Al 及添加微量 MoO_3 辅助低温烧结 W-Ni_3Al 合金、通

过 ZrO_2 相变强化和氧化物固溶强化协同强化 W-$NiAl_3$ 合金、通过向原料中添加 FeSiB 金属玻璃产生无序显微结构和固溶强化等协同强化 W-Ni_3Al 合金、通过向原料中添加少量 Co 产生固溶强化和细晶强化等协同强化 W-Ni_3Al-Co 合金、通过向原料中添加微量 Y_2O_3 进一步改性 W-Ni_3Al-Co 合金等进行了研究，同时也通过模拟盐雾腐蚀探索了部分合金的抗盐雾腐蚀性能。

在新型 W-VCoNi 合金相关研究中，先通过高能机械球磨制备 VCoNi 中熵合金粉末，然后将 W 粉与 VCoNi 中熵合金粉混合均匀，最后通过 SPS 技术快速制备了具有优良力学性能的 W-VCoNi 合金。接下来，向 W-VCoNi 合金原料粉末中添加少量 Ni_3Al，将其作为 VCoNi 中熵合金黏结钨合金的强化相，进而制备了具有高硬度和高强度的“双高”力学性能 W-VCoNi-Ni_3Al 合金。之后，通过向 W-VCoNi 合金原料粉末中添加少量 B_2O_3 进行辅助烧结，最终制备了具有更高硬度和更高抗弯强度的“双高”力学性能 W-VCoNi-B_2O_3 合金。

本书是在国家自然科学基金（51464010，52064012）和海南省自然科学基金（420RC527）等课题支持下完成的，是作者近十年来在新型黏结相钨合金及其强化技术领域主要研究成果的系统总结。本书相关研究工作由作者直接指导的博士生毛瑞鹏，硕士生潘艳林、樊志帅、胡璐璐、刘景明、潘光明等人协助完成，在此特向他们表示衷心的感谢。

在本书撰写过程中，参考了有关文献资料，在此向有关文献资料的作者表示感谢！

由于作者水平所限，书中不妥之处，敬请各位读者批评指正。

作　者

2025 年 4 月

目　录

1 钨合金概述

1.1 钨合金特点

高密度钨合金（tungsten heavy alloys，WHAs）是一种以体心立方钨为主，同时添加其他低熔点韧性金属（如 Fe、Ni、Co、Cu 等，作为黏结相），利用粉末冶金法制备的双相材料。合金元素的多元化和应用领域的扩展导致高密度钨合金涵盖的合金种类越来越多，因而很多情况下也简称其为钨合金。

典型钨合金的钨含量为 80%~98%（质量分数），平均钨晶粒尺寸为 20~60 μm。钨合金具有强度高、硬度高、延性好、塑性好、机加工性好、线膨胀系数小、抗腐蚀和抗氧化性好、导电导热性好等一系列优良性能，自问世以来在国防和民用工业上得到了广泛应用，如军事工业中的穿甲弹和子母弹，航天航空中导航仪表的陀螺仪外缘转子，仪表工业中的配重，医疗行业中的防 X 射线屏蔽材料和 γ 射线刀等。

1.2 钨合金分类

钨合金应用较多的包括 W-Ni-Fe 合金和 W-Ni-Cu 合金两大系列。W-Ni-Cu 合金产生析出相的温度范围很宽，制备工艺难于控制；同时在凝固过程中容易形成 WNi_4 相，该脆性相会严重降低合金的力学性能。相比之下，W-Ni-Fe 合金液相和固相温度范围很窄，从而使脆性相的析出概率变小，合金具有更好的抗拉强度和韧性。因而，除制备陀螺导航仪等领域要利用 W-Ni-Cu 合金的无磁性性能外，工业上一般都用 W-Ni-Fe 合金。

近年来，为满足军事、医疗及航运等不同领域的应用，研究者相继开发出更多类型的钨合金，如可应用于核反应堆偏滤器等场合的 W-Ni-Mo、W-Mo、W-Ni-Co、W-Ni-Ti、W-V、W-Ta、W-TiC、$W-Y_2O_3$、$W-La_2O_3$ 以及 $W-Al_2O_3$ 等钨合金；在 W-Ni-Fe 基础上用以替换具有放射性污染贫铀合金的 W-Ni-Fe-Co、W-Ni-Mn、$W-Ni_3Al$ 等钨合金。此外，考虑到舰船配重等领域应用，抗腐蚀钨合金的研究也引起研究者兴趣。

1.3 典型钨合金

钨合金发展至今，某种程度上是不同合金黏结相的迭代，尤其是新型黏结相的利用大幅推动了钨合金领域的进步。其中，W-Ni-Fe 合金、W-Ni-Mn 合金、W-Ni_3Al 合金和 W-熵合金可以说是钨合金发展过程中的典型代表。

1.3.1 W-Ni-Fe 合金

W-Ni-Fe 合金是继 W-Ni-Cu 合金后的新一代钨合金材料，具有延展性好、强度高、韧性好等优点，其应用更加广泛。20 世纪 70 年代，W-Ni-Fe 合金作为配重材料在通信卫星、核潜艇等上得以应用；在民用工业上，W-Ni-Fe 合金被用于治疗、探测设备上。20 世纪 80—90 年代，W-Ni-Fe 合金作为砧块材料、压铸模具、电极材料，在电气工业、压铸工业等民用工业上都进一步得到广泛应用。将钨合金的黏结相调整为 Ni-Fe，能够制备出具有优异力学性能的 W-Ni-Fe 合金，它可以应用于穿甲弹材料。同时，研究者通过不断调节 Ni 与 Fe 的比例，如 Ni：Fe=7：3，5.6：1.4，14：6 等，规避了烧结过程中脆性相的产生，从而进一步提高了 W-Ni-Fe 合金的力学性能。由于 Co 元素有利于提高 W 与黏结相的界面结合强度，因而在 W-Ni-Fe 的基础上加入 Co 制备的 W-Ni-Fe-Co 合金的力学性能得到了进一步的提升。但是，由于 W-Ni-Fe 合金通常为液相烧结，γ-(Ni,Fe) 黏结相的熔点较高，导致烧结合金中的钨晶粒较大，同时黏结相的热导率也较高，因而该合金在用作穿甲弹材料时会出现“蘑菇头”，这降低了穿透深度。

1.3.2 W-Ni-Mn 合金

Mn 的导热系数（热导率）很低，只相当于 Fe 的 1/10。此外，Ni-Mn 作为黏结相因其熔点较低，可进行低温烧结，它比 W-Ni-Fe 合金的烧结温度要低 200~300 ℃。因此，在传统的钨合金中用 Mn 替代 Fe，研制新型 W-Ni-Mn 合金引起了研究者的兴趣。W-Ni-Mn 比 W-Ni-Fe 合金有更好的流动性和更低的热传导，添加 Mn 有助于获得更细组织钨合金，而且 Mn/Ni 比率数值越高，烧结后钨晶粒尺寸越小，这些都有利于增加其穿透深度。W-Ni-Mn 合金与 W-Ni-Fe 合金相比具有更高的绝热剪切性能，可以导致绝热剪切带的增加，所以很适用于穿甲材料。当其作弹头使用时，因具有自锐性而不会降低其穿透深度，故它有望与贫铀弹头相竞争。不过，Mn 的化学活性很高，烧结过程中在合金相界面上易生成 MnO，通常的烧结环境难于满足它的要求。采用传统液相烧结法时，合金中容易出现残余孔隙和锰的氧化物，导致合金的密度和性能下降，而且随着锰含量增加，合金的孔隙度变大，因而其相对密度和抗拉强度均降低，这就限制了 W-Ni-Mn 合金在穿甲弹用材料方面的应用。总之，Mn 能够降低烧结温度和细化晶粒，但其易氧化性会降低合金内部钨晶粒与黏结相的结合，对新型钨合金的烧结工艺、烧结密度和力学性能影响显著。因此，如何提高 W-Ni-Mn 合金的致密度进而改善合金的性能是一个重要课题。

1.3.3 W-Ni_3Al 合金

由于其独特的性能，如高硬度，耐氧化和腐蚀性能较好，Ni_3Al 金属间化合物常被用作硬质合金类材料的黏结相。而且，通过加入少量硼就可以大大提高 Ni_3Al 的延展性和 Ni_3Al 的晶界强度，改善复合材料的硬度和抗弯强度，因此 Ni_3Al 的脆性限制其应用的情况得以大幅改善。不过，Ni_3Al 作为钨合金的黏结相仅在少量文献中看到。相比贫铀合金，Ni_3Al 显示出相近的热导率和更低的热扩散系数，这预示了其具有类似于贫铀合金的绝热剪切性。同时，钨在 Ni_3Al 黏结相中的溶解度比在 γ-(Ni, Fe) 黏结相中的溶解度要低，因而可制得更小钨晶粒尺寸的钨合金。此外，Ni_3Al 的屈服强度在峰值温度以下具有正温度效应，当温度超过峰值温度后材料迅速软化，这种效应有助于引发绝热剪切行为。当 W-Ni_3Al 合金作为穿甲弹头使用时，具有自锐性而不会降低其穿透深度，故有望在动能穿透器方面与贫铀合金相竞争。但是，Ni_3Al 自身的强度很差，而且常规 W-Ni_3Al 合金的烧结温度过高（超过 1400 ℃），获得的合金中钨晶粒尺寸较大、力学性能低，不能满足穿甲弹用钨合金细钨晶粒、高强度、高硬度的要求。此外，海洋工程中所用的钨合金材料，耐腐蚀性能是必须考虑的因素。

1.3.4 W-熵合金

近年来，含有多种元素的多组元合金的研究备受关注。其中，高熵合金（high-entropy alloys，HEAs）和中熵合金（medium-entropy alloy，MEAs）的出现为钨合金黏结相提供了新的选择。高熵合金或中熵合金一般由各元素按等原子比或近等原子比组成。这些合金因其优异的强度、延性、耐磨性和耐腐蚀性而备受关注。根据相关报道，高熵合金黏结钨合金表现出良好的强度和硬度，钨合金的综合力学性能较高。如 AlCrFeNiV 高熵合金作为钨合金黏结相时，烧结过程中钨在液相中的溶解度极低，因而最终可制得钨晶粒尺寸为 9.7 μm，抗拉强度为 1267.3 MPa 的钨合金。以 NiFeCoCrMn 高熵合金为黏结相，制备的钨合金的抗压强度和显微硬度分别为 2856 MPa 和 527 HV。以 CoCuFeNi 高熵合金为黏结相，在 1440 ℃烧结的钨合金具有 1170 MPa 的最高抗弯强度。但是，高熵合金一般由五种及以上元素构成，这增加了合金原料成本，不利于其大规模应用。不过，中熵合金一般是三种金属元素按照等原子比或近等原子比形成的合金，因此其成本相对较低。同时，中熵合金的性能也与高熵合金相似。因此，以中熵合金为黏结相，在较低烧结温度制备钨晶粒细小、强度较高的高致密钨合金，这对于开发低成本高性能钨合金非常重要。

1.4 钨合金烧结

钨合金的制备一般采用粉末冶金的方式，而其中又包含不同的烧结方法，如微波烧结、选择性激光烧结、热等静压烧结、温粉挤压加真空烧结以及放电等离子烧结等。在这些不同的烧结方式中又包含不同烧结工艺，如液相烧结、二步烧结等。

1.4.1 烧结技术

微波烧结是利用微波的特殊波段与材料的基本细微结构耦合而产生热量，通过材料的介质损耗使材料整体加热至烧结温度，从而实现材料致密化的方法。微波烧结具有烧结温度低、升温速率快、加热均匀、无污染等优点，但是微波烧结也存在电磁辐射污染等缺点。常规烧结 W-Ni-Fe 合金中易出现 NiW、Fe_7W_6 等脆性相，然而微波烧结合金中仅有 W 相和黏结相，没有金属间化合物相产生，且黏结相的钨浓度更低。相比常规烧结，微波烧结钨合金的钨晶粒更细，但是晶粒连接度更高，W/W 二面角更大。尽管常规烧结中高钨含量、高 W/W 晶粒连接度和较大的 W/W 二面角对提高钨合金的韧性大为不利，但似乎对微波烧结钨合金影响却不大。因为与常规烧结相比，微波烧结高密度钨合金有更高的硬度、更好的拉伸性能和更大的伸长率。

选择性激光烧结是将 CAD 实体模型用切片软件处理成一系列薄层，并根据各截面层的二维数据控制激光束，选择性地烧结某层粉末材料的指定区域，逐层堆积一个三维实体。该方法具有技术高度集成、生产周期短、费用较低等优点。利用激光立体成形技术可以制备 W-Ni-Fe 合金，但其成形性及力学性能与传统的粉末冶金烧结工艺之间还存在着一定的差距，具体表现为合金中存在孔洞和氧化现象，抗拉强度较低。同时，由于存在孔洞和氧化物夹杂，合金的耐腐蚀性能也较差。

热等静压是一种在高温和高压作用下，粉末压制和烧结同时完成的一体化粉末冶金方法，既可以看作是高压下的烧结，也可以看作是高温下的压制。在高温高压下，晶粒之间发生位移和塑性变形，使合金中的孔隙、裂纹得到闭合，合金达到致密化。利用热等静压技术处理可以制备出相对密度、硬度和抗弯强度显著提高的 W-Ni-Fe 合金。但是，该方法也存在烧结时间较长，容易引起钨晶粒长大，且合金的抗腐蚀性不佳等缺陷。

热挤压就是将金属材料加热到热锻成形温度进行挤压，即在挤压前将坯料加热到金属的再结晶温度以上的某个温度下进行的挤压。该技术一般应用于铝合金、镁合金、银及铜等材料的制备。一般而言，热挤压过程包括混料、挤压、脱脂、烧结4个过程。对于钨合金而言，利用该技术制备长杆状合金可降低成本同时得到较好的性能。利用温挤压加真空烧结可以成功制备W-5Ni-1.5Fe合金。但是，该技术也存在制备过程烦琐，合金力学及耐腐蚀性能不佳的缺点。

放电等离子烧结（spark plasma sintering，SPS）是一种在直流脉冲电流作用下，辅助以电场、等离子体以及外加压力场等多场耦合下的一种新型烧结方式。该方法的显著特点是其加热以及冷却速度很快，一般升温速度可以达到100~500 ℃/min，在如此迅速的加热速度下使得合金内部的晶粒长大受到抑制而容易获得晶粒细小的材料。近20年来关于放电等离子烧结制备细晶钨合金的研究有很多。研究表明，SPS技术能够有效抑制钨晶粒在烧结过程中的长大，容易促使合金产生细晶强化作用。

1.4.2 烧结工艺

为制备全致密钨合金，一般采用液相烧结法。液相烧结是指烧结温度超过合金中黏结相熔点进行的烧结，当由固相烧结进入液相烧结阶段后，传质方式由固相扩散转为液相扩散，进而极大地提升了合金的烧结速率并加速合金的致密化进程。典型的液相烧结钨合金主要包括钨相在液相中溶解、沉淀以及析出，液相逐渐填充孔隙并最终得到近乎全致密的钨合金。

通常钨合金的液相烧结过程可以分为几个阶段。

(1) 液相出现前的固相扩散：在未出现液相前，W颗粒与黏结相颗粒之间通过固相扩散来进行物质的传递。

(2) 烧结过程中的颗粒重排阶段：高温生成的液相黏结相浸润固相钨晶粒并在表面张力下开始移动，进而发生黏性流动并实现钨晶粒重排。

(3) 烧结中期的溶解、沉淀及再析出阶段：较小尺寸钨颗粒随着温度的升高以及液相的增加逐渐溶解进入黏结相中，通过液相扩散逐渐沉积在表面能较小的大钨颗粒表面，溶解-沉淀-析出是钨晶粒长大的主要机制。体现在合金的微观参数方面，就是随着液相逐渐渗入钨颗粒之间与合金中孔隙的排除，钨晶粒逐渐长大并导致W-W连接度逐渐下降，合金的相对密度提高。

(4) 烧结后期的致密化速率降低阶段：该阶段钨晶粒逐渐烧结在一起形成固相骨架，毛细作用力减小，合金的整体致密化速率降低。

传统真空液相烧结大大降低了钨的烧结温度，但由于固/液密度相差较大，在重力作用下容易产生黏性流动，发生钨晶粒偏析和长大，往往导致坍塌和变形，这对工业生产中要求复杂、尺寸精度高的近净成形产品的尺寸精度控制和合金性能非常不利。由于钨合金的大部分致密化发生在固相烧结阶段，液相烧结过程中的坍塌与变形可以通过固相烧结达到接近全致密而加以克服，因而钨合金的固相烧结研究较多。但是，普通机械混合粉末在固相烧结时一般不可能达到全致密，只有采用纳米、超细或亚微等预合金粉末才可能在固相烧结或瞬时液相烧结时达到全致密。

针对液相烧结存在的问题，同时考虑到单纯的固相烧结钨晶粒细小且不会发生变形坍塌等特点，综合固相烧结和液相烧结的优势，采用固相烧结+液相烧结的二步烧结法引起了人们的兴趣。二步烧结既能避免液相烧结中由颗粒偏析所引起的变形，又能使合金的性能和显微组织的均匀性大大提高。近年来，二步烧结已衍生出先长时间固相烧结后瞬时液相烧结、在较高固相温度烧结加长时间更低固相温度烧结、双压双烧结等烧结工艺技术。

先长时间固相烧结后瞬时液相烧结，也就是说首先在液相线以下进行长时间的固相烧结以避免合金晶粒的长大与变形坍塌，而后在液相线以上进行短时间的液相烧结以促使合金的最终致密化与 W-W 连接度的降低，进而提升合金的综合力学性能。较高固相温度烧结加长时间更低固相温度烧结，即先在液相线以下（略低于液相线）进行保温烧结，而后在低于该温度 100~200 ℃的温度点进行第二次长时间保温烧结。利用该技术，一方面避免了液相烧结过程中钨晶粒的长大，另一方面可使得合金达到较高相对密度。双压双烧结法即首先将粉末压制然后低温预烧结，这有助于减少粉末的加工硬化，同时为下一步压制和烧结步骤中样品的致密化做准备。而后，再升至最终温度进行烧结，从而获得精细显微结构的样品。

1.4.3 降温措施

降低烧结温度一方面可以节约能源，另一方面可以抑制钨晶粒的长大，进而满足穿甲弹用材料的细钨晶粒要求。通过原位放热反应、烧结前粉末的活化处理可以有效降低烧结温度。此外，细晶钨合金的制备也可以通过直接添加纳米钨粉，氢气还原纳米氧化物粉末，采用新的烧结工艺与方法来获得几微米甚至纳米级别的钨晶粒。

烧结过程中钨晶粒的长大主要由于其发生了溶解—沉淀—析出现象，而降低烧结温度可以明显阻碍这一进程进而获得细小的钨晶粒。原位放热烧结是利用烧结过程中不同物相之间的反应所放出的热量来促进烧结，同时也有助于烧结温度的降低。因此，若将原位放热反应应用于钨合金的制备过程中，对获得细钨晶粒以及高力学性能有极大益处。

活化烧结是指采用物理或化学手段，使烧结活化能和烧结温度降低，缩短烧结时间，提高烧结合金性能的一种粉末冶金方法。活化烧结机制主要有细晶活化、机械活化、粉末预合金化等。利用低温活化烧结可以缩短烧结时间，降低烧结温度，得到晶粒细小的钨合金。

直接添加纳米钨粉是指在原料粉末的选用上直接选择粒径为几十纳米的高纯钨粉来进行混料而后进行烧结。以纳米钨粉为主要原料，通过氢气+氩气混合气氛或单一氩气保护气氛进行无压烧结，可以成功制备具有超细钨晶粒的钨合金。然而，就直接添加纳米钨粉来看，纳米高纯钨粉的成本较高，其次烧结后合金的钨晶粒尺寸均出现了不可避免的长大，且有些甚至长大至微米级。

通过预先制备含钨氧化物粉末，再利用氢气还原此类氧化物复合粉末，以此来制备纳米级的含钨前驱体复合粉末。接下来，将含钨复合粉末进行烧结，可制备出钨晶粒尺寸细小、硬度较高的钨合金。相较于直接添加纳米钨粉制备的钨合金，该方法制备的钨合金的晶粒尺寸明显得到改善。但是，该制备过程工艺流程烦琐，且存在高温氢气使用的安全隐患。

1.5 钨合金强化

在钨合金过往发展历程中，追求其高力学性能一直是该领域的主要目标。同其他金属材料一样，不同强化方式的选择对钨合金力学性能改善有非常重要的作用。迄今，各种传统强化方式，包括一些新型强化方式，在钨合金研究中得到了广泛的应用。

1.5.1 固溶强化

固溶强化是溶质原子进入黏结相的过程，该过程往往伴随着合金化。在固溶过程中，溶质原子进入黏结相晶格的方式有置换黏结相原子以及间隙进入黏结相晶格两种方式，即形成置换固溶体与间隙固溶体。固溶体的形成可以大大改善合金的力学性能，如提升合金的强度、硬度等。通过放电等离子烧结机械球磨W-2Mo-7Ni-3Fe 粉末，在 1000~1250 ℃的低温下可制备出具有优良力学性能的含钼钨合金，其平均钨晶粒尺寸小于 5 μm，并且在合金中 W、Mo 固溶进 γ-(Ni,Fe) 黏结相形成了 γ-(Ni,Fe,W,Mo) 固溶体。

1.5.2 细晶强化

通常情况下，在稳态下晶粒大小与材料的强度符合 Hall-Petch 关系，即晶粒尺寸越小材料强度越高，这也是常用的材料强化方式——细晶强化。同时，当晶粒尺寸减小至 1~10 nm 范围内，材料的力学性能将发生成倍的提高，此材料被称为超纳米结构。因而，在钨合金的研究中，晶粒尺寸是研究者关注的热点。目前的研究表明，通过钨晶粒的细化，可以明显提升钨合金的力学性能。

1.5.3 片状结构强化

片状结构设计广泛出现在片状粉末冶金（flake powder metallurgy，FPM）材料以及轧制合金之中。由于片层状的存在，其可以承载外加载荷、阻碍合金受力断裂过程中的裂纹扩展并偏转裂纹。同时，超细晶的层片还能够积累位错且阻碍其运动。但该类型的结构大量出现在铝及镁合金之中。在钨合金领域，一般利用轧制等手段来产生层片状的显微结构，而利用片状粉末冶金来制备钨合金以前鲜有报道。目前，通过片状粉末冶金制备高性能钨合金是一条提升钨合金力学性能的新思路。

1.5.4 氧化物弥散强化以及晶内氧化物强化

在钨合金的制备过程中添加氧化物硬质颗粒的方法被称为氧化物弥散强化。氧化物弥散强化的实质是利用硬质的氧化物颗粒对合金变形过程中位错的运动进行阻碍，以此来达到合金强度、硬度的提高。在钨合金氧化物弥散强化的过程中，以添加 La_2O_3、Y_2O_3、Cr_2O_3、Al_2O_3、Dy_2O_3 等氧化物为主。

相较于传统的氧化物弥散强化，即氧化物颗粒分布在黏结相内或者黏结相与钨相的界面处，在钨晶粒内部分布氧化物颗粒的钨合金表现出更加优异的力学性能。可以利用湿法化学工艺（溶液燃烧合成法）制备晶内与晶界同时氧化物弥散强化的钨合金。通过调控将氧化物颗粒同时分布在黏结相中、钨相/黏结相界面以及钨晶粒内部将是未来氧化物弥散强化的新趋势。

1.5.5 相变强化

相变强化，一般包含孪晶相变强化以及应力诱导相变强化，主要指合金在变形过程中产生机械孪晶或者是马氏体相变而导致合金的力学性能得到提高。其中，应力诱导马氏体相变强化的特点是发生无扩散的固态相变，具体依靠应力作用下原子的无扩散的集体协同移动达到新相形成。在合金中发现的应力诱导马氏体相变强化主要有 ZrCuAl 合金中 CuZr 相的相变强化、TiCu 合金中 B2 相的相变强化、Ti-Ni-Nb-Zr 金属玻璃复合材料中的 B2-Ti(Nb,Zr) 相的相变强化以及陶瓷材料中常常见到的 t-ZrO_2 到 m-ZrO_2 的相变强化。就钨合金的相变强化而言，若在其中添加多种金属元素也可能加大了生成其他脆性相的风险，因此，考虑 t-ZrO_2 陶瓷相在应力下的相变强化是较为合理的。

1.5.6 异质结构以及无序结构强化

异质结构（heterostructure，HS），从广义上来说凡是在显微结构上是不均匀的就可以称为异质结构材料，如复合材料、第二相强化材料、多相材料、合金、陶瓷、建材等等。有别于上述常规异质结构材料，在受力变形过程中能产生明显的异质变形诱导（hetero-deformation induced，HDI）应力的异质结构材料对其位错的滑移及孪晶有极大影响，进而可以影响材料（主要为金属）的力学性能。对于 HDI 特征异质结构材料来说，其存在硬区与软区，软区中的几何必需位错

(geometrically necessary dislocations，GND）在区域边界附近累积，在软区中产生背应力，在硬区中产生前向应力，这共同产生HDI应力。流动应力的巨大差异导致高非均匀变形，从而产生HDI强化和应变硬化，HDI强化可提高屈服强度，而HDI应变硬化有助于保持甚至提高延性。这些非均质区域之间的交互耦合产生了协同效应。若在钨合金的制备过程中，在黏结相中引入该硬区/软区结构，合金性能有望得到明显改善。

根据材料内部原子的排列有序化，可以将材料分为晶体材料和非晶材料（无序结构材料或短程有序，short ordered region，SOR）。由于无序结构材料内部不存在位错等晶体材料的特殊构造，因而其在力学性能方面（如强度、硬度、弹性模量等）表现出接近理论性能。此外，在合金内部形成的非晶颗粒由于其高硬度与高强度等特点可以充当阻碍位错运动的质点，进而起到类似氧化物弥散强化的效果。因而，合金中引入该结构有益于合金的力学性能提高。

综上所述，异质结构的设计和无序结构的形成大大提升了合金的力学性能。因而，若在钨合金的制备及研究过程中引入这两种特殊结构，那么对其力学性能的提升将是不言而喻的。

1.6 钨合金耐蚀性

钨合金具有密度大、强度高、硬度高、耐磨耐蚀性好、可焊性和加工性良好等特性，因而也被广泛应用于油气田勘探等设备中，如油气田开发用抽油杆及钻杆、盐/油井下仪器的加重块、石油钻井平衡块、导航陀螺仪外缘转子、舰船配重块等。近年来，随着石油、天然气消耗量的增大，海洋油气资源已经成为提高油气勘探开发效益、提高石油公司竞争力的重要手段。然而，由于海洋环境具有高湿和高盐等气候特点，这使得油气田勘探设备中的金属合金材料（如钨合金）极易发生腐蚀。因而，如何提高钨合金在海洋环境下的抗盐雾腐蚀性及海水中的耐腐蚀性具有重要意义。

钨合金的腐蚀行为主要与其内部组织结构（钨相与黏结相的电偶腐蚀）、晶粒尺寸，表面生成的钝化膜及腐蚀元素的扩散能力，腐蚀过程中合金表面钝化膜的物理化学性质息息相关。因此，对于设计耐腐蚀的钨合金来说，微合金化、引入稀土元素及添加非晶黏结相协同作用应该可以提高钨合金耐蚀性。微合金化与引入稀土元素，如Zr、Y、Al等添加形成耐腐蚀的氧化物相。对于非晶粉末来说，Zr、Y、Al添加一方面降低合金烧结温度，使得合金在较低温度借助非晶合金超塑性这一特性而实现全致密的液相烧结。另一方面，烧结温度降低，使得其他晶体黏结相实现微熔化状态，保持预制粉末细小的晶粒尺寸。相应地，非晶合金发生超塑性的区间为过冷液相区，非晶合金过冷液相区较宽，有利于烧结过程中温度控制。同时，非晶合金具有很强的非晶形成能力，且辅之宽过冷液相区，因而可确保烧结后试样内部非晶相的稳定存在。此外，W 元素在黏结相中的固溶度越高，黏结相与钨相差异越少，而合金元素的添加正好可以提高 W 元素固溶度，从而降低了不同物相发生电偶腐蚀的概率，可以提高合金的耐腐蚀性。引入稀土元素，可以使得合金在烧结过程中晶粒细小，晶粒越细小，总的杂质分布于更多的晶界上，即单位晶界杂质浓度降低。与此同时，稀土元素能显著降低合金烧结过程中杂质元素的含量。因此，稀土元素的引入可大大降低合金发生晶界腐蚀的可能性。综上所述，钨合金在微合金化黏结相、引入稀土元素及添加非晶黏结相协同作用下有望提高其抗盐雾腐蚀性能。

1.7 细晶新型合金的快速制备

为提高钨合金的力学性能，除原料配比、烧结技术、制备工艺等因素外，非常重要的是黏结相的选择。一直以来，寻找或设计新型黏结相不但是钨合金研究领域的重要任务之一，而且可以说是研发具有优良综合力学性能钨合金的不二选择。因此，本书主要以不同新型黏结相钨合金为基础，研究其制备技术、不同强化方式及机理，甚或盐雾腐蚀行为，目的是为以后开发更高性能钨合金奠定技术和理论基础。

1.7.1 细晶新型 W-Ni-Mn 合金的快速制备及其组织性能

W-Ni-Mn 合金的制备多采用真空液相烧结法，但其烧结温度较高，会导致钨晶粒尺寸较大；且烧结过程中 Mn 很容易氧化，致使合金致密度较低，其力学性能也会受到很大的限制。为此，通过 SPS 技术快速制备细晶 W-Ni-Mn 合金，结合机械激活预处理原料粉末及采用二步烧结技术，进一步提高合金的力学性能，主要探究烧结过程中钨合金组织演变及力学性能等的变化规律，为开发具有优良力学性能 W-Ni-Mn 合金提供理论和实验依据。

1.7.2 细晶新型 W-Ni_3Al 合金的制备及其抗盐雾腐蚀行为

Ni_3Al 金属间化合物具有作为穿甲弹用钨合金黏结相的潜力。但是，Ni_3Al 自身的强度很差，而且目前报道的 W-Ni_3Al 合金的烧结温度过高，获得的合金中钨晶粒尺寸较大、力学性能较低，不能满足穿甲弹用钨合金细钨晶粒、高强度、高硬度的要求。此外，对于海洋工程中所用的钨合金材料，其耐腐蚀性能是必须考虑的因素。因此，通过成分调控、结构设计、细晶强化、固溶强化、界面工程、氧化物弥散强化以及相变强化等措施制备力学性能优异的 W-Ni_3Al 合金，同时探索了最佳综合力学性能合金的抗盐雾腐蚀行为。

1.7.3 细晶新型 W-VCoNi 合金的快速制备及其改性初探

追求更高力学性能，尤其是更高强度是钨合金领域的主要研究目标之一。当前，新型黏结相的设计有助于帮助提升钨合金的整体力学性能。其中，高熵合金和中熵合金是当下钨合金黏结相的热门选择。高熵合金通常表现出优异的力学性能，包括高强度、高硬度和较好韧性等，但是也存在一些缺点，如高熵合金的制备相对较为复杂，并且合金中包含多种贵重元素，其成本也较高。相较于高熵合金，中熵合金中元素较少，降低了原料成本，而且中熵合金也具有良好的力学性能。因此，选择 VCoNi 中熵合金为钨合金黏结相并开展了相关研究，最终制备了具有高硬度和高强度“双高”力学性能的钨合金。

2　放电等离子烧结快速制备 W-Ni-Mn 合金

迄今为止，用于军事领域动能穿甲弹的主要材料是贫铀合金（depleted uranium alloys，DUAs）和钨合金。DUAs 弹头具有较好的侵彻深度，但会严重污染环境。钨合金弹头通常使用 W-Ni-Fe 合金，但该合金对绝热剪切不敏感，在穿甲过程中容易形成“蘑菇头”，从而导致突防能力下降。由于 Mn 的导热系数低，当使用 Mn 而不是 Fe 时，钨合金的绝热剪切性能大大提高。因此，W-Ni-Mn 合金可以作为贫铀合金材料的潜在替代品。然而，在传统液相烧结法制备 W-Ni-Mn 合金过程中，由于锰的氧化、钨晶粒的生长和黏结相的挥发等制约因素，导致合金密度较低和力学性能有限。

与传统液相烧结方法相比，放电等离子烧结（SPS）技术是一种新型烧结技术，具有升温速率快、烧结温度低、烧结时间短，同时施加压力等优点。SPS 技术广泛用于制备 W-Ni-Fe 系列钨合金。然而，据了解，对 SPS 技术制备 W-Ni-Mn 合金及其显微组织和力学性能的相关研究在以前几乎未见报道。在本书中，以微米级 W、Ni、Mn 粉末为原料，不经机械球磨预处理原料，仅通过简单机械混料，再结合 SPS 技术快速制备了 W-6Ni-4Mn 合金。主要考察了 W-6Ni-4Mn 合金的显微组织和力学性能。

2.1　合金制备及表征

在新型 W-Ni-Mn 合金制备中，原料粉体均匀混合技术及 SPS 技术工艺优化是制备显微结构可控合金的基础。对合金显微结构进行定性和定量表征，以及对合金力学性能进行测试，有利于澄清二者之间的关系。

2.1.1　材料制备

原料为还原 W 粉，其纯度和平均粒径分别为 99.5%（质量分数）和 4 μm；羰基 Ni 粉，其纯度和平均粒径分别为 99.5%和 1 μm；电解 Mn 粉，其纯度和平均粒径分别为 99.5%和 2.8 μm。首先，按 W∶Ni∶Mn = 90∶6∶4 的质量配比将每种原料称重，并置于不锈钢球磨罐中；接下来，不加球磨磨球，在行星球磨机上，氩气保护气氛里，以 340 r/min 转速混合 20 h，得到均匀混合原料复合粉末；最后，将原料装入直径为 ϕ30 mm 的石墨模具中后，放入 SPS 炉中进行快速真空烧结制备 W-6Ni-4Mn 合金，其中系统压力为 30 MPa、烧结温度为 1050～1300 ℃、升温速率为 100 ℃/min、烧结时间为 3 min。

2.1.2 材料表征

利用 X 射线衍射仪（XRD）对原料粉末和烧结合金进行物相组成分析。利用激光粒度分析仪测试原料粉末的粒径大小。利用阿基米德排水法测试合金的实际密度，通过测量密度与理论密度之比计算合金相对密度。利用洛氏硬度计测量烧结合金的宏观硬度。利用扫描电镜（SEM）对原料粉末的形貌和烧结合金的显微组织进行观察。利用 Image J 软件对 SEM 图像进行处理，选择不少于 100 个钨晶粒来估算合金平均晶粒尺寸。合金中 W-W 连接度（C_w）计算公式如下：

$$C_w = \frac{2N_w}{N_{wm} + 2N_w} \tag{2-1}$$

式中，N_w 和 N_{wm} 分别为 W-W 和 W-黏结相界面的数量，N_w 和 N_{wm} 的具体值由合金 SEM 图像上的单位长度的任意直线截取获得。

利用万能材料试验机进行合金的室温三点抗弯强度测试，其中合金试样长度为 20 mm，宽度为 6.5 mm，厚度为 5 mm，夹具跨度为 15 mm，加载速率为 0.05 mm/min。抗弯强度（σ_{bb}）为：

$$\sigma_{bb} = \frac{3FL}{2bh^2} \tag{2-2}$$

式中，F 为最大弯曲力；L 为两个支撑点之间的跨度；b 为试样宽度；h 为试样厚度。

2.2 简单混合原料粉体的形貌和物相

图 2-1 所示为简单机械混料得到的 W-6Ni-4Mn 复合粉体的表征结果。从图 2-1（a）的 SEM 图可知，直接混料得到的 W-6Ni-4Mn 均匀混合粉末由粒径较大多边形的 W 粉颗粒和粒度细小的 Ni 粉和 Mn 粉组成。由于混料过程中没有添加磨球作为球磨介质来研磨原料，因此混料后只是不同原料粉末混合得比较均匀，但是 Ni 粉和 Mn 粉，尤其是 W 粉的颗粒形状及其粉末粒径基本不会发生变化。Ni 粉和 Mn 粉本身粒径较细，不可避免有一定程度团聚；而 W 粉粒径较大，团聚程度较轻，因此实际测得的混合复合粉末的粒径更接近原料 W 粉的平均粒径大小［图 2-1（b）］。图 2-1（c）所示的 XRD 图，确定了直接混合原料复合粉末包括 W 相、Ni 相和 Mn 相。W 相的特征衍射峰远远高于 Ni 相和 Mn 相，这说明 W 相是主相，这与复合原料粉末配料中 W 粉的质量占比高达 90%有关。

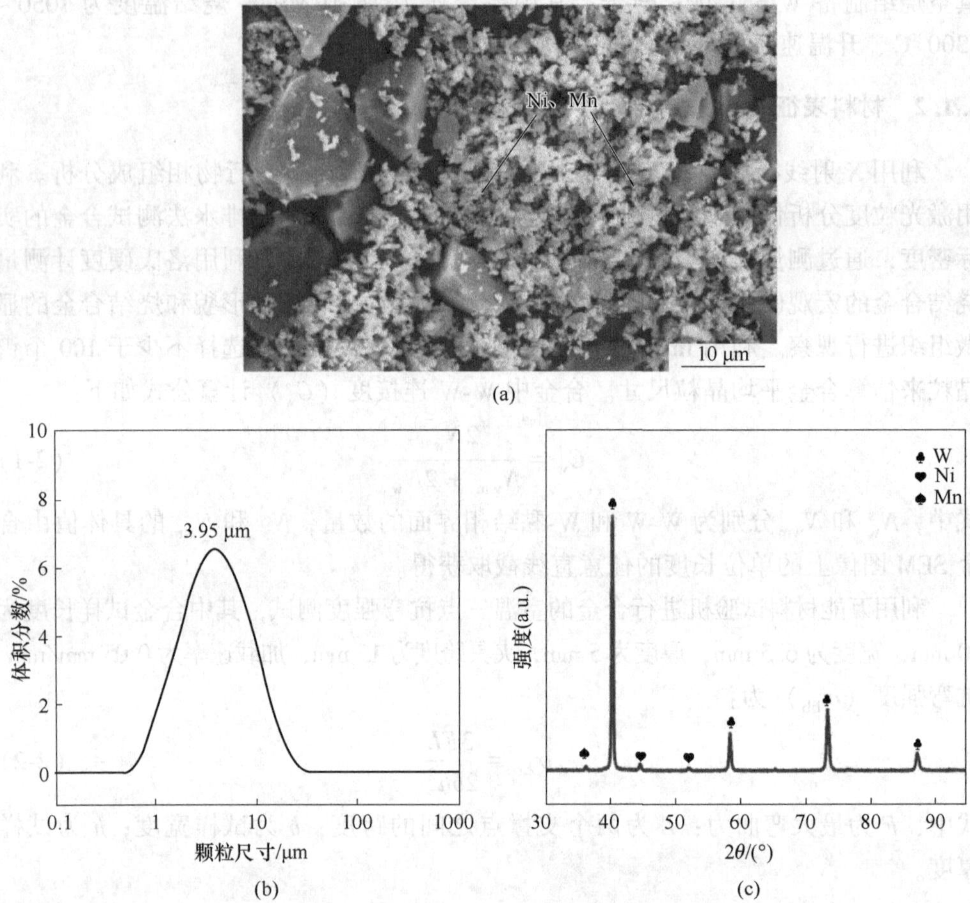

图 2-1　直接混合 W-6Ni-4Mn 复合粉末的表征
(a) 粉末形貌 SEM 图；(b) 粒径分布曲线；(c) XRD 图

2.3　烧结合金的物相、组织和成分演变

不同温度放电等离子烧结 W-6Ni-4Mn 合金的 XRD 图，如图 2-2 所示，从图 2-2 可知，烧结合金的物相以 W 相为主，其特征衍射峰强度很高，然而 Ni、Mn 的衍射峰很微弱，这与合金成分中 W 占绝对多数，Ni 和 Mn 质量分数较低有关。高温烧结过程中 Ni、Mn 很难固溶到 W 相中形成固溶体，因此不同温度烧结合金中 W 相的特征衍射峰位置变化不大。从 1100 ℃升温到 1200 ℃，W 相衍射峰强度逐渐增强，在 1200 ℃时衍射峰强度最大，此后随着烧结温度的进一步升高 W 相的衍射峰强度明显降低。

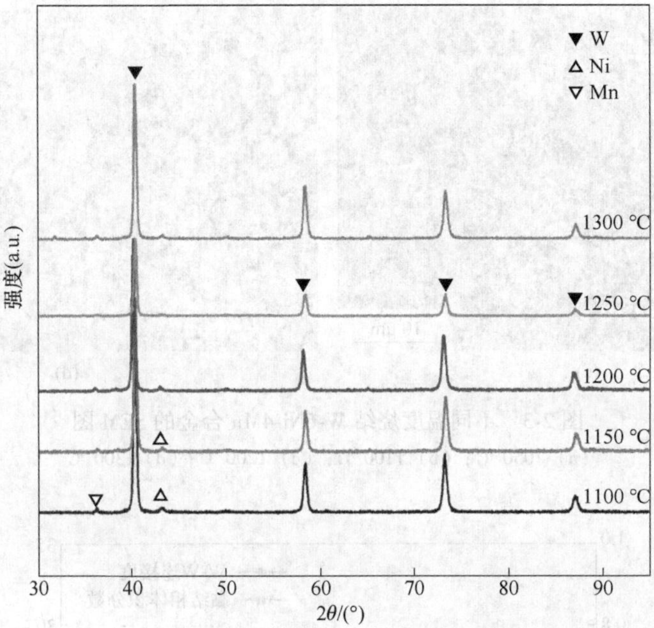

图 2-2 不同温度烧结 W-6Ni-4Mn 合金的 XRD 图

不同温度烧结 W-6Ni-4Mn 合金的表面形貌及相应合金的 W-W 连接度及黏结相体积分数，分别如图 2-3 和图 2-4 所示。从图 2-3 可知，当烧结温度为 1050 ℃，合金中的钨晶粒比较小，其形状是不规则的球体，晶粒之间接触得比较多。这是由于烧结温度没有达到黏结相的液相点，合金的液相烧结没有开始，还属于固相烧结阶段。因此，图 2-4 中该温度的 W-W 连接度数值相当高。此外，从合金表面可以看到不少微孔，这说明该温度固相烧结合金的致密度较低。随着烧结温度的升高，细小的钨颗粒聚集在一起，在热压烧结条件下晶粒尺寸变大。由 Ostwald 熟化机理可知，液相烧结完成的典型表现是球形钨晶粒的形成。

(a) (b)

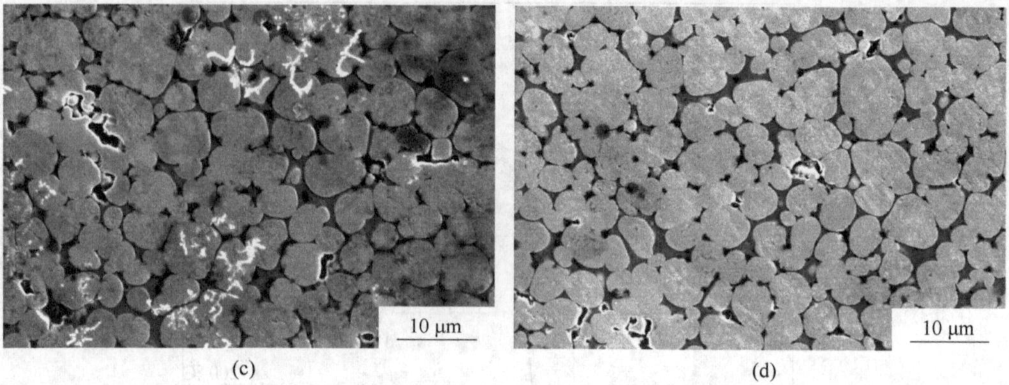

图 2-3　不同温度烧结 W-6Ni-4Mn 合金的 SEM 图
（a）1050 ℃；（b）1100 ℃；（c）1200 ℃；（d）1300 ℃

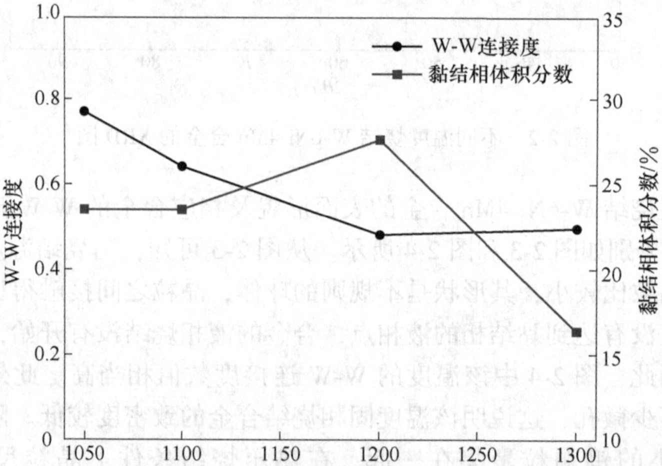

图 2-4　不同温度烧结 W-6Ni-4Mn 合金的 W-W 连接度和黏结相体积分数

当烧结温度为 1100 ℃，已超过 1080 ℃的 γ-(Ni,Mn) 黏结相固液理论转变温度，因此合金已经进入液相烧结阶段，合金中的钨晶粒逐渐明显长大并转变成球形。此时，合金的平均晶粒尺寸约为 7 μm 且大多数钨晶粒之间互相分离，导致 W-W 连接度明显下降（图 2-4）。以往的研究中常采用真空液相烧结制备 W-6Ni-4Mn 合金，其晶粒尺寸往往大于 10 μm。与其他制备方法相比，SPS 技术具有烧结温度较低、升温速度很快、保温时间很短等优点。因此，SPS 技术可以显著减小合金中的钨晶粒尺寸。

当烧结温度升高到 1200 ℃时，同时存在颗粒重排和溶解沉淀阶段。W 粉在液相中的溶解度与其粒径大小有关。原料粉末并未经过机械球磨细化，只是将原料粉末混合均匀，因此 W 粉颗粒较大，只有很少的 W 颗粒溶解在液相中，溶解的 W 颗粒分散在液相中并再沉淀到能量较低的固体表面，从而导致钨晶粒生长和形态变化。同时，钨晶粒之间接触进一步减少，W-W 连接度降到最低和黏结相体积分数上升到最大（图 2-4），而且黏结相分布更加均匀。

随着温度进一步增加至 1300 ℃，钨晶粒尺寸进一步增加，但是钨晶粒之间的连接度不降反而有所增加（图 2-4），这与烧结温度偏高、黏结相大量挥发有关。

进一步对 1200 ℃温度烧结典型 W-6Ni-4Mn 合金的成分进行分析，结果如图 2-5 所示。分析可知，合金由 W 相 A 和 γ-(Ni, Mn, W) 黏结相 B 组成。γ-(Ni, Mn) 黏结相中 W 的最大溶解度为 8.86%，明显低于 W 在 γ-(Ni, Fe) 黏结相中的溶解度（10%~20%）。这可能与原料 W 粉颗粒尺寸较大，机械混料后基本没

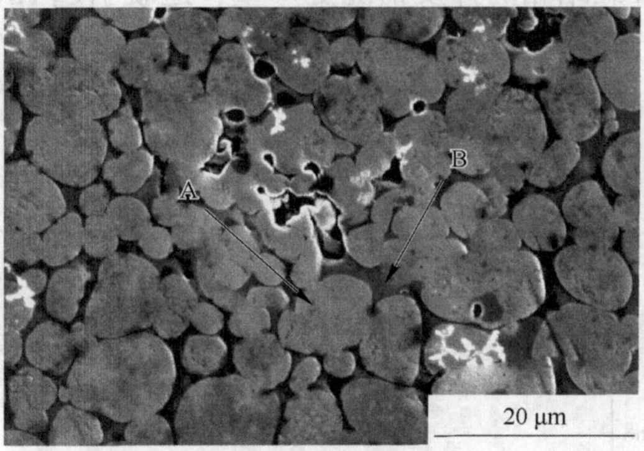

(a)

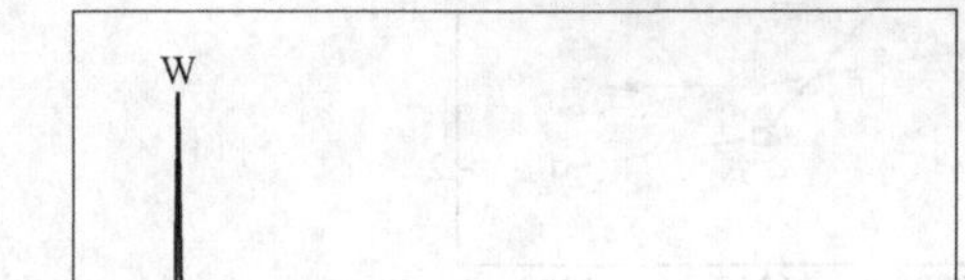

(b)

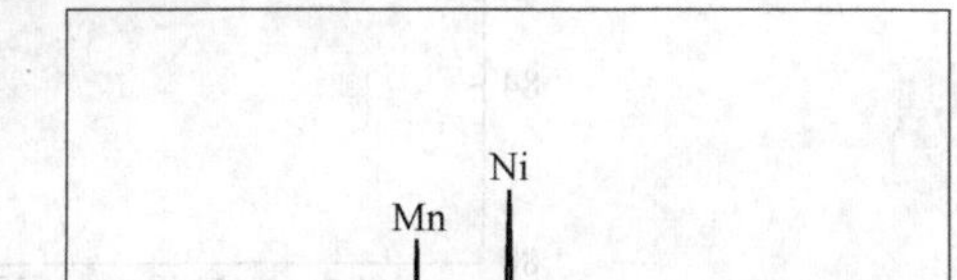

(c)

图 2-5　典型 W-6Ni-4Mn 合金的成分分析

（a）合金的 SEM 图；（b）图 2-5（a）中 A 位置相应的 EDS 能谱分析结果；

（c）图 2-5（a）中 B 位置相应的 EDS 能谱分析结果

什么变化，只有少量细小的 W 粉颗粒溶解在液相中有关，因此黏结相中的 W 含量是比较低的。此外，与 W-Ni-Fe 合金的烧结过程相比，没有 Ni、Mn 元素进入到 W 相中，因此，图 2-2 中不同温度烧结合金中 W 相的衍射峰位置没有明显变化。

通过 EDS 能谱分析估算烧结合金中 W、Ni、Mn 成分的变化，结果如图 2-6 所示。从图 2-6 可知，随着烧结温度从 1100 ℃上升至 1300 ℃，合金中的 W 含量一直增加，然而 Ni 和 Mn 的含量却一直下降。合金化学成分的这种变化趋势主要与较高的烧结温度相关。由 W-Ni-Mn 合金相图可知，合金成分中 Ni/Mn 比为 6∶4 时，Ni、Mn 形成液相的温度为 1080 ℃。因此从理论上讲，在 1100~1300 ℃温度范围烧结 W-6Ni-4Mn 合金，均属于液相烧结范围。此外，由于 SPS 技术的特点，其烧结过程中瞬时大电流可能产生局部高温，温度容易超过 Ni 和 Mn 的沸点，从而导致部分 Ni 和 Mn 黏结相的挥发。随着烧结温度的升高，局部高温现象可能越明显，因此 Ni、Mn 黏结相的挥发情况更严重，这就引起 Ni、Mn 含量的显著下降，W 含量则随之升高。

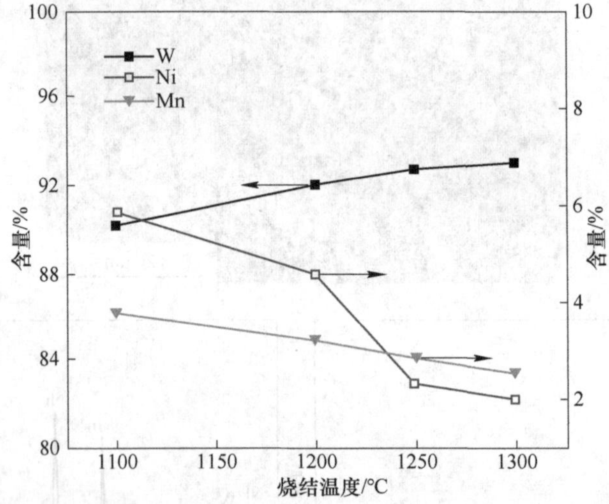

图 2-6　不同烧结温度 W-6Ni-4Mn 合金的化学成分分析

2.4　烧结合金的致密度及力学性能

图 2-7 所示为烧结温度对 W-6Ni-4Mn 合金相对密度的影响。当烧结温度为 1050 ℃时，合金未达到液相点，固相烧结未完成，因此，烧结合金的相对密度较低，约为 71.24%。在固相烧结阶段，内部缺陷的扩展、缺陷的相互作用，以及新相的形成导致合金完成初步致密化。当烧结温度提高到 1100 ℃时，固相烧

结完成，开始液相烧结。然而，1100 ℃的烧结温度仅略高于液相点 1080 ℃，因此，合金的致密化程度也较低，只达到 83.54%，即合金在 1100 ℃的烧结温度下呈现较低致密性。

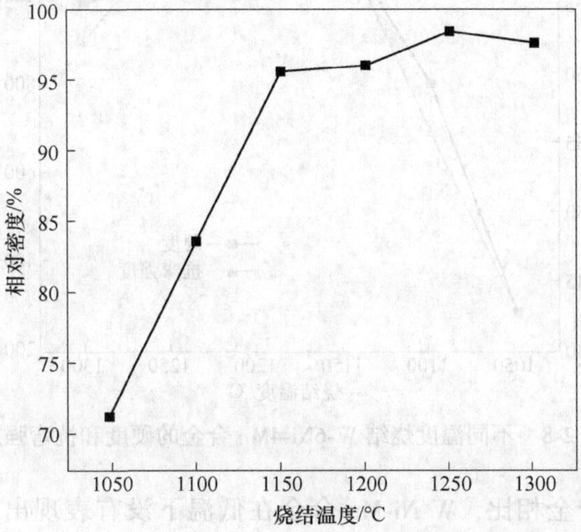

图 2-7　烧结温度对 W-6Ni-4Mn 合金相对密度的影响

随着烧结温度的进一步提高，液相不断生成，液相的流动促进 W 粉颗粒的接触，而细小的 W 粉颗粒则溶解到黏结相中；溶解的小颗粒通过原子扩散沉淀在较大 W 颗粒表面，从而改变钨晶粒形状。同时，随着液相的黏性流动，合金中的部分孔隙被填充，使合金致密化程度增加。当烧结温度为 1250 ℃时，合金的致密化达到最大值为 98.43%。其后进一步升高烧结温度，合金的相对密度略微下降。

烧结温度对 W-6Ni-4Mn 合金硬度和弯曲强度的影响，如图 2-8 所示。随着烧结温度的升高，硬度和抗弯强度均是先增大后减小。当烧结温度从 1050 ℃升高到 1150 ℃，合金硬度从 42.6 HRA 增加到 69.1 HRA，弯曲强度从 278.11 MPa 提高到 1108.35 MPa。在较低的烧结温度，烧结合金的致密化程度较低，随着烧结温度的升高，液相烧结过程不断发生，致密化程度不断增加，因而合金的硬度及抗弯强度也不断增大，这与图 2-7 中合金的致密化曲线变化趋势相吻合。与传统的液相烧结相比，制备的 W-6Ni-4Mn 合金中钨晶粒的尺寸明显减小且为球形，这与使用了 SPS 技术有关。钨晶粒为球形是由于 Ostwald 熟化机制的影响。合金的晶粒尺寸较小与 SPS 烧结时间很短有关。在传统的烧结方式下，烧结时间一般为 60~90 min，而 SPS 的时间仅为 3 min。这一结果表明，细小 W 粉颗粒的溶解再沉淀是可以在非常短的时间内完成的。因此，观察到的合金显微组织和力学性能（硬度和抗弯强度）均发生变化。

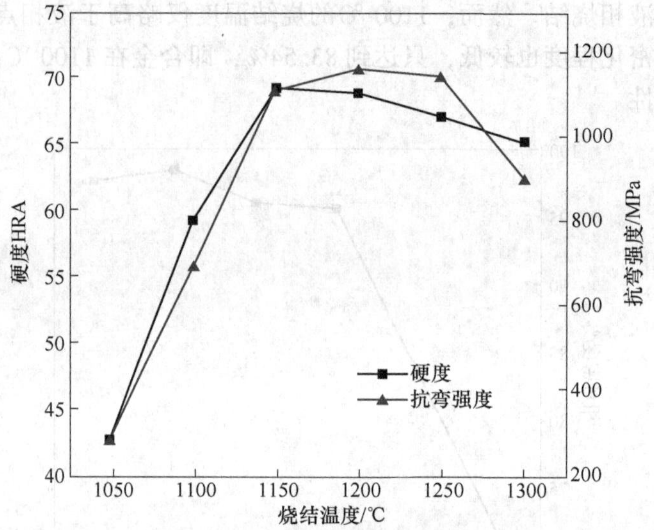

图 2-8　不同温度烧结 W-6Ni-4Mn 合金的硬度和抗弯强度

与 W-Ni-Fe 合金相比，W-Ni-Mn 合金在低温下没有表现出足够优异的性能。究其原因，W-Ni-Mn 合金中的 Mn 容易氧化，而且不易被还原，因此，Mn 氧化物可能作为缺陷存在从而降低了合金的性能。而且低温烧结合金致密化程度较低，合金中有许多孔隙，这些孔隙可以视为微裂纹，容易引起应力集中，导致合金在低应力下的断裂，从而降低合金的硬度和抗弯强度。随着烧结温度的进一步升高，合金致密化程度迅速增加，W-Ni-Mn 合金性能增加。其中，W-Ni-Mn 合金的硬度在较高温度下可以达到 W-Ni-Fe 合金的硬度水平。当烧结温度进一步增加到 1200 ℃，合金的抗弯强度达到 1162. 72 MPa 的最大值。随着温度继续升高，Ni 和 Mn 达到理论液相点温度（实际温度可能会更高）。因此，黏结相很容易形成，且产生的黏结相逐渐增加，当烧结温度超过 1250 ℃时，Ni 和 Mn 的挥发量增加，降低了 Ni 和 Mn 含量，在制品中留下少量孔隙，从而导致合金硬度和抗弯强度的下降。

综上所述，本章以微米级 W、Ni、Mn 粉末为原料，采用 SPS 技术制备了 W-6Ni-4Mn 合金。介绍了烧结温度对 W-6Ni-4Mn 合金显微组织和力学性能的影响。W-6Ni-4Mn 合金由 W 相和 γ-(Ni, Mn, W) 黏结相组成，平均晶粒尺寸小于 10 μm。随着烧结温度的升高，合金的相对密度、洛氏硬度和抗弯强度均是先升高后降低。在1200 ℃烧结获得的 W-6Ni-4Mn 合金具有最佳的综合力学性能，其硬度和抗弯强度分别为 68. 7 HRA 和 1162. 72 MPa。总之，采用 SPS 技术，在 1150~1250 ℃保温 3 min，可以制备出密度较高、显微组织均匀、综合性能优良的 W-6Ni-4Mn 合金。

3　机械激活辅助较低温烧结 W-Ni-Mn 合金

传统液相烧结法是制备 W-Ni-Mn 合金的常用方法之一。人们已经研究了各种因素，例如烧结气氛、烧结温度、黏结相含量等对 W-Ni-Mn 合金致密化及力学性能的影响。然而，生坯中残留的空气和传统液相烧结时间过长，容易导致锰氧化和钨晶粒尺寸增大，不利于烧结合金密度和力学性能的提高。为了克服上述缺陷，SPS 技术被用于制备钨合金。SPS 技术有利于提高合金致密化速度，同时减小表面扩散引起的粗化，从而抑制晶粒生长。此外，SPS 还可以提供其他好处，如部分氧化膜消除，吸附气体释放和粉末颗粒的表面活化。

在第 2 章中，基于简单混合原料粉末并结合 SPS 技术，快速制备了力学性能良好的 W-6Ni-4Mn 合金，但其 1250 ℃的合金致密化温度较高。在本章中，为了在更低温度烧结条件下制备钨晶粒更细的高密度 W-6Ni-4Mn 合金，采用机械高能球磨对原料混合粉末预先进行激活处理，并通过烧结曲线分析对合金的致密化行为进行了探讨，同时也对合金的显微组织和力学性能进行了研究。

3.1　合金制备及表征

与第 2 章不同的是，本章在 SPS 制备 W-6Ni-4Mn 合金之前，先对钨合金原料粉末进行了机械高能球磨预处理，在均匀混合原料粉体的同时也细化了原料粉体，这有利于后续烧结制备更细钨晶粒钨合金。

3.1.1　材料制备

原料 W 粉、Ni 粉、Mn 粉的粒径、纯度及其质量配比与第 2 章相同。先在氩气保护气氛下的高能球磨机中对原料粉末进行机械球磨激活，其中球料质量比设定为 5∶1，选用硬质合金球作为研磨介质，球磨机转速为 340 r/min，球磨时间为 20 h。接下来，在充有氩气保护气氛的手套箱中，将机械激活原料粉末装入直径为 ϕ30 mm 的石墨模具中。最后，在 SPS 炉里，真空环境（不大于 6 Pa）和 30 MPa 的轴向压力下，以 100 ℃/min 速率升温至 1000~1200 ℃温度范围，烧结 3 min 后获得 W-6Ni-4Mn 合金。

3.1.2　材料表征

机械激活原料的表征与第 2 章中对简单混合原料的表征手段相同。合金的密度、硬度及抗弯强度的测试方法及样品大小与第 2 章相同。在场发射扫描电镜下观察烧结合金的显微组织和断口形貌。利用透射电镜（TEM）对烧结合金的微观精细组织进行了研究。

3.2　机械激活原料粉体的形貌和物相

机械球磨 W-6Ni-4Mn 复合粉末的表征结果，如图 3-1 所示。从图 3-1（a）的 SEM 图可知，不同于上一章中简单原料混合粉体，经过 20 h 的机械球磨后，钨合金复合粉体的粒度发生了显著变化，一些粒径较大的 W 粉颗粒已经被粉碎，且 Ni 粉和 Mn 粉已将 W 粉包裹，一些粉末也发生一定程度的团聚，使其不再容易单从形貌区分粉末种类，说明不同原料粉体已经混合比较均匀。从图 3-1（b）的球磨复合粉末的粒径曲线可知，相比上一章的机械混合原料粉体，复合粉末的

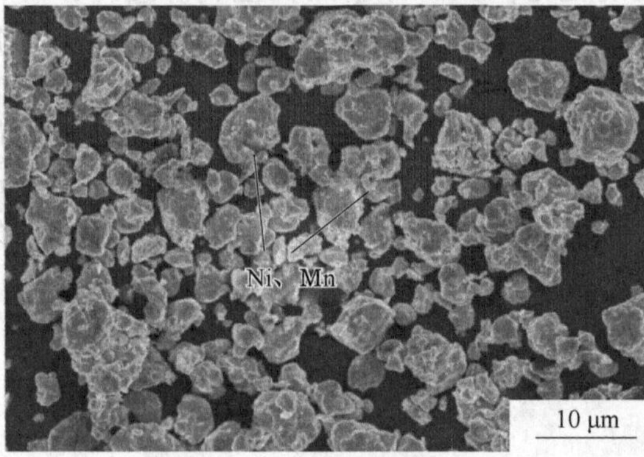

(a)

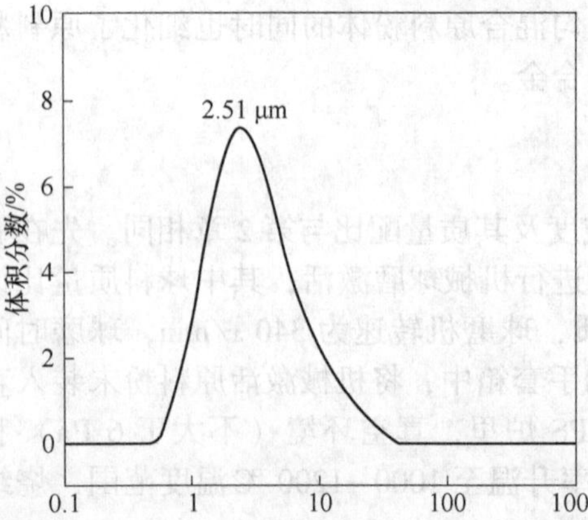

(b)

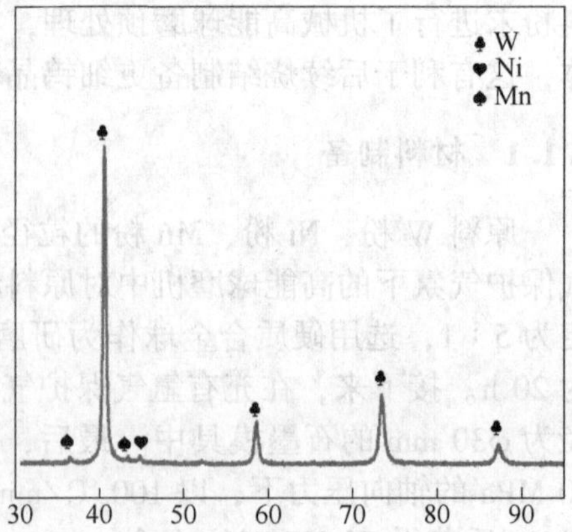

(c)

图 3-1　机械球磨 W-6Ni-4Mn 复合粉末的表征

(a) 表面形貌 SEM 图；(b) 粒径分布曲线；(c) XRD 图

平均粒径从 3.95 μm 降低到 2.51 μm，说明机械球磨过程可以显著细化原料复合粉体。而且，机械球磨也会引起原料粉末显著的晶格畸变。这些因素都将改善原料粉末的烧结活性，有利于后续活化原料复合粉体的低温烧结。从图 3-1（c）的 XRD 图仅能观察到 W、Ni 和 Mn 的特征衍射峰，因此机械球磨并没有改变原料粉末的物相。但是，经历机械球磨预处理以后，复合粉末中的原料 W 粉的衍射峰强度有所下降，峰宽变大，这与机械球磨导致钨晶粒细化有关。

3.3　烧结合金的致密化过程及相对密度

图 3-2 所示为典型 W-6Ni-4Mn 合金烧结过程中的位移和温度随时间的变化情况。众所周知，液相烧结可分为三个阶段：液相生成和颗粒重排阶段、固溶–再沉淀阶段、固体骨架形成阶段和晶粒生长阶段。同样，图 3-2 中的烧结曲线可以分为 3 个阶段，即无收缩阶段、固相烧结阶段和瞬时液相烧结阶段。在无收缩阶段，烧结温度在室温~900 ℃范围内，粉末压坯的轴向位移略有增大。这一阶段粉末的致密化程度小，主要是由于低温限制了粉体颗粒的重排。因此，Ni 和 Mn 不能形成液相。在固相烧结阶段，温度在 900~1100 ℃范围内，粉末压坯的轴向位移迅速增大。在这个阶段，固态扩散主导了整个烧结过程。随着温度的升高，粉末颗粒活化能的增加以及 Ni 和 Mn 原子间的相互扩散导致轴向位移迅速增大。在瞬时液相烧结阶段，温度范围为 1100~1200 ℃，轴向位移呈指数级增长，粉末压坯快速致密化。同时，γ-(Ni,Mn) 黏结相产生并通过液相的黏性流动填充 W 粉颗粒之间的孔隙，导致压坯迅速致密化，从而使位移急剧上升。最后，烧结过程进入保温阶段。从图 3-2 中观察到的位移几乎没有变化，这意味着 W-6Ni-4Mn 合金得到了近乎完全的致密化。

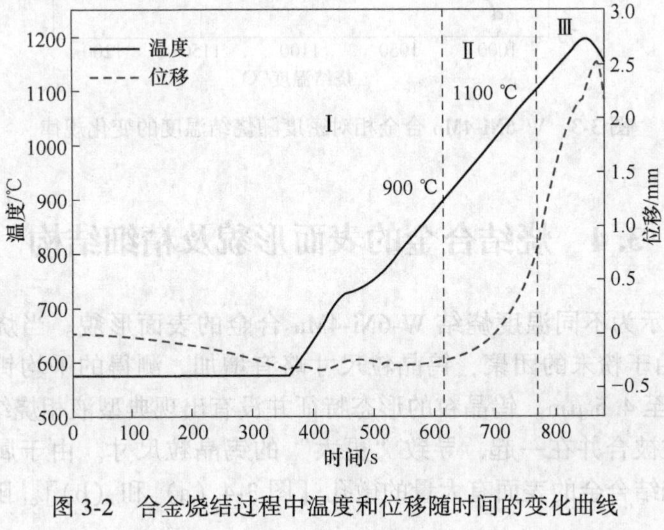

图 3-2　合金烧结过程中温度和位移随时间的变化曲线

图 3-3 所示为 W-6Ni-4Mn 合金的相对密度随烧结温度的变化规律。当温度低于 1150 ℃时，随着烧结温度的升高，合金的相对密度迅速增大，在 1150 ℃时相对密度达到 99. 6%的最大值，其后升高到 1200 ℃时相对密度又略有下降。基于 Ni-Mn 二元相图，当 Ni 和 Mn 的比例为 6 : 4 时，其形成 γ-(Ni, Mn) 黏结相的液相温度为 1080 ℃。在 1000 ℃和 1050 ℃烧结合金时，液相烧结还没有开始，因此合金的相对密度分别只能达到 71. 56%和 81. 98%。当烧结温度升高到略高于黏结相液相点的 1100 ℃时，合金已经进入液相烧结阶段，其致密化程度迅速增加，因而其相对密度上升到 90. 66%。随着烧结温度进一步升高到 1150 ℃，黏结相不断以黏性流动填充 W 粉颗粒之间的微孔，小颗粒 W 粉溶解在黏结相中，合金逐渐达到几乎全致密，因此合金的相对密度高达 99. 6%。当升高温度到 1200 ℃的最大值时，残余气体形成封闭的内部孔隙，阻碍合金致密化的增加。因此，合金的相对密度不再增加，甚至略有减少。

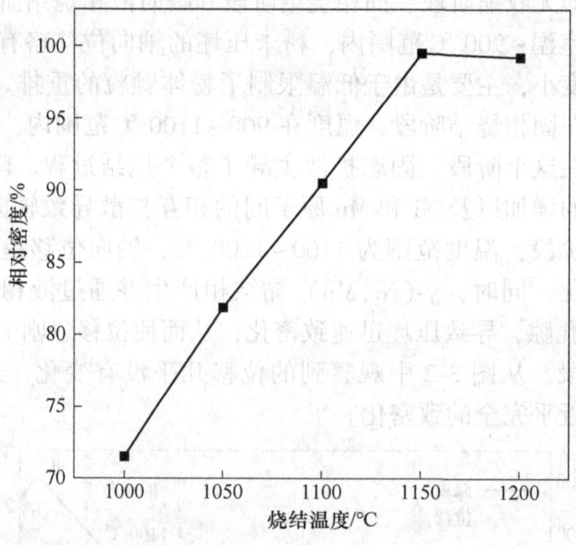

图 3-3　W-6Ni-4Mn 合金相对密度随烧结温度的变化规律

3. 4　烧结合金的表面形貌及精细结构

图 3-4 所示为不同温度烧结 W-6Ni-4Mn 合金的表面形貌。当烧结温度低于 1100 ℃时，由于粉末的团聚，钨晶粒尺寸略有增加，测得的平均钨晶粒尺寸范围从 3. 1 μm 至 4. 5 μm。钨晶粒的形态特征并没有出现典型液相烧结的迹象，它们中的大多数被合并在一起，导致“更大”的钨晶粒尺寸。由于属于固相烧结阶段，因此烧结合金的表面有大量的微孔 [图 3-4 (a) 和 (b)]。随着烧结温度

的升高，液相烧结阶段开始，形成γ-(Ni,Mn) 黏结相，小 W 粉颗粒溶解到黏结相中。当溶解进入饱和状态后，一些小的 W 粉颗粒从黏结相析出到大的 W 粉颗粒上，导致钨晶粒尺寸增大，其形状也接近球形，出现典型液相烧结特征。此外，随着温度的升高，合金中的微孔不断被液相填充，导致 W-W 连接度降低，钨晶粒尺寸增大，烧结合金表面几乎无孔隙存在［图 3-4（c）~（e）］，这也与

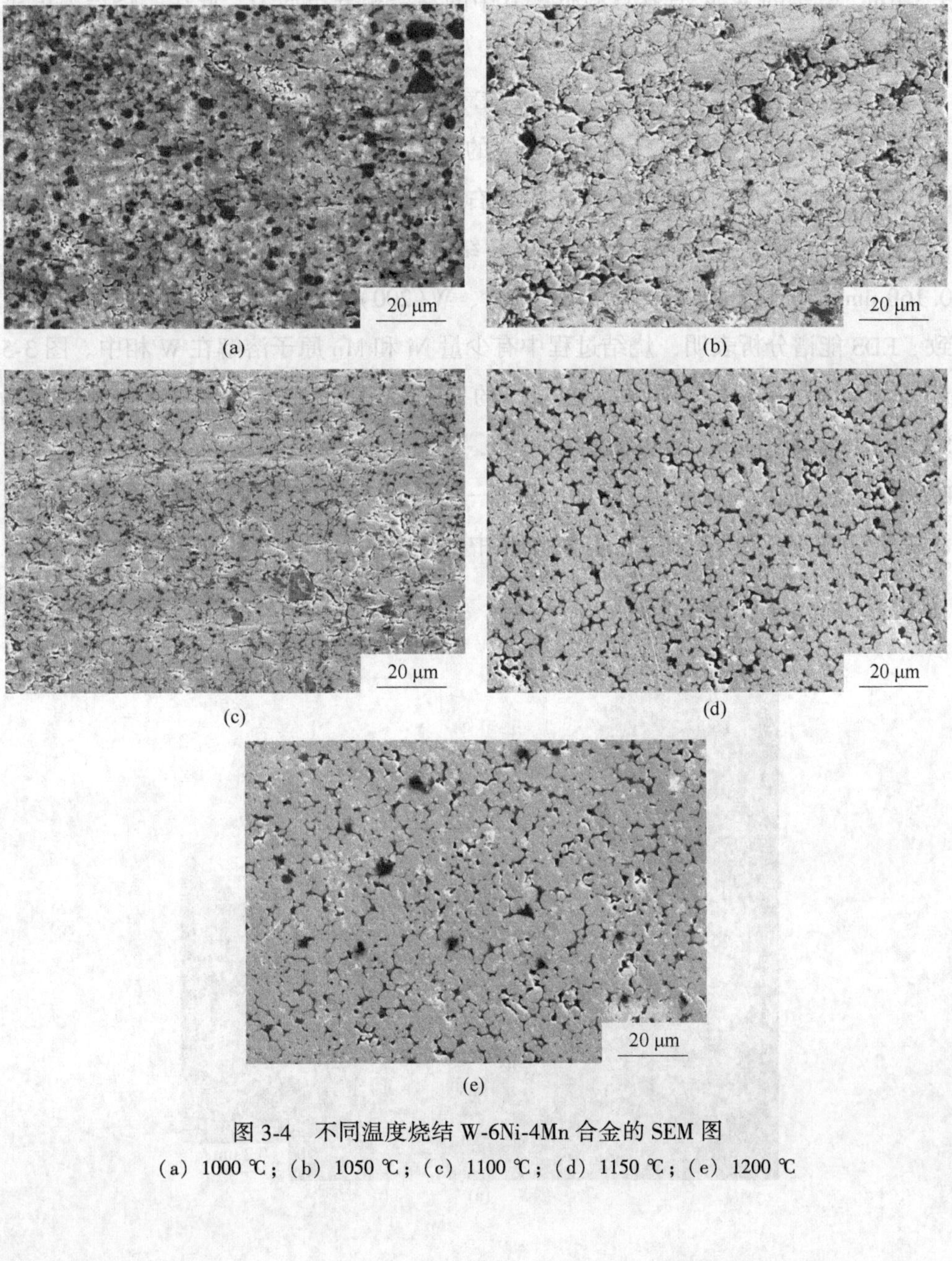

图 3-4 不同温度烧结 W-6Ni-4Mn 合金的 SEM 图

(a) 1000 ℃；(b) 1050 ℃；(c) 1100 ℃；(d) 1150 ℃；(e) 1200 ℃

图 3-3 中合金的致密化曲线相一致。这表明随着烧结温度的升高，钨晶粒不断长大，且 W-W 连接度发生变化，黏结相的分布更加均匀。在 1100 ℃以上，烧结温度大于 γ-(Ni,Mn) 黏结相的理论形成温度，属于液相烧结阶段，因此钨晶粒逐渐长成接近球形或球形。当烧结温度为 1150 ℃时，平均钨晶粒尺寸测量值约为 5.5 μm，合金的 W-W 连接度较低，其中的黏结相分布均匀。此后，烧结温度进一步升高，钨晶粒进一步粗化。

利用透射电镜进一步研究了 1150 ℃烧结典型 W-6Ni-4Mn 合金的精细结构，如图 3-5 所示。图 3-5（a）所示为合金的 TEM 亮场图像。图 3-5（b）所示为图 3-5（a）中暗区 A 对应的 HRTEM 图（右上角和右下角分别为其 SAED 图和 EDS 图）。从表征结果可知，暗区 A 是 BCC 结构的 W 相，其晶格参数为 0.230 nm、0.160 nm 和 0.130 nm，分别与 W(110)、W(200) 和 W(211) 的晶面间距相一致。EDS 能谱分析表明，烧结过程中有少量 Ni 和 Mn 原子溶解在 W 相中。图 3-5（c）所示为图 3-5（a）中亮区 B 对应的 HRTEM 图（右上角和右下角分别为其 SAED 图和 EDS 图）。从表征结果可知，亮区 B 是黏结相，其晶格条纹间距为 0.208 nm，与 Ni/Mn(110) 晶面间距相一致。基于 EDS 能谱结果，发现烧结过程中也有 W 溶解在 γ-(Ni,Mn) 黏结相中。

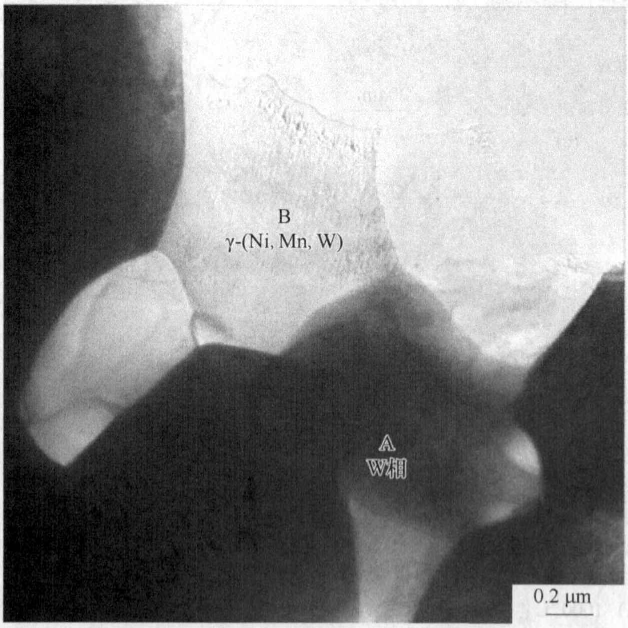

(a)

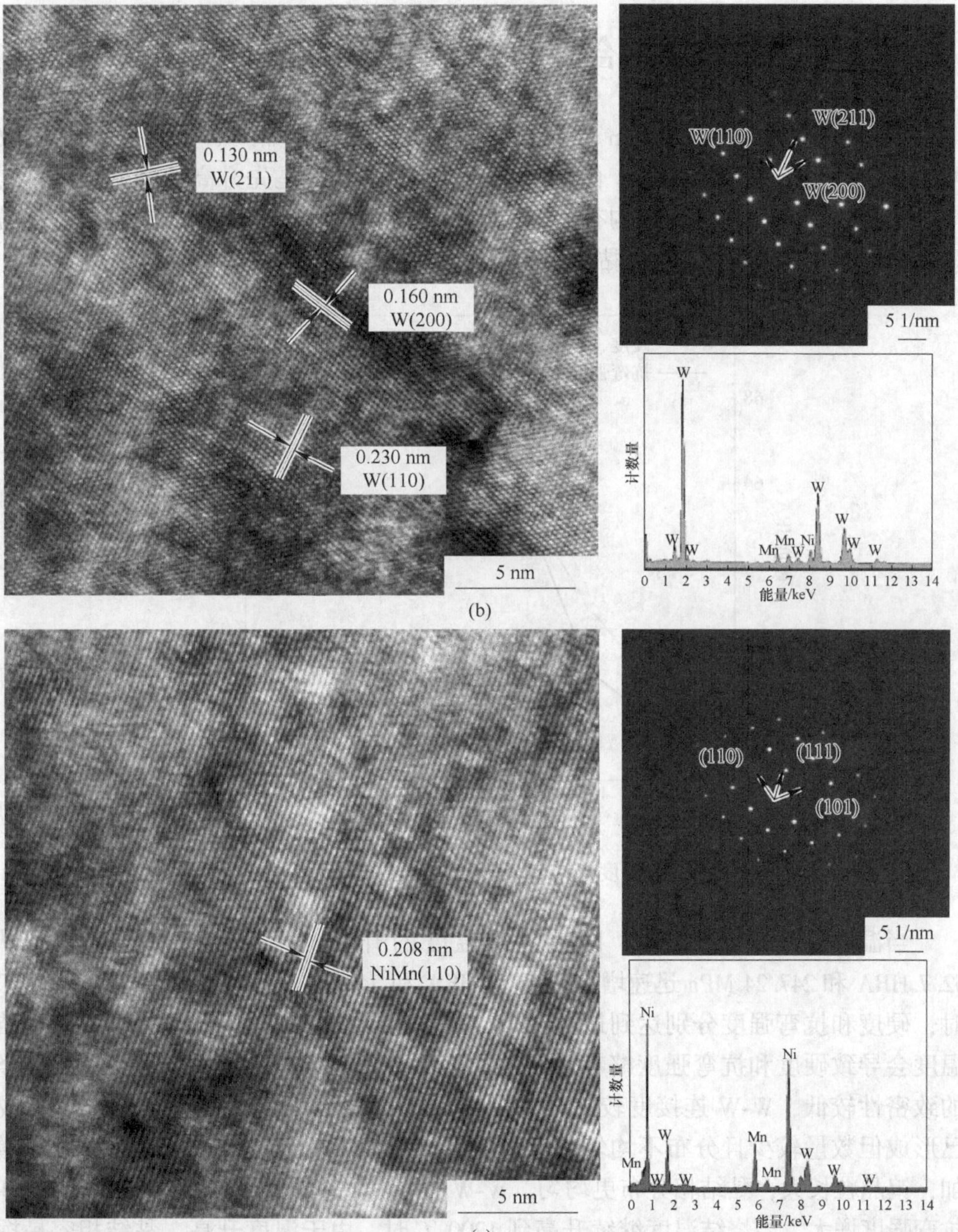

图 3-5 典型 W-6Ni-4Mn 合金的精细结构

（a）TEM 亮场图像；（b）图 3-5（a）中暗区 A 对应的 HRTEM 图（右上角和右下角分别为其 SAED 图和 EDS 图）；（c）图 3-5（a）中亮区 B 对应的 HRTEM 图（右上角和右下角分别为其 SAED 图和 EDS 图）

扫一扫看
更清楚

3.5　烧结合金的力学性能和断口形貌

不同温度烧结 W-6Ni-4Mn 合金的硬度和抗弯强度，如图 3-6 所示。从图 3-6 可知，随着烧结温度的升高，合金的硬度和抗弯强度均是先升高后降低。硬度与特定材料的特性及其微观结构有关。影响钨合金抗弯强度的主要因素包括钨晶粒尺寸和形状、W-W 连接度、黏结相的分布、W-黏结相和黏结相的强度。

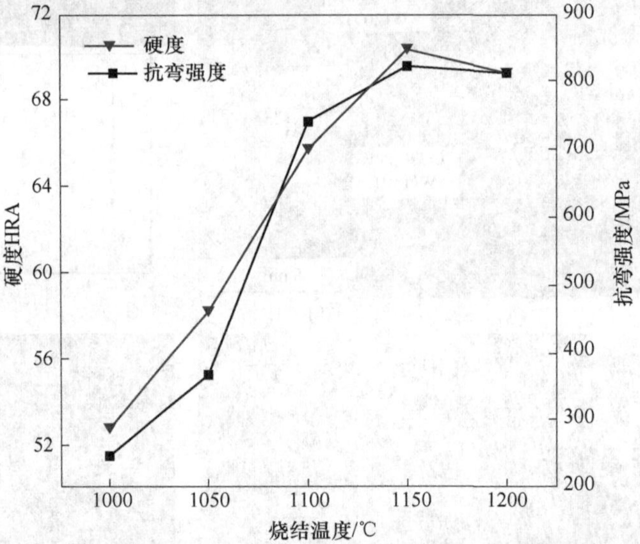

图 3-6　不同温度烧结 W-6Ni-4Mn 合金的硬度和抗弯强度

当温度低于 1100 ℃时，随着烧结温度的升高，硬度和抗弯强度分别从 52.7 HRA 和 247.24 MPa 迅速增加到 65.7 HRA 和 740.10 MPa。烧结温度为 1150 ℃时，硬度和抗弯强度分别达到最大值 70.3 HRA 和 820.90 MPa。进一步提高烧结温度会导致硬度和抗弯强度略有下降。原因是当温度低于 1150 ℃时，烧结合金的致密性较低，W-W 连接度较高。这是由于在低烧结温度下，黏结相未形成或已形成但数量较少且分布不均匀所致。随着烧结温度的升高，合金致密化程度增加，钨晶粒长大，黏结相分布更均匀，W-W 连接度降低，导致复合材料的硬度和抗弯强度增大。当烧结温度继续升高到 1200 ℃时，由于温度升高，黏结相容易挥发，从而引起 W-W 连接度增加，钨晶粒生长，导致抗弯强度下降。这一结果也与图 3-3 所示合金的相对密度变化曲线及图 3-4 所示合金的微观结构演变过程相一致。

分析第 2 章直接混料和本章机械球磨预处理原料方式对合金组织性能的影响规律可以发现，与直接混料相比，经过球磨处理的复合粉体制备的 W-6Ni-4Mn 合金烧结温度下降了约 50 ℃，分析其微观组织发现合金的钨晶粒尺寸整体上明显更细。与直接混料相比，在低于 1100 ℃条件下，机械球磨辅助烧结合金的硬度和抗弯强度均较高；在较高的烧结温度下机械球磨辅助烧结合金的硬度较高但其强度下降较多。在低于 1100 ℃条件下，随着烧结温度的升高，机械球磨辅助烧结合金的致密化程度增加明显，且在相同烧结温度下合金的晶粒尺寸明显较小，因此合金的硬度和抗弯强度均较高。比较 1200 ℃两种预处理方式烧结合金的组织和性能发现，在此时烧结温度较高，两者致密化程度相差不大，球磨烧结合金晶粒尺寸略微小于直接混料烧结合金，但直接混料烧结合金中黏结相增加明显，且黏结相的分布更加均匀；此时机械球磨辅助烧结合金中钨晶粒长大明显，在显微组织中占比增大，经过球磨后金属粉末活性增加，Ni、Mn 更容易挥发，且 Mn 更容易氧化（尽管采取了一些措施来避免 Mn 的氧化，如球磨过程中通入惰性气体保护，在真空手套箱中装样等），这些因素导致了机械球磨辅助烧结 W-6Ni-4Mn 合金抗弯强度的下降，但其硬度反而增加。

图 3-7 所示为不同温度烧结 W-6Ni-4Mn 合金的抗弯断口形貌。当烧结温度低于 1050 ℃时，固相烧结尚未完成，液相烧结还未开始，故而没有看到球形的钨晶粒，这一过程主要表现为固相烧结，且固相烧结不完全。从其断面可以看出，烧结合金存在许多孔隙，且随着烧结温度的增加，孔隙减少，在 1150 ℃以后几乎没有，这与图 3-3 致密化曲线相一致。当温度增加到 1100 ℃时，开始出现球形的钨晶粒，表明烧结合金液相烧结已经进行，且随着反应温度的升高，钨晶粒不断长大，测得的合金平均晶粒尺寸从 3.1 μm 增加到 6.5 μm，相比传统钨合金的钨晶粒尺寸（20~60 μm）小很多，与其他学者研究的 W-6Ni-4Mn 合金相比，也具有一定的优势，且烧结温度也比传统液相烧结温度略低。分析其原因，本章采用机械球磨对原料进行了预处理，球磨使粉末颗粒内部产生大量的位错、缺陷以及晶格畸变，致使原子活性增加；并且机械球磨提高了粉末烧结活性和 W 在黏结相中的溶解度，缩短原子在烧结过程中的扩散距离，降低烧结温度，促进烧结致密化，细化晶粒。此外，SPS 过程中升温速率快、保温时间较短，在短时间内完成了烧结过程，钨晶粒也来不及长大，故而合金的钨晶粒尺寸较小。

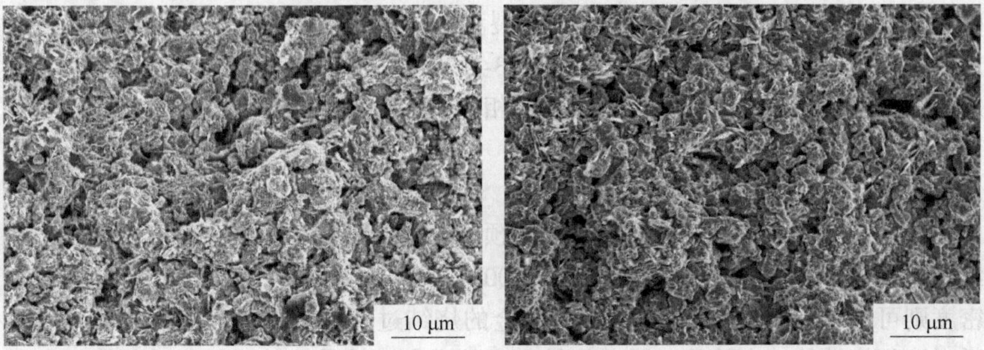

(a) (b)

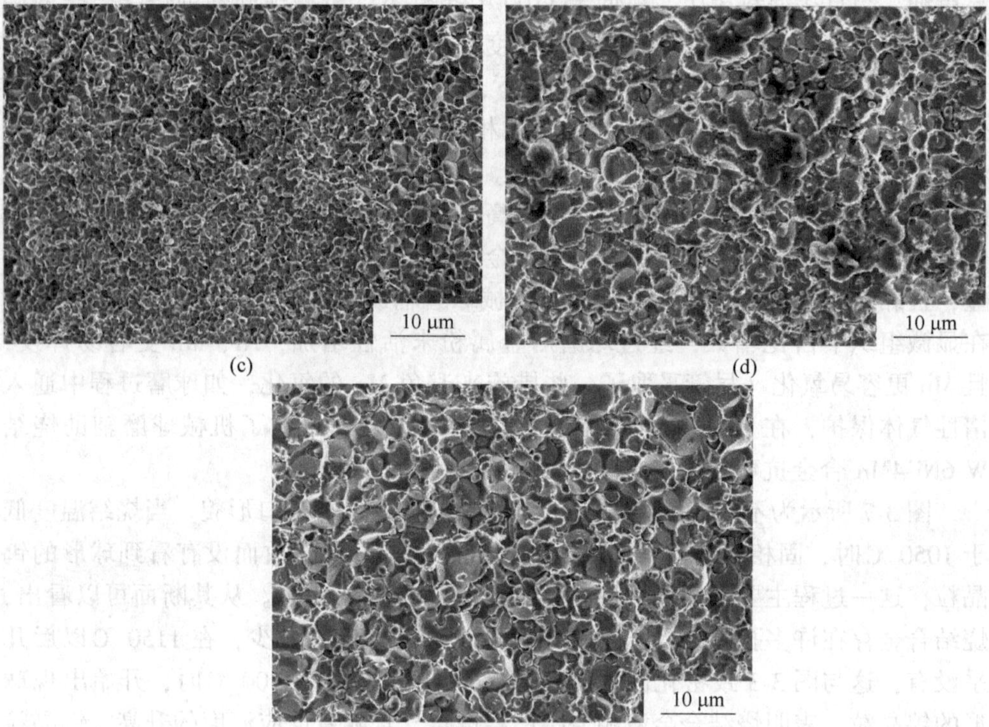

(c) (d)
(e)

图 3-7 不同温度烧结 W-6Ni-4Mn 合金的断口形貌
(a) 1000 ℃; (b) 1050 ℃; (c) 1100 ℃; (d) 1150 ℃; (e) 1200 ℃

钨合金的断裂模式一般分为 W-W 界面断裂（W-W）、钨-黏结相界面断裂（W-M）、钨穿晶解理断裂（W）和黏结相的韧性断裂（M）四种。从不同温度烧结 W-6Ni-4Mn 合金的抗弯断面形貌分析其断裂机制，当烧结温度低于 1050 ℃时，合金的致密程度较低，合金断裂主要是沿 W-W 界面整体剥落造成的［图 3-7（a）和（b）］，导致其抗弯强度较低。当温度进一步升高至 1100 ℃时［图 3-7（c）］，主要断裂模式为钨穿晶解理断裂和部分 W-W 界面断裂。当烧结温度为 1150 ℃［图 3-7（d）］和 1200 ℃［图 3-7（e）］时，随着烧结温度的升高，形成的黏结相逐渐增多，因此出现了黏结相的韧性断裂，从而提高了烧结合金的抗弯强度。

综上所述，本章通过介绍机械球磨预处理原料粉末，再结合 SPS 技术制备了细晶W-6Ni-4Mn 合金。仅需在 1000~1200 ℃低温范围内烧结 3 min，合金的相对密度则可由 71.56%提高到 99.6%。合金的烧结过程可分为无收缩、固相烧结和瞬时液相烧结等 3 个阶段。随着烧结温度的升高，钨晶粒的平均尺寸增大，但保持在 7 μm 以下，黏结相分布也更均匀。精细结构表征表明，W-6Ni-4Mn 合金由 W 相和γ-(Ni,Mn,W) 黏结相组成。随着烧结温度的升高，合金的洛氏硬度和抗弯强度先升高后降低。合金的综合力学性能在 1150 ℃时达到最佳，其硬度和抗弯强度分别为 70.3HRA 和 820.90 MPa。断口形貌分析表明，合金的主要断裂方式在低温烧结时为 W-W 界面断裂，随着烧结温度升高，逐步转变到钨穿晶解理断裂和黏结相的韧性断裂。

4 二次放电等离子烧结 W-Ni-Mn 合金

传统 W-Ni-Fe 合金对绝热剪切不敏感，导致在穿甲过程中容易形成“蘑菇头”。研究发现，提高绝热剪切性能的主要因素是低导热系数、高硬度和细钨晶粒等。由于 Mn 的导热性较低，用 Mn 代替 Fe 可以提高钨合金的绝热剪切性能。对于 W-Ni-Mn 合金，Mn、Ni 比为 6：4~4：6 时，Ni-Mn 固溶体中 W 的含量（质量分数）为 5%~15%，远低于 Ni-Fe 的 21%~30%。因此，钨晶粒通过 Ostwald 熟化机制生长受到限制。此外，由于 γ-(Ni, Mn) 黏结相的形成温度低于 γ-(Ni, Fe)，使得钨合金的致密化温度从 1500~1550 ℃降至 1100~1250 ℃，这有助于钨晶粒细化。总之，W-Ni-Mn 合金具有导热系数低、钨晶粒较小等优点，有希望成为动能穿透器的候选材料之一。

为了获得高性能的细晶 W-Ni-Mn 合金，采用冷等静压和液相烧结法相结合，可以将 W-4Ni-6Mn 合金中的钨晶粒尺寸细化到 8 μm，但硬度才为 65 HRA 左右。因此，在细化钨晶粒的同时，如何有效地提高 W-Ni-Mn 合金的硬度是研究人员面临的挑战之一。在第 2 章中，通过一次 SPS（OTSPS）机械混合粉末，将 W-6Ni-4Mn 合金的钨晶粒尺寸减小到 10 μm 以下，并在 1150 ℃下获得了 69.1 HRA 的最大合金硬度。在第 3 章中，由于原料粉末在 OTSPS 前进行了机械球磨激活，钨晶粒尺寸进一步细化到小于 7 μm，但 W-6Ni-4Mn 合金的硬度没有明显提高。在前面两章基础上，本章采用二次 SPS（TTSPS）技术，成功制备了钨晶粒更加细小的高硬度 W-6Ni-4Mn 合金。

4.1 合金制备及表征

与第 3 章一样，本章在烧结前对 W-6Ni-4Mn 合金原料粉末预先进行了机械高能球磨预处理，但与前两章中采用一次 SPS 技术制备钨合金不同，这里采用在第一次固相烧结完成后，再进行第二次固/液相烧结来制备钨合金。

4.1.1 材料制备

原料 W 粉、Ni 粉、Mn 粉的粒径、纯度及其质量配比与第 2 章相同。原料机械球磨激活工艺及相关参数与第 3 章相同。在真空手套箱里将球磨后的复合粉末装入 ϕ30 mm 石墨模具中后，再在 SPS 炉中 30 MPa 恒压下进行合金的烧结。根据 Ni-Mn 相图，当 Ni/Mn 质量比为 6∶4 时，γ-(Ni,Mn) 黏结相的最低液相形成温度为 1080 ℃。因此，第一次固相烧结在 1000 ℃下进行，加热速率为 100 ℃/min，保温时间为 6 min。此外，W-6Ni-4Mn 合金的力学性能在 1000～1200 ℃烧结温度范围内会达到峰值，因此在 1000～1200 ℃下进行第二次烧结，升温速率为 200 ℃/min，保温时间为 3 min。

4.1.2 材料表征

合金的密度、硬度及抗弯强度的测试方法及样品大小与第 2 章相同。采用场发射扫描电镜观察合金的显微组织，利用电子探针分析合金中微区元素分布，利用透射电镜研究合金的精细结构。

4.2 烧结合金的显微组织演变

图 4-1 所示为不同温度二次烧结（二次放电等离子烧结）W-6Ni-4Mn 合金的表面形貌。当烧结温度为 1000～1050 ℃时，TTSPS 合金的显微组织由浅白色钨晶粒和浅黑色 γ-黏结相组成。然而，当烧结温度升高到 1100 ℃时，合金组织中出

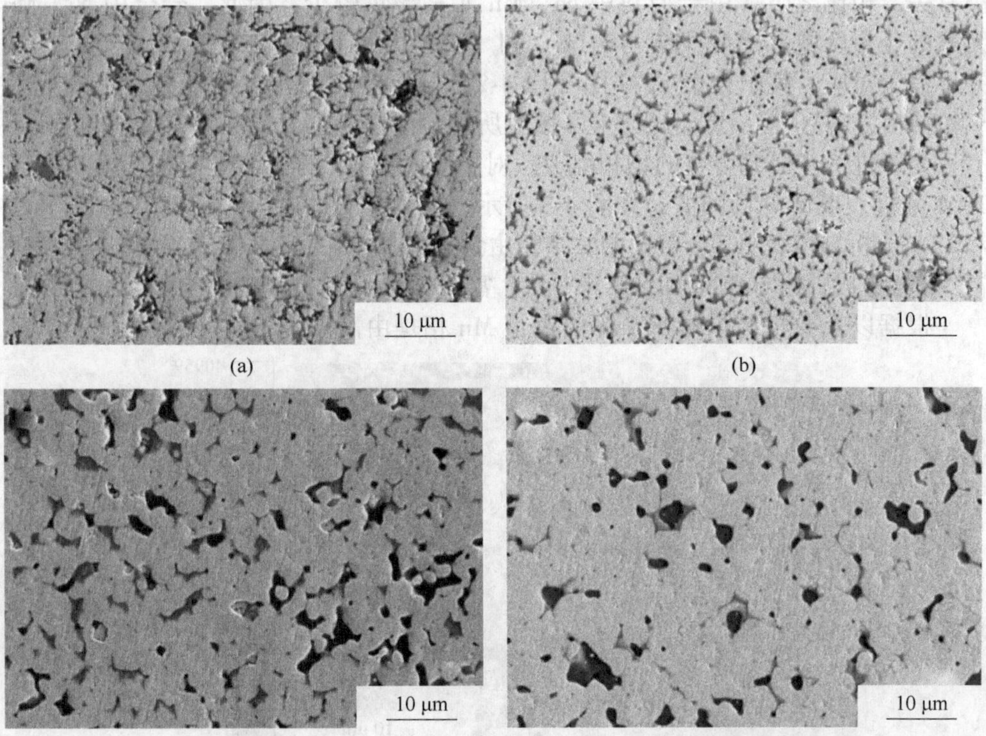

(a) (b) (c) (d)

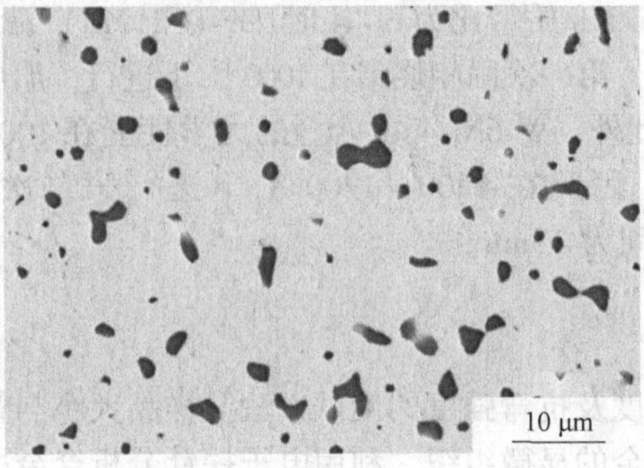

(e)

图 4-1　不同温度 TTSPS W-6Ni-4Mn 合金的 SEM 图

(a) 1000 ℃；(b) 1050 ℃；(c) 1100 ℃；(d) 1150 ℃；(e) 1200 ℃

现了一种新的深黑色 γ-黏结相。1100 ℃以上，深黑色 γ-黏结相逐渐增多，浅黑色 γ-黏结相逐渐减少。在 1200 ℃时，浅黑色 γ-黏结相基本消失，主要为深黑色 γ-黏结相。

图 4-2 所示为 1100 ℃烧结典型 TTSPS W-6Ni-4Mn 合金的 SEM 图及其元素分布。从图 4-2（b）可知，合金中 W 元素的分布最广泛，这与原料中 W 粉占比很高有关。相比之下，由于原料中 Ni、Mn 元素含量较少，因此，合金中 Ni、Mn 元素的分布区域占比低［图 4-2（c）和（d）］。而且，Ni、Mn 元素的分布区域并不完全对应，其中合金 SEM 图［图 4-2（a）］中椭圆形区域所包含的浅黑色 γ-黏结相为富 Ni 相，然而长方形区域应所包含深黑色 γ-黏结相为富 Mn 相。

为了进一步研究合金的物相组成，对 1100 ℃烧结的 W-6Ni-4Mn 合金进行了 TEM 分析，TEM 亮场图像，如图 4-3 所示。图 4-3 的选区电子衍射（SAED）图和 EDS 分析结果表明，合金中的黏结相由含有大量 W 的富 Ni 相和含有少量 W 的富 Mn 相组成，这与 SEM 图像结果一致。富 Ni 相明显比富 Mn 相溶解了更多的 W。

根据以上分析结果可知，深黑色富 Mn 相是由高温下 Ni 挥发后的浅黑色富

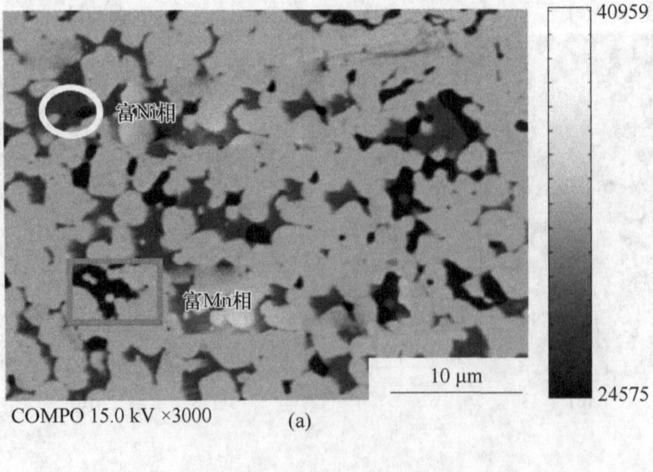

(a)

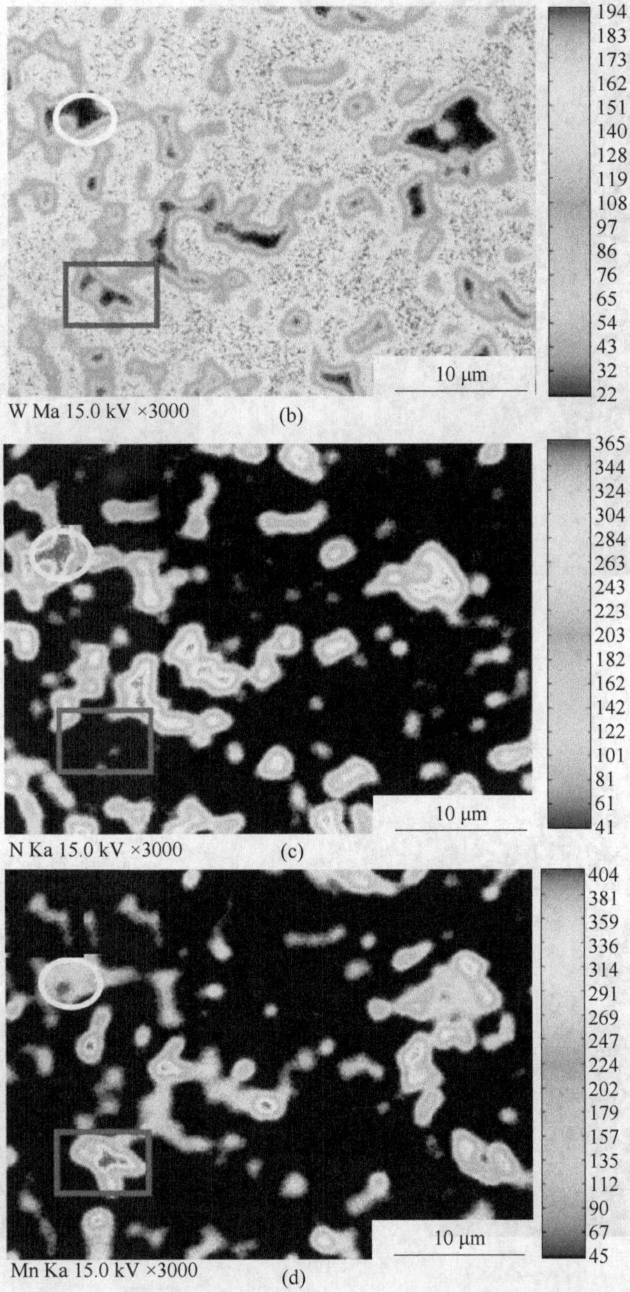

扫一扫看
更清楚

图 4-2 典型 TTSPS W-6Ni-4Mn 合金的表面元素分布

(a) 合金 SEM 图；(b) W 元素的分布图；(c) Ni 元素的分布图；(d) Mn 元素的分布图

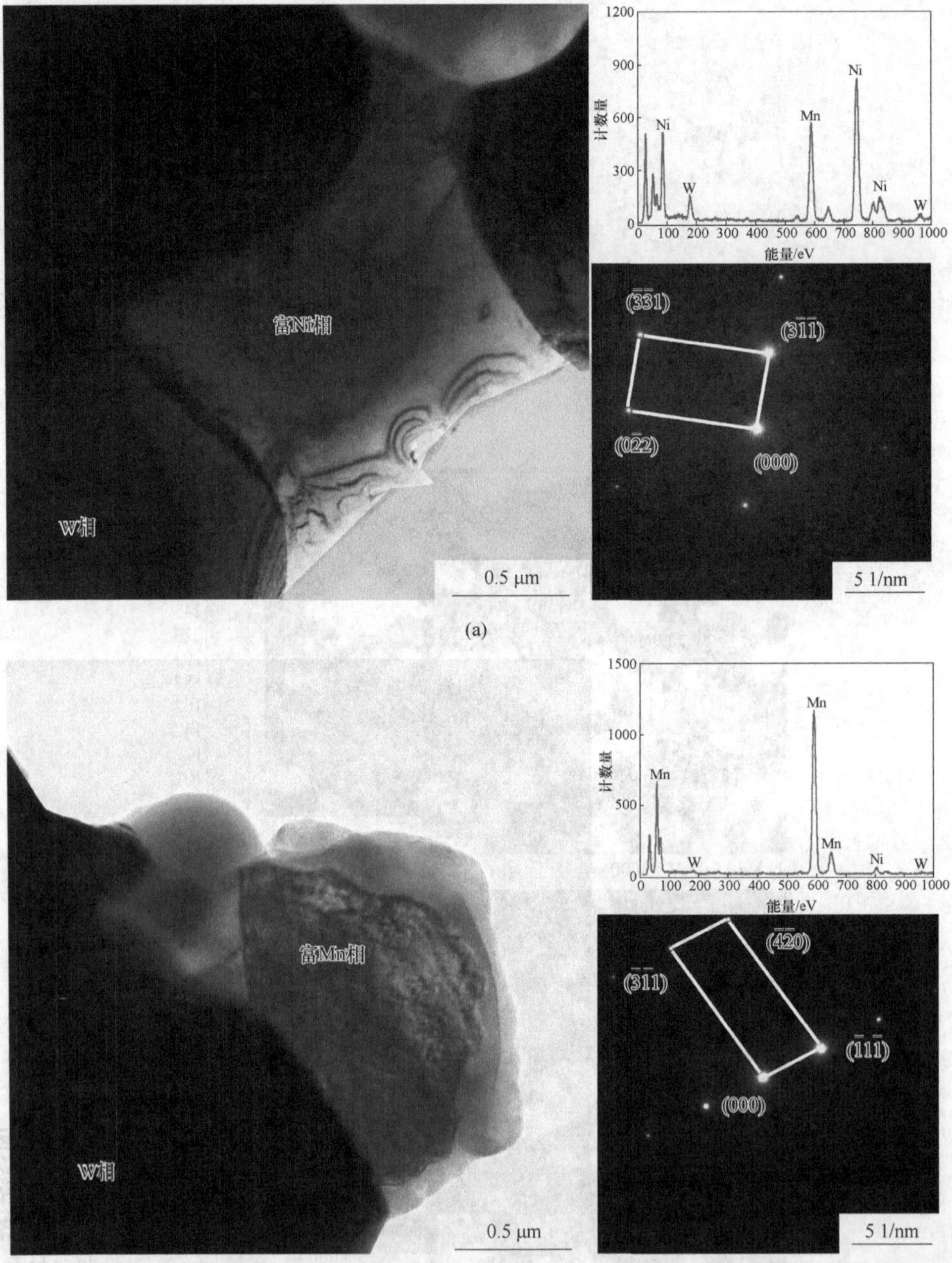

图 4-3　典型 TTSPS W-6Ni-4Mn 合金的 TEM 图

(a) 富 Ni 相；(b) 富 Mn 相

(两图右上角插图为基体的 EDS 能谱图，右下角插图为 SAED 图)

扫一扫看
更清楚

Ni 相演变而来。在较高真空条件下对合金进行 SPS，降低了 Ni 的沸点。此外，在 SPS 过程中，原料粉末中可能出现瞬时高温区域。因此，当达到一定温度（本章中约为 1100 ℃）时，Ni 开始挥发。挥发导致浅黑色 γ-黏结相中 Ni 含量降低，W 在黏结相中的固溶度也随之降低。最终形成含有少量 W 的深黑色富 Mn 的γ-黏结相。随着烧结温度的升高，W-6Ni-4Mn 合金显微组织中深黑色富 Mn 相的含量因 Ni 挥发量的增加而增加，直至烧结最高温度 1200 ℃时，几乎全部浅黑色富 Ni 相转变为深黑色富 Mn 相。

图 4-4 所示为不同温度 TTSPS W-6Ni-4Mn 合金的 W-W 连接度和黏结相体积分数的变化趋势。在 1000 ℃固相烧结条件下，制备的钨合金黏结相体积分数低，W-W 连接度高达 0.83。随着烧结温度升高至 1050 ℃，钨晶粒逐渐趋于球形，这是明显的液相烧结特征。随着 γ-(Ni,Mn,W) 黏结相的形成，黏结相体积分数迅速增加至 15.26%，而液态 γ-黏结相渗入钨晶粒边界，W-W 连接度下降至 0.67。当温度升高到 1100 ℃时，γ-(Ni,Mn,W) 相中溶解了更多的 W，黏结相的体积分数继续增加到 15.75%。同时，随着黏结相不断渗入钨晶粒间的孔隙中，W-W 连接度急剧下降至 0.50。结果表明，钨合金的微观组织分布更加均匀，表面孔隙减少。在 1100 ℃以上，由于钨晶粒的生长，Ni 逐渐挥发，晶粒表面积逐渐减小，黏结相体积分数从 15.75%急剧下降到 6.55%，W-W 连接度迅速提高到 0.81。

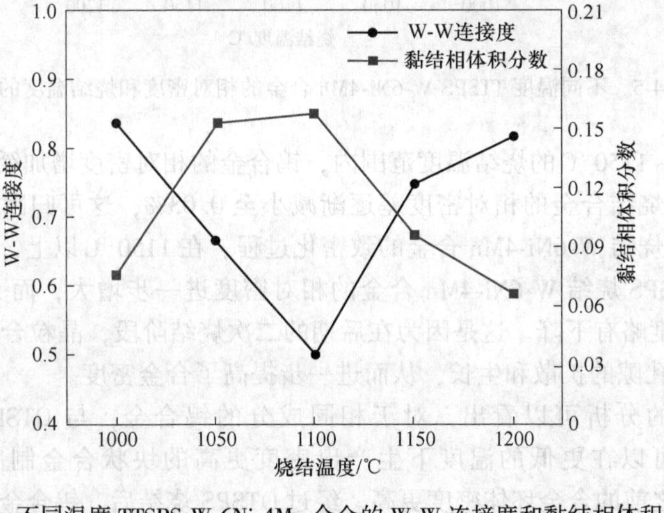

图 4-4 不同温度 TTSPS W-6Ni-4Mn 合金的 W-W 连接度和黏结相体积分数

4.3 烧结合金的相对密度及力学性能

图 4-5 所示为 TTSPS W-6Ni-4Mn 合金的相对密度和烧结温度的关系。为了进行比较，也将 OTSPS 烧结合金的相应数据与 TTSPS 烧结合金一起呈现在图中。

以 1050 ℃为分界点，TTSPS 烧结合金的密度变化可分为两个阶段。在 1050 ℃以下，随着烧结温度的升高，合金的相对密度迅速增大。虽然该温度低于最低的 γ-(Ni,Mn) 液相形成温度 1080 ℃，但 TTSPS 烧结合金的相对密度为 95.45%，比相同烧结温度下的 OTSPS 烧结合金的相对密度高 16.43%。这表明 TTSPS 烧结方法可以显著降低 W-6Ni-4Mn 合金的孔隙率，提高合金的密度。

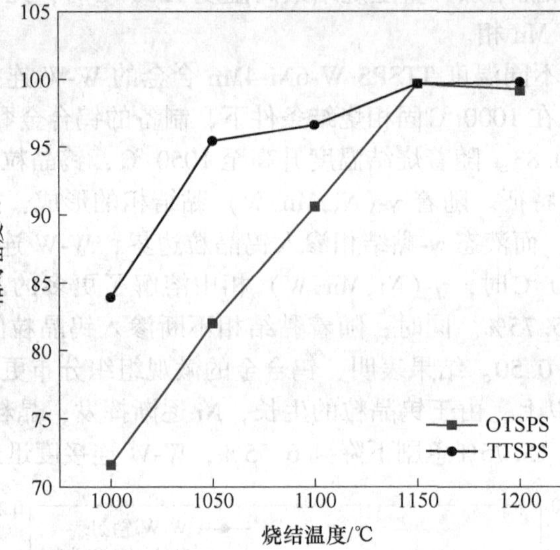

图 4-5　不同温度 TTSPS W-6Ni-4Mn 合金的相对密度和烧结温度的关系

在 1100~1150 ℃的烧结温度范围内，钨合金的相对密度增加缓慢，TTSPS 烧结与 OTSPS 烧结合金的相对密度差逐渐减小至 0.03%，这可归因于液相形成加速了 OTSPS 烧结 W-6Ni-4Mn 合金的致密化过程。在 1150 ℃以上，随着烧结温度的升高，TTSPS 烧结 W-6Ni-4Mn 合金的相对密度进一步增大，而 OTSPS 烧结合金的相对密度略有下降。这是因为在后期的二次烧结阶段，晶粒合并形成的连续 W 相抑制了孔隙的扩散和生长，从而进一步提高了合金密度。

从上面的分析可以看出，对于相同成分的钨合金，与 OTSPS 烧结相比，TTSPS 烧结可以在更低的温度下生产出密度更高的块状合金制品，这是由于 TTSPS 烧结之前的合金坯体密度更高。经过 OTSPS 烧结后，钨合金的孔隙率和孔径均减小，因此，TTSPS 烧结过程中的毛细力梯度减小，使得液相更容易从通道中分散到钨晶粒之间的孔隙中。

烧结温度对 TTSPS W-6Ni-4Mn 合金力学性能的影响，如图 4-6 所示。由图 4-6 可知，随着烧结温度的升高，TTSPS 烧结合金的硬度和抗弯强度都先升高后降低。当温度低于 1100 ℃时，W-6Ni-4Mn 合金的硬度和抗弯强度迅速提高。W-6Ni-4Mn 合金的洛氏硬度和抗弯强度在 1100 ℃时达到最大值，分别为 76.6 HRA

和 785.30 MPa。在最佳温度点以上，W-6Ni-4Mn 合金的洛氏硬度和抗弯强度逐渐降低。与上一章 OTSPS 烧结合金相比，TTSPS 烧结合金的最大硬度提高了 8.96%，同时，具有最佳力学性能的合金的烧结温度也从 1150 ℃降低到 1100 ℃，这种现象可以用 TTSPS 合金在较低温度下的较高密度来解释。

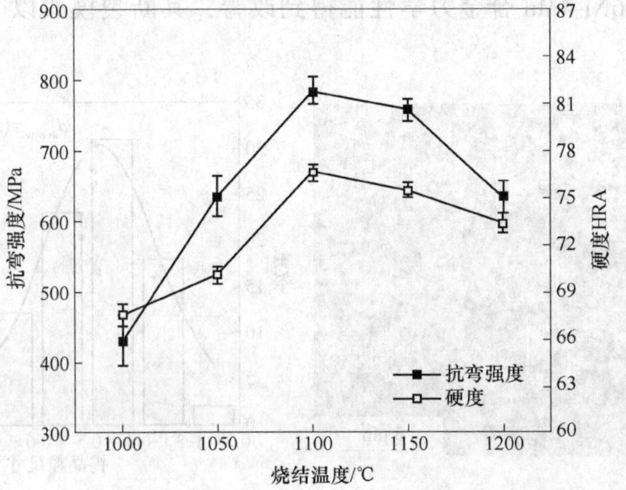

图 4-6　不同温度 TTSPS W-6Ni-4Mn 合金的力学性能

W-6Ni-4Mn 合金的力学性能与其密度和组织演变有关。钨晶粒尺寸、黏结相体积分数和 W-W 连接度等微观组织因素对钨合金的力学性能和断裂行为影响尤为重要。在 1000 ~1050 ℃范围内，W-6Ni-4Mn 合金的相对密度迅速增大，一些近球形钨晶粒的出现预示液相烧结开始。因此，W-6Ni-4Mn 合金中黏结相的体积分数增加，W-W 连接度减小（图 4-4），这导致 TTSPS 烧结合金的洛氏硬度和抗弯强度迅速提高。随着二次烧结温度升高至 1100 ℃，TTSPS 烧结合金的相对密度继续增大，黏结相含量增加且分布更加均匀，W-W 连接度降低到最小（图 4-4）。因此，W-6Ni-4Mn 合金的洛氏硬度和抗弯强度均达到最大值。在 1100 ℃以上，由于高温下 Ni 的挥发，富 Ni 和富 Mn 黏结相的含量分别减少和增加，并且由于黏结相体积分数的降低，合金 W-W 的连接度明显增加（图 4-4）。随着黏结相从富 Ni 向富 Mn 转变，W 从黏结相析出，导致钨晶粒长大，对 W-6Ni-4Mn 合金力学性能产生不利影响。因此，随着烧结温度的升高，W-6Ni-4Mn 合金的洛氏硬度和抗弯强度逐渐降低。

4.4　烧结合金的断口形貌及晶粒尺寸

不同温度二次烧结 W-6Ni-4Mn 合金的断口形貌和钨晶粒尺寸分布，如图 4-7 所示。一般来说，钨合金的断裂方式一般有 W-W 界面断裂（W-W）、钨-黏结相界面断裂（W-M）、钨穿晶解理断裂（W）和黏结相的韧性断裂（M）四种。在最低烧结温度 1000 ℃时，钨合金断口表面出现了许多作为裂纹源的微孔，因此该材料的力学性能是所有 W-6Ni-4Mn 合金中最低的。当烧结温度提高到 1050 ℃时，液相烧结的出现加速了 W-6Ni-4Mn 合金的致密化，导致微孔数量迅速减少，W-6Ni-4Mn 合金力学性能得到改善，其断裂模式以 W-W 界面断裂为主。

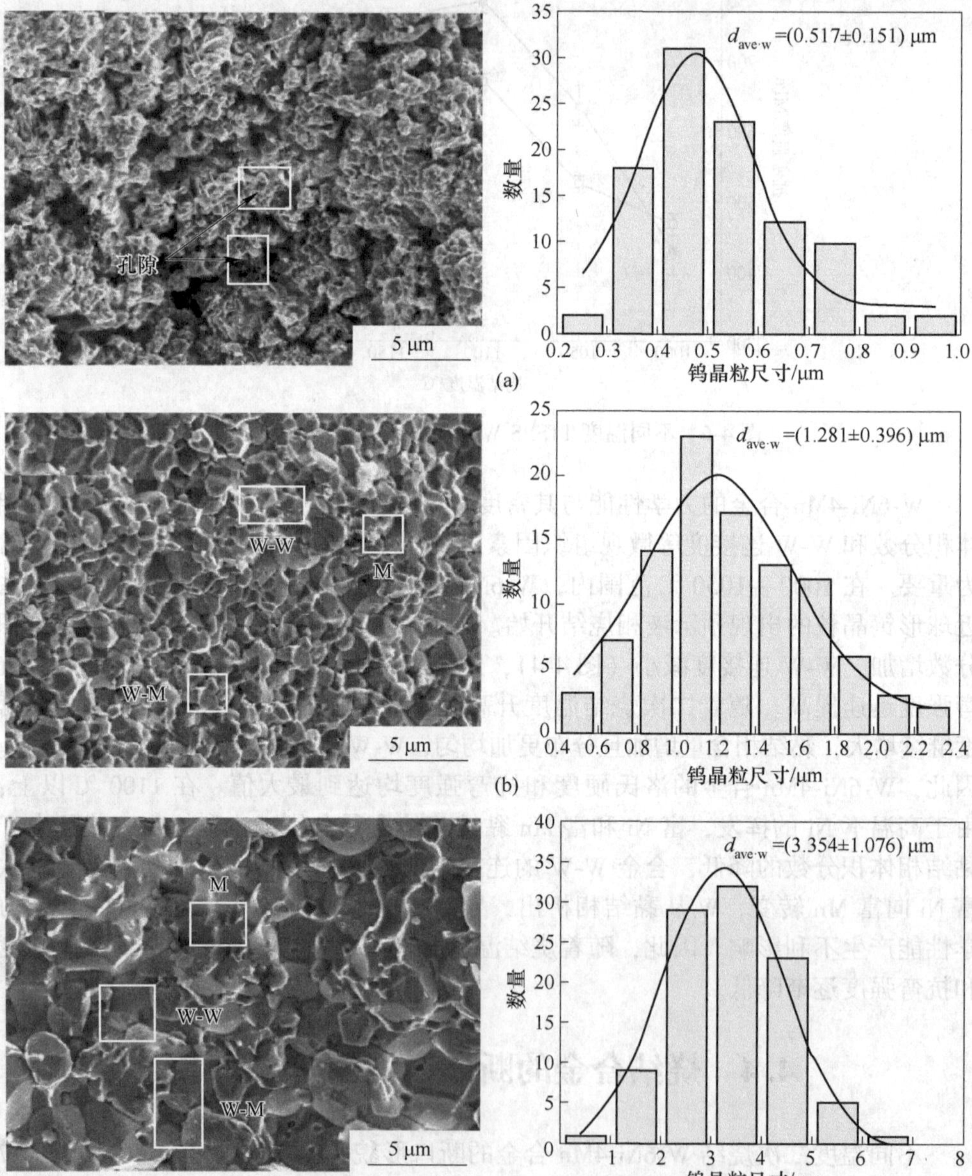

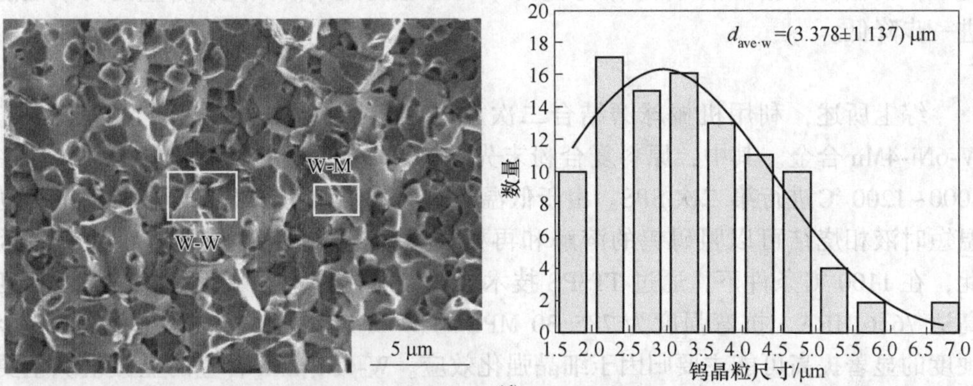

(d)

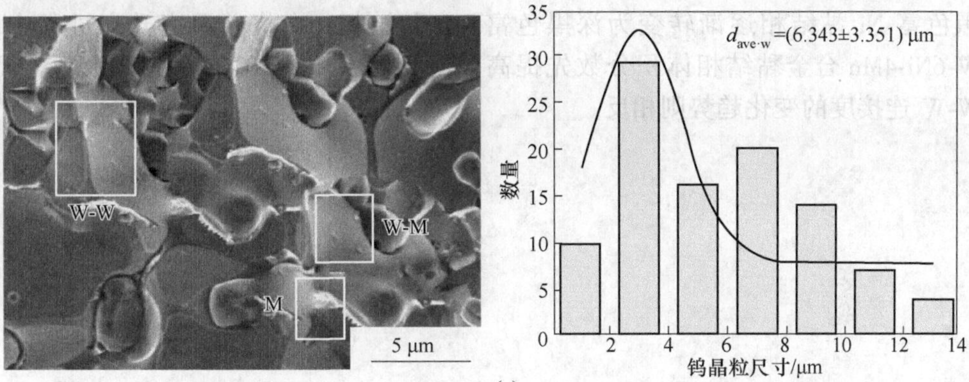

(e)

图 4-7 不同温度 TTSPS W-6Ni-4Mn 合金的断口形貌及钨晶粒尺寸

(a) 1000 ℃; (b) 1050 ℃; (c) 1100 ℃; (d) 1150 ℃; (e) 1200 ℃

在 1050 ℃以下，合金的钨晶粒尺寸小于 2 μm，这是由于固相烧结占优导致钨晶粒生长受到抑制所致。随着烧结温度进一步升高至 1100 ℃，钨晶粒逐渐被液态黏结相覆盖，W-W 的连接度达到最小值，合金获得了最佳的力学性能，其主要断裂方式为 W-黏结相界面断裂和黏结相的韧性断裂。在 1150 ℃时，黏结相的体积分数开始下降，这是由于 Ni 黏结相的挥发导致的。因此，W-W 界面断裂比例开始增加，合金的力学性能下降。

当 W-6Ni-4Mn 合金在 1100 ℃液相烧结时，产生了大量的液态黏结相，细钨粉末颗粒不断溶解在黏结相中，并沉积在大钨粉末颗粒表面，使钨晶粒尺寸增大至 3. 35 μm。而在 1150 ℃时，由于黏结相体积分数的降低，钨晶粒的生长速度略有减慢。在最高烧结温度 1200 ℃时，随着黏结相体积分数的进一步降低，合金的 W-W 连接度稳步提高，W-W 界面断裂再次成为主要断裂方式。此外，由于一些小晶粒尺寸钨的合并，钨晶粒尺寸迅速增大至 6. 34 μm。相应地，在相同载荷下，钨晶粒与黏结相的界面面积减小，导致应力集中。因此，合金的力学性能进一步降低。

综上所述，利用机械球磨结合二次放电等离子烧结（TTSPS）技术制备了 W-6Ni-4Mn 合金。其中，原料复合粉末先在 1000 ℃下进行第一次 SPS，然后在 1000~1200 ℃进行第二次 SPS。由于低温长时固相烧结可以提高合金的密度，高温短时液相烧结可以阻碍钨的溶解和再析出过程，从而抑制钨晶粒的生长，因此，在 1100 ℃条件下，通过 TTSPS 技术成功制备出钨晶粒小至 3. 35 μm、硬度高达 76. 6 HRA、抗弯强度为 785. 30 MPa 的 W-6Ni-4Mn 合金。W-6Ni-4Mn 合金硬度的显著提高可能主要归因于细晶强化效应。W-6Ni-4Mn 合金的显微组织主要由白色钨晶粒和浅黑色黏结相组成。随着二次烧结温度升高到 1100 ℃以上，浅黑色富 Ni 黏结相逐渐转变为深黑色富 Mn 黏结相。在烧结温度升高过程中，W-6Ni-4Mn 合金黏结相体积分数先提高后降低，在 1100 ℃时达到最大值，而 W-W 连接度的变化趋势则相反。

5 片状黏结相和纳米 Al_2O_3 协同强化 W-Ni_3Al 合金

Ni_3Al 金属间化合物由于其独特的物理和力学性能，对绝热剪切具有更好的敏感性，是一种新型钨合金黏结相。此外，Ni_3Al 表现出比 DU 合金更低的导热系数和扩散系数，这表明它应该有与 DU 合金相似的绝热剪切行为。此外，W 在 Ni_3Al 中的溶解度低于在 γ-(Ni, Fe) 中的溶解度，可能导致合金中有更细尺寸的钨晶粒。传统液相烧结方法制备的 W-Ni_3Al 合金一般具有 20~36 μm 的较大钨晶粒尺寸，其最佳硬度也低于 70HRA。通过两步烧结法可以制备钨晶粒尺寸约 5 μm的细晶 W-Ni_3Al 合金，但其硬度仅 500HV 出头，抗弯强度也低于600 MPa。因此，提高 W-Ni_3Al 合金的力学性能成为研究人员面临的重要挑战。

通常来说，具有高强度和韧性的钨合金具有较强的穿透能力。提高钨合金性能的传统方法包括优化钨合金成分、控制烧结过程、弥散强化，等等。然而，这些方法面临资源逐渐枯竭和关键元素不易获得等问题。特别是，传统的外部添加陶瓷粒子增强材料的同时其延展性和韧性普遍较低，因此，其损伤容限低于原始合金。由于这些原因，材料微观结构设计作为提高合金力学性能的有效策略，越来越受到人们的关注。因此，为了获得综合力学性能良好的 W-Ni_3Al 合金，需要新的显微结构设计方法。在本章中，首次提出通过片状 Ni_3Al 黏结相和原位生成的纳米 Al_2O_3 粒子协同增强钨合金的创造性方法。具体来说，采用简单的机械球磨技术和 SPS 技术获得了具有较好综合力学性能的片状结构 W-Ni_3Al 合金。

5.1 合金制备及表征

为制备片状 Ni_3Al 黏结钨合金，在烧结前将 Ni_3Al 原料粉末研磨成片状粉体是必要的。为此，本章采用机械球磨技术制备片状 Ni_3Al，并比较了两种不同球磨处理技术的优劣。

5.1.1 材料制备

原料粉末包括 W 粉，其纯度和平均粒径分别为大于 99.5%（质量分数）和 4 μm；Ni_3Al 粉，其纯度和平均粒径分别为 99.5%和 20 μm。W 粉和 Ni_3Al 粉的质量配比为 9∶1。在氩气保护下，采用行星球磨（planetary ball milling，PBM）和放电等离子体辅助球磨（dielectric barrier discharge plasma-assisted ball milling，DBDPBM）分别在 300 r/min 和 960 r/min 的转速下球磨 W-Ni_3Al 混合粉体 24 h 后，再将球磨好的原料粉末暴露在空气中 72 h。接下来，在 SPS 炉中以 40 MPa 的恒压进行合金的快速烧结。由于 Ni_3Al 的熔点为 1390 ℃，因此以 100 ℃/min 速率升温至 1400 ℃烧结 5 min 制备 W-Ni_3Al 合金。

5.1.2　材料表征

原料粉末及烧结合金的主要表征测试方法与前述章节相同。利用 Image J 软件对 SEM 图像进行处理，估算平均钨晶粒尺寸外，也计算出不同相的比例。利用能谱仪分析合金中的元素分布和含量。

5.2　具有独特结构合金的制备流程

W-Ni_3Al 合金的具体制备流程，如图 5-1 所示。制备 W-Ni_3Al 合金主要有 3 个步骤。首先，对原料粉末进行球磨预处理，得到片状 Ni_3Al 粉末，并选择两种球磨技术来比较其对类片状 Ni_3Al 粉末形貌的影响。其次，将机械球磨片状 Ni_3Al 粉末在空气中进行一定程度预氧化。最后，采用 SPS 技术制备了片状 Ni_3Al 和 Al_2O_3 纳米粒子协同强化的 W-Ni_3Al 合金。合金烧结过程中，在自重和 SPS 系统施加的压力共同作用下，为了使势能降到最小，带有原位生成纳米 Al_2O_3 粒子的片状 Ni_3Al 粉末倾向于以无规律方式平躺在一起，类似于树叶在重力作用下飘落并平铺在地面上。显然，这个制造方法是一个简单的，短流程的，并易于重复的路线。

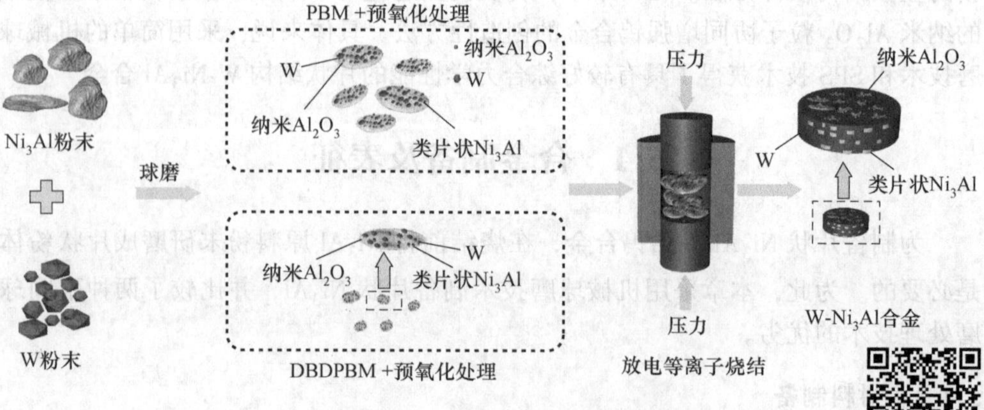

图 5-1　W-Ni_3Al 合金的制备过程

扫一扫看
更清楚

5.3　球磨前后原料粉末的显微组织和成分演变

采用 SEM、EDS、XRD 等方法对 W 粉、Ni_3Al 粉及其球磨混合粉末进行了分析，相应结果，如图 5-2（a）和（b）可以看出，原料 W 粉和 Ni_3Al 粉分别是较小的分散颗粒粉末和较大的团聚颗粒粉末。球磨后，由于（111）〈110〉位错滑移系统引起解理断裂，团聚 Ni_3Al 粉末由多孔近球状变为片状［图 5-2（c）和（d）］。同时，大量细小 W 粉颗粒也嵌入片状 Ni_3Al 粉末的表面［图 5-2（c）］，表明行星球磨（PBM）Ni_3Al 粉具有类似芝麻饼的结构。此外，从图 5-2（d）可以看出，DBDPBM 技术也可以用于片状 Ni_3Al 粉末的制备。球磨粉末的不同形貌与 PBM 的高剪切力和 DBDPBM 的高压应力相关。

图 5-2（e）和（f）所示为原料 Ni_3Al 粉末和球磨 W-10Ni_3Al 粉末的 EDS 点扫描和 XRD 结果。从图 5-2（b）中点 *A* 的 EDS 图可以看出，在原料 Ni_3Al 粉末中除了 Ni 和 Al 元素外，还检测到少量的 O 元素。图 5-2（c）中点 *B* 和点 *C* 的 EDS 结果进一步证实了 PBM W-Ni_3Al 粉末的芝麻饼结构。也就是说，嵌入的较小的“芝麻”是 W 粉末，而较大的片状“饼”是 Ni_3Al 粉末。根据球磨前后 Ni_3Al 粉末中氧含量的变化，可以发现 Ni_3Al 粉末在球磨过程中被轻微氧化。然

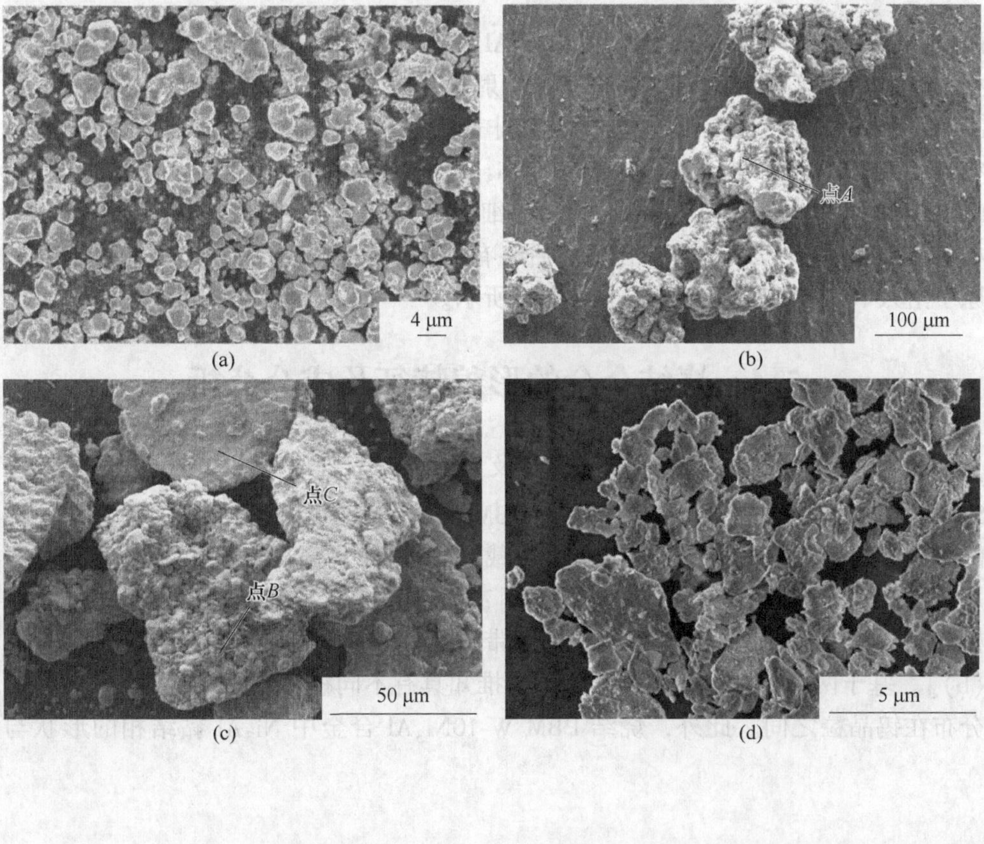

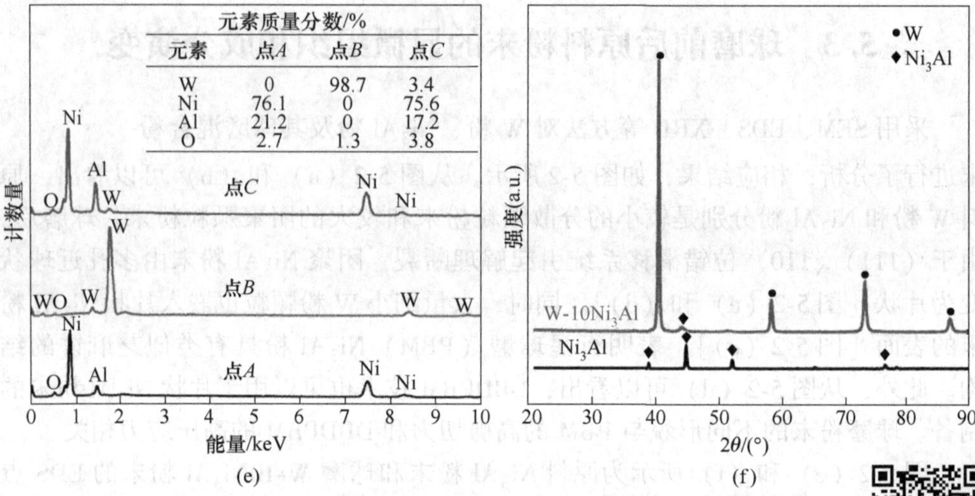

扫一扫看更清楚

图 5-2 原料粉末和球磨 W-10Ni_3Al 粉末的表征

（a）W 粉的 SEM 图；（b）Ni_3Al 粉末的 SEM 图；（c）PBM W-Ni_3Al 粉末的 SEM 图；（d）DBDPBM W-10Ni_3Al 粉末的 SEM 图；（e）Ni_3Al 粉末和 PBM W-10Ni_3Al 粉末的 EDS 点扫描结果；（f）Ni_3Al 粉末和 PBM W-10Ni_3Al 粉末的 XRD 图

而，如图 5-2（f）所示，PBM W-10Ni_3Al 粉末的 XRD 图中只存在 W 相和 Ni_3Al 相的衍射峰，没有出现 Al_2O_3 的特征衍射峰。这种现象可能与室温球磨过程中 Ni_3Al 粉末表面形成的 Al_2O_3 较少及其非晶态结构有关。与球磨前的原料 Ni_3Al 粉末相比，由于加入了大量 W 粉，Ni_3Al 相的衍射峰强度大大降低。同时，Ni_3Al 相的衍射峰也因球磨导致的晶粒细化而宽化［图 5-2（f）］。此外，Ni_3Al 相的最强衍射峰（$2\theta=45°$）在球磨后略有左移［图 5-2（f）］，这可能是部分 W 原子溶入 Ni_3Al 相所致，如图 5-2（e）所示。

5.4 烧结合金的形貌特征及成分分析

W-10Ni_3Al 合金的显微组织、物相及元素分布表征结果，如图 5-3 所示。图 5-3（a）和（b）的 SEM 图像显示了 PBM W-Ni_3Al 合金在两个相互垂直方向上的显微组织。对于黏结相，在与系统加载方向垂直的合金表面，可以观察到其为尺寸不规则的多边形形状［图 5-3（a）］；另外，在与系统加载方向平行的合金横截面，黏结相看起来像许多狭窄的条带，且几乎垂直于系统加载方向［图 5-3（b）］。基于两个相互垂直的视图，容易推知具有不同径厚比的片状 Ni_3Al 黏结相分布在钨晶粒之间。此外，烧结 PBM W-10Ni_3Al 合金中 Ni_3Al 黏结相的形状与

PBM 后 Ni_3Al 粉末的大片状形貌基本一致，如图 5-2（c）所示。

然而，在以往的研究中，在其他黏结相钨合金的显微组织中几乎从未观察到片状黏结相。DBDPBM W-Ni_3Al 粉末中也观察到片状 Ni_3Al 粉末［图 5-2（d）］，不过其片状尺寸小于 5 μm。然而，SPS 后的 DBDPBM W-Ni_3Al 合金显微组织中几乎没有出现大尺寸片状 Ni_3Al 黏结相［图 5-3（c）］。也就是说，用 DBDPBM 方法结合 SPS 技术制备具有片状 Ni_3Al 黏结相钨合金是不可取的，这可能与球磨后的片状 Ni_3Al 粉末的较小尺寸有关。

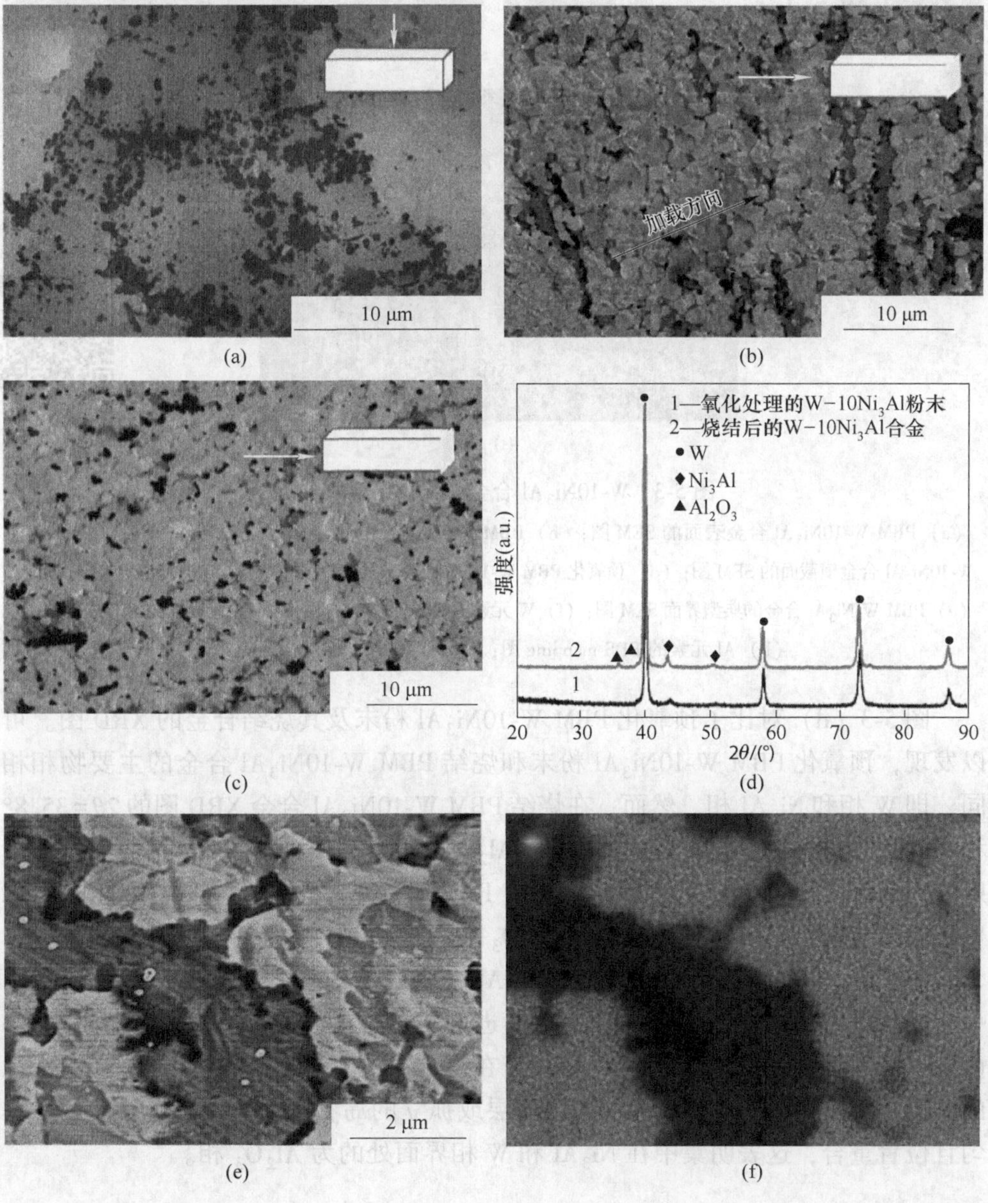

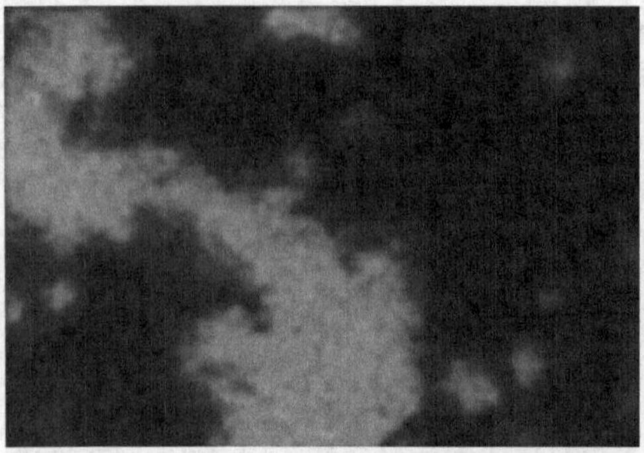

(g)

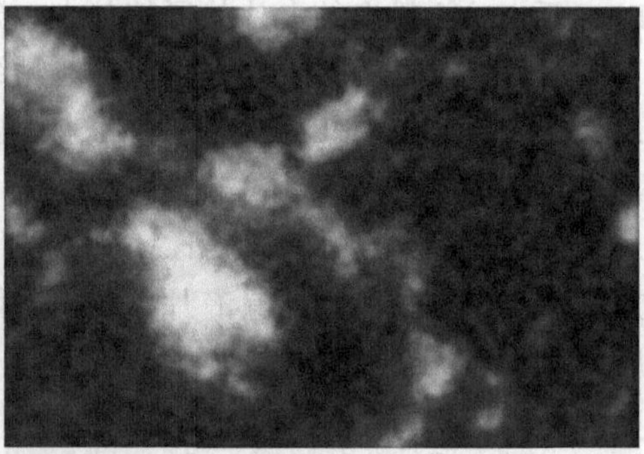

(h)

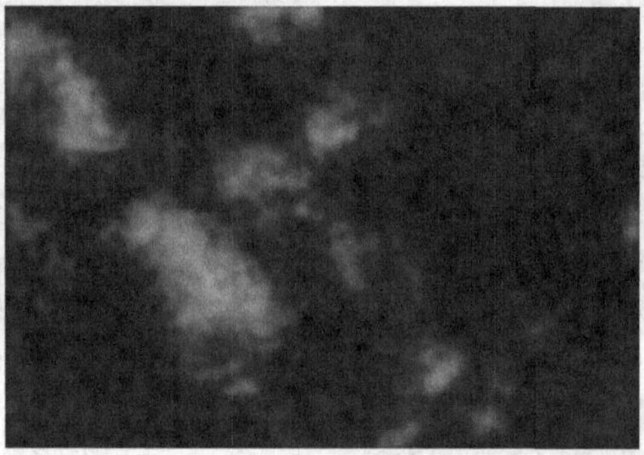

(i)

扫一扫看
更清楚

图 5-3　W-10Ni_3Al 合金的显微结构和成分

（a）PBM W-10Ni_3Al 合金表面的 SEM 图；（b）PBM W-10Ni_3Al 合金横截面的 SEM 图；（c）DBDPBM W-10Ni_3Al 合金横截面的 SEM 图；（d）预氧化 PBM W-10Ni_3Al 粉末及其烧结 PBM W-10Ni_3Al 合金的 XRD 图；（e）PBM W-Ni_3Al 合金的典型界面 SEM 图；（f）W 元素的 EDS mapping 图；（g）Ni 元素的 EDS mapping 图；（h）Al 元素的 EDS mapping 图；（i）O 元素的 EDS mapping 图

图 5-3（d）对比了预氧化 PBM W-10Ni_3Al 粉末及其烧结合金的 XRD 图。可以发现，预氧化 PBM W-10Ni_3Al 粉末和烧结 PBM W-10Ni_3Al 合金的主要物相相同，即 W 相和 Ni_3Al 相。然而，在烧结 PBM W-10Ni_3Al 合金 XRD 图的 $2\theta=35.8°$ 和 38.8°处有两个微弱的衍射峰，其与 Al_2O_3 相（121）面和（124）面的特征衍射峰一致（JCPDS 卡号 46-1131）。烧结 PBM W-10Ni_3Al 合金中 Al_2O_3 相的出现可能主要与高温 SPS 过程中非晶态 Al_2O_3 的晶化和 Ni_3Al 的氧化有关。

为了进一步确定烧结 PBM W-10Ni_3Al 合金中的三相分布情况，随机选择了一个典型微小区域［图 5-3（e）］，对其进行了界面元素分布检测，结果如图 5-3（f）~（i）所示。可以看出，W 元素分布在富含 Ni 和 Al 元素的多边形片状 Ni_3Al 的两侧。Ni_3Al 与 W 相界面处的连续薄层或孤立的岛状区域，Al、O 元素分布均匀且位置重合，这表明集中在 Ni_3Al 和 W 相界面处的为 Al_2O_3 相。

如上所述，烧结后的 PBM W-10Ni_3Al 合金中存在三种物相，但这些物相的相对含量尚不清楚。为了确定这些物相的定量结果，图 5-4（a）~（e）给出了烧结 PBM W-10Ni_3Al 合金更大面积的显微组织观察和 EDS 能谱图。众所周知，一个物相的比例可以通过其扫描电镜图像与总扫描电镜图像的面积比来近似计算。因此，利用 Image J 软件对元素分布图进行分析［图 5-4（f）和（g）］，发现 Ni_3Al 相和 Al_2O_3 相的比例分别为 6.92%（353.899/5114.9064）和 4.76%（243.455/5114.9064）。此外，确定球磨过程中氧含量的变化、原料粉末的预氧

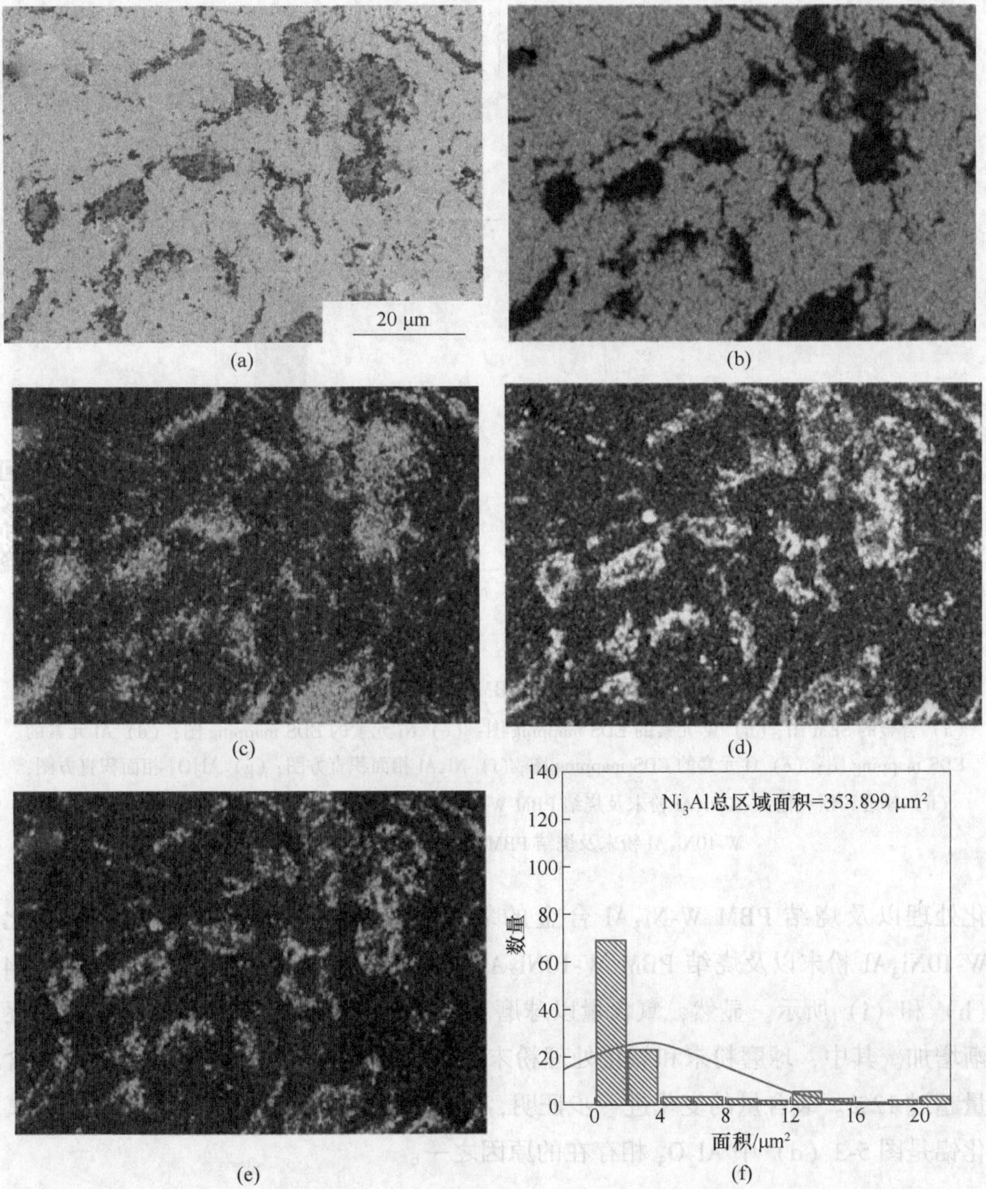

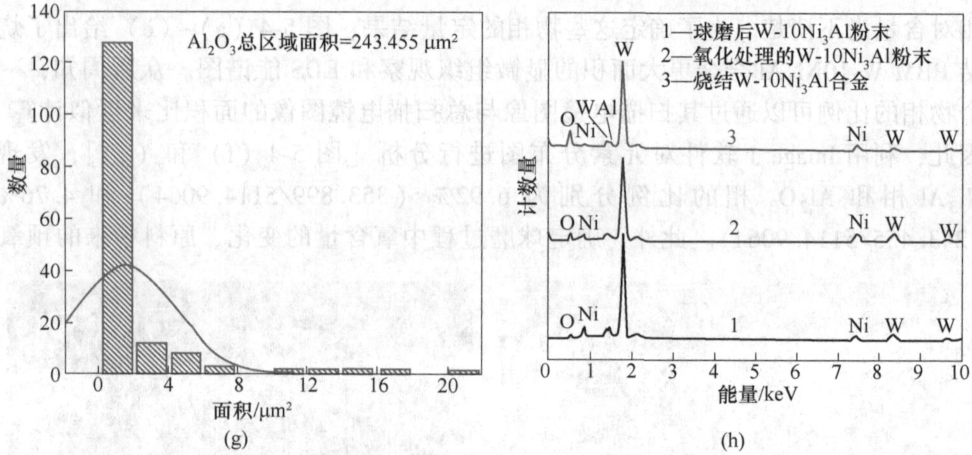

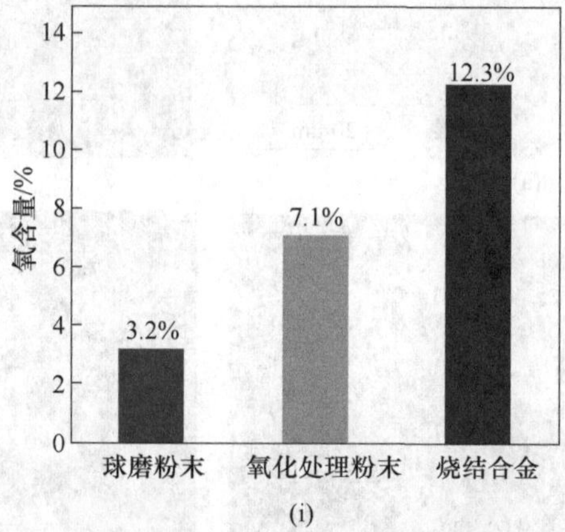

扫一扫看
更清楚

图 5-4　较大区域烧结 PBM W-10Ni_3Al 合金的表征

（a）合金的 SEM 图；（b）W 元素的 EDS mapping 图；（c）Ni 元素的 EDS mapping 图；（d）Al 元素的 EDS mapping 图；（e）O 元素的 EDS mapping 图；（f）Ni_3Al 相面积直方图；（g）Al_2O_3 相面积直方图；（h）球磨和预氧化 W-10Ni_3Al 粉末及烧结 PBM W-10Ni_3Al 合金的 EDS 能谱图；（i）球磨和预氧化 W-10Ni_3Al 粉末及烧结 PBM W-10Ni_3Al 合金的氧含量

化处理以及烧结 PBM W-Ni_3Al 合金的氧含量变化也很重要。球磨和预氧化 W-10Ni_3Al 粉末以及烧结 PBM W-10Ni_3Al 合金的 EDS 元素含量结果，如图 5-4（h）和（i）所示。显然，氧含量以球磨粉末、氧化处理粉末和烧结合金顺序逐渐增加。其中，球磨粉末和氧化处理粉末的氧含量低于 10%，而烧结合金的氧含量超过 12%。氧含量的变化进一步证明，烧结过程中 Ni_3Al 相高温氧化形成的氧化铝是图 5-3（d）中 Al_2O_3 相存在的原因之一。

5.5 烧结合金的精细结构表征

采用高分辨透射电子显微镜（HRTEM）和选区电子衍射（SAED）进一步分析了 PBM W-Ni_3Al 合金的精细结构。如图 5-5（a）~（e）所示，合金的主要相为 W、Ni_3Al 和 Al_2O_3。位于 Ni_3Al 和 W 界面的 Al_2O_3 粒子可以作为位错运动的障碍并捕获移动位错，这增加了随后位错积累的可能性［图 5-5（f）］，从而导致更显著的应变硬化能力和更大的强度和塑性增强。特别是，由于 Al_2O_3 与 W/Ni_3Al 之间的弹性模量和线膨胀系数不匹配，因而可以通过为外部应变提供更多的空间来促进合金硬化。

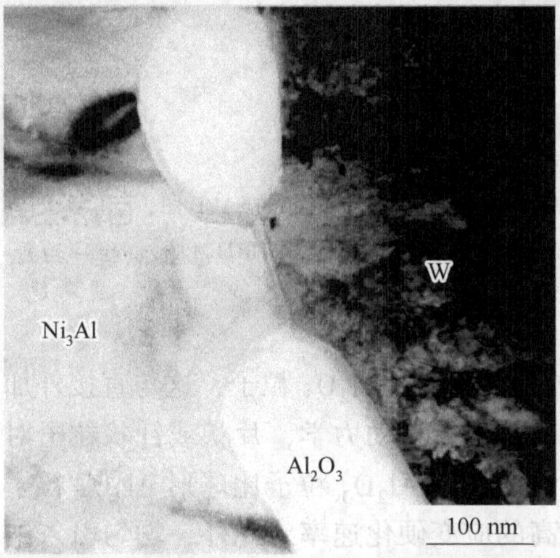

(a)

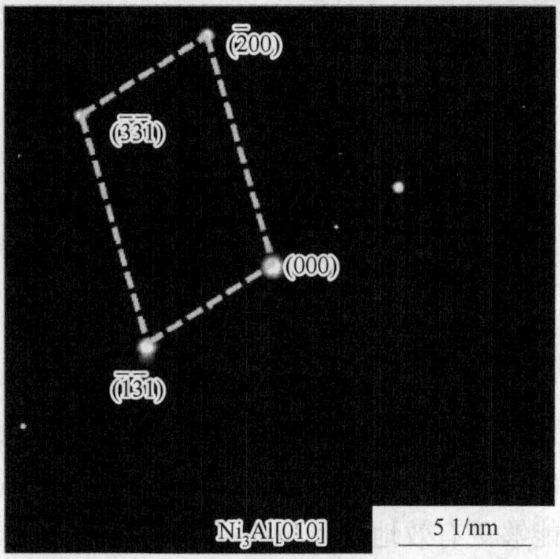

(b)

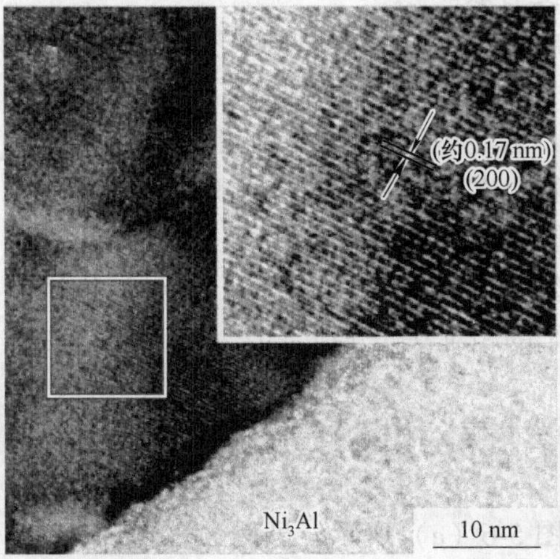

(c)

(d)

(e)　　(f)

图 5-5　PBM W-10Ni_3Al 合金的 TEM 表征

(a) 在 W 相与 Ni_3Al 相界面处原位形成 Al_2O_3 粒子；(b) Ni_3Al 相的 SAED 图；(c) Ni_3Al 相的 HRTEM 图；(d) Al_2O_3 相的 SAED 图；(e) Al_2O_3 相的 HRTEM 图；(f) 原位 Al_2O_3 粒子阻挡位错

扫一扫看
更清楚

在 W 相与 Ni_3Al 黏结相界面处，原位生成了纳米 Al_2O_3 粒子，这与直接外加球形 Al_2O_3 粒子有很大的不同。根据经典的晶粒生长动力学，片状或针状粒子对晶界迁移具有更大的钉扎阻力。因此，宽纵横比的 Al_2O_3 粒子比球形 Al_2O_3 粒子能够更有效地阻碍位错扩展，从而导致更高的应变硬化速率。此外，均匀引入纳米 Al_2O_3 粒子时，原位生成相比直接添加更有效。

另外，在 W/Ni_3Al 界面处原位形成的纳米 Al_2O_3 粒子阻碍了液相烧结过程中的溶解和再沉淀过程，有利于合金获得细小钨晶粒，但可能使合金难以完全致密化。与 Al_2O_3 粒子对合金密度的影响相反，合金中的片状 Ni_3Al 相可以促进 PBM W-10Ni_3Al 合金的进一步致密化。片状形貌允许更小的粒子间体积（增加粒子排列），加热前的压缩性更高，烧结时的扩散路径更短。同时，高长径比薄片可产生更高的表面能和晶体缺陷密度，从而增强了烧结活性。因而，1400 ℃烧结的 PBM W-10Ni_3Al 和 DBDPBM W-10Ni_3Al 合金的相对密度分别为 97.42%和 95.96%。

5.6　烧结合金的力学性能和断口形貌

PBM W-10Ni_3Al 合金的力学性能，如图 5-6（a）所示。虽然 PBM W-10Ni_3Al 合金的抗弯强度并不优于其他 W-Ni-Fe 和 W-Ni-Mn 合金，但与文献 W-Ni_3Al 合金

性能相比，其抗弯强度提高了 33.4%。此外，与 DBDPBM W-10Ni_3Al 合金相比，PBM W-10Ni_3Al 合金的抗弯强度提高了 24.3%，而两者的硬度值基本相同。力学性能的比较表明，片状 Ni_3Al 黏结相和原位纳米 Al_2O_3 粒子的独特结构大大提高了合金的强度。进一步研究也证实，通过调整合金中片状 Ni_3Al 的特征显微结构参数，可以持续提高 W-Ni_3Al 合金的抗弯强度（甚至接近 1000 MPa）。总的来说，PBM W-10Ni_3Al 合金力学性能的改善主要归因于 3 个因素。首先，PBM W-10Ni_3Al 合金具有较高的相对密度和较少的微孔，而微孔在加载过程中可能成为应力集中点。其次，原位形成的纳米 Al_2O_3 粒子能够更好地阻止位错运动，同

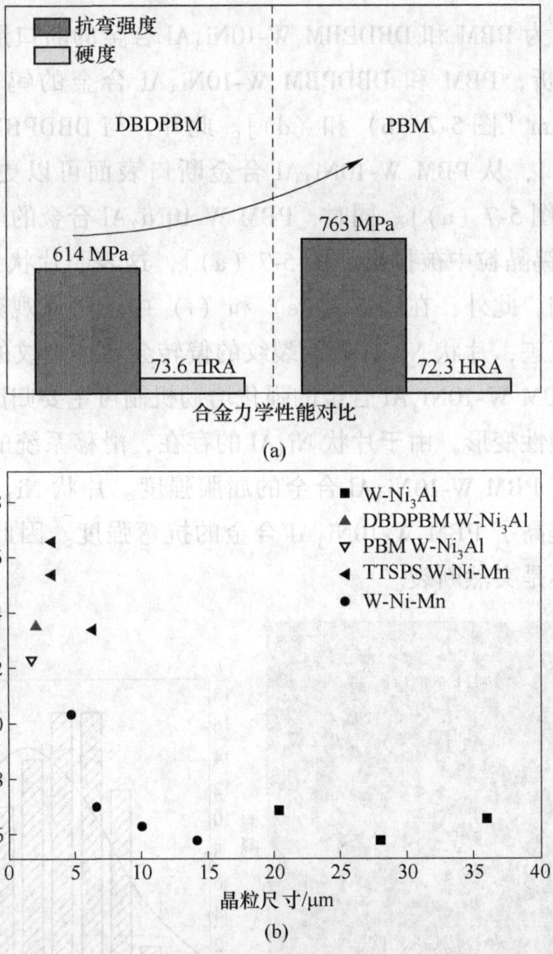

图 5-6 合金力学性能对比图

（a）PBM W-10Ni_3Al 与 DBDPBM W-10Ni_3Al 合金力学性能对比；（b）W-10Ni_3Al 合金的钨晶粒尺寸和硬度与其他钨合金的比较

时也有利于裂纹偏转。第三，不同相界面处的裂纹偏转和裂纹尖端钝化也是提高合金力学性能的关键因素。

图 5-6（b）将 W-Ni_3Al 合金的晶粒尺寸和硬度与其他研究结果进行了比较。总体而言，采用 PBM 和 DBDPBM 制备的 W-10Ni_3Al 合金的钨晶粒比其他钨合金更细小，硬度仅略低于第 4 章中采用机械球磨辅助二次放电等离子烧结（TTSPS）技术制备的 W-Ni-Mn 合金。特别值得注意的是，与传统的机械高能球磨辅助液相烧结方法相比，本书制备的 W-Ni_3Al 合金具有钨晶粒更细、硬度显著提高的优点，用于动能穿透器时有利于提高其绝热抗剪切性能，以及增强其穿透能力。

图 5-7 所示为 PBM 和 DBDPBM W-10Ni_3Al 合金的断口形貌。根据两种合金的断口形貌分析，PBM 和 DBDPBM W-10Ni_3Al 合金的钨晶粒尺寸分别约为 1.7 μm和 2.2 μm［图 5-7（b）和（d）］。此外，与 DBDPBM W-10Ni_3Al 合金相比［图 5-7（c）］，从 PBM W-10Ni_3Al 合金断口表面可以更清晰地观察到片状 Ni_3Al 黏结相［图 5-7（a）］。同时，PBM W-10Ni_3Al 合金的弯曲断口表明，片状 Ni_3Al 黏结相从钨晶粒中被拉出［图 5-7（a）］，这表明片状 Ni_3Al 黏结相对裂纹偏转有很大影响。此外，在图 5-7（e）和（f）中还可以观察到片状 Ni_3Al 周围有裂纹弯曲的痕迹，片状 Ni_3Al 表面裂纹的偏转会增加裂纹的扩展阻力。基于断口形貌分析，PBM W-10Ni_3Al 合金的强化增韧机制可主要归因于裂纹偏转和裂尖尾部区周围的塑性变形。由于片状 Ni_3Al 的存在，滑移系统的激活需要更高的应力，进而提高了 PBM W-10Ni_3Al 合金的屈服强度。片状 Ni_3Al 相作为 W 相之间的延展性层，提高了 PBM W-10Ni_3Al 合金的抗弯强度。因此，裂纹将以稳定的方式扩展，而不是突然断裂。

(a)　(b)

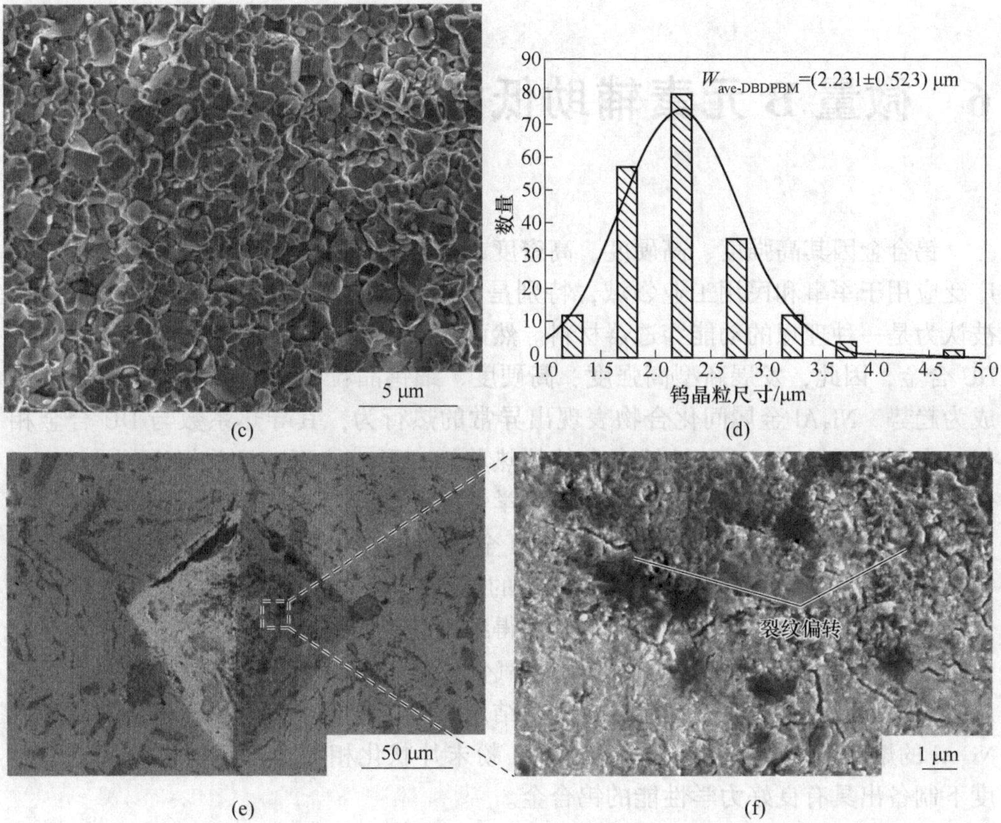

图 5-7 PBM 和 DBDPBM W-10Ni_3Al 合金的断口形貌

(a) PBM W-10Ni_3Al 合金的断口形貌；(b) PBM W-10Ni_3Al 合金的钨晶粒尺寸；(c) DBDPBM W-10Ni_3Al 合金的断口形貌；(d) DBDPBM W-10Ni_3Al 合金的晶粒尺寸；(e) 载荷作用下 PBM W-10Ni_3Al 合金的表面压痕；(f) 载荷作用下 PBM W-10Ni_3Al 合金的表面裂纹

综上所述，在本章中，创造性开发了一种简单且可扩展的显微组织设计方法"片状黏结相和陶瓷纳米粒子协同强化"，以用于制造高性能 W-Ni_3Al 合金。制备的新型 W-Ni_3Al 合金，具有片状 Ni_3Al 黏结相和在 W/Ni_3Al 界面上原位形成的纳米 Al_2O_3 粒子结构。片状 Ni_3Al 黏结相作为延展性层，通过裂纹偏转和尖端钝化提高了合金的力学性能。在 W 与 Ni_3Al 相界面上原位形成的纳米 Al_2O_3 粒子可以阻碍位错运动，抑制钨晶粒的溶解和再析出，使钨晶粒细化，导致合金强化。W-Ni_3Al 合金的钨晶粒尺寸约为 2 μm，其抗弯强度比常规 W-Ni_3Al 合金提高了 24.3%，且硬度保持在 70 HRA 以上。研究证明了结构设计策略是制造具有良好综合力学性能难熔合金（如钨合金）的有效方法之一。

6 微量 B 元素辅助低温烧结 W-Ni_3Al 合金

钨合金因其高强度、高硬度、高密度、良好的辐射屏蔽性能和耐腐蚀性能而广泛应用于军事和民用工业领域，特别是其在摧毁目标过程中不产生辐射污染，被认为是一种理想的动能穿透器材料。然而，常用 W-Ni-Fe 合金的侵彻能力弱于 DU 合金，因此，发展新型高强度、高硬度、细钨晶粒、低导热系数的钨合金已成为趋势。Ni_3Al 金属间化合物表现出异常的热行为，其导热系数与 DU 合金相似，有利于诱导 Ni_3Al 黏结钨合金的绝热剪切变形。然而，目前报道的 W-Ni_3Al 合金的烧结温度高、钨晶粒尺寸大、力学性能较差。

硼（B）元素添加有利于提高 Ni_3Al 金属间化合物和钨合金的强度、硬度和韧性。研究发现含 NiB 和 FeB 的钨合金的硬度在某些情况下与 W-7Ni-3Fe 合金相似甚至更高。而且，降低烧结温度是获得细钨晶粒的有效途径，其中在较低温度下生成液相最为重要。对于 B，其易于氧化成低熔点 B_2O_3，也易与 Al 发生铝热反应，这种放热反应也有利于合金的烧结。此外，高能球磨预处理还会部分降低 Ni_3Al 的熔点。因此，通过加 B 与 Ni_3Al 粉末片状化相结合，有望在较低烧结温度下制备出具有良好力学性能的钨合金。

基于以上原因，本章利用不同含量 B 粉和机械球磨片状 Ni_3Al 粉，在较低烧结温度下制备了钨晶粒细小、力学性能较好的钨合金。具体来说，首先将 Ni_3Al 粉末球磨成薄片，然后将 B 粉、片状 Ni_3Al 粉和 W 粉均匀混合，接下来在 SPS 炉中通过快速烧结制备了 W-Ni_3Al 合金，最后分析了烧结合金的显微组织与力学性能的关系。此外，也对具有最佳力学性能的合金进行了盐雾腐蚀行为研究。

6.1 合金制备及表征

与第 5 章不同的是，本章中片状 Ni_3Al 粉的制备仅通过行星球磨获得，而且不同于一次行星球磨技术，这里采用二次行星球磨技术制备 Ni_3Al 的较小薄片。

6.1.1 材料制备

原料 W 粉、Ni_3Al 粉的纯度和粒径与第 5 章相同。B 粉的纯度大于 99.5%（质量分数），平均粒径为 1.5 μm。采用 SPS 制备了 5 种 W-(10−x)Ni_3Al-xB（x = 0，0.1，0.3，0.5，0.7）合金，其中 x 为 B 的质量分数。首先，将原料 Ni_3Al 粉末、

球料比为 20：1 的磨球和适量的无水乙醇放入球磨罐中，在氩气保护气氛下的行星球磨机上先以 200 r/min 转速球磨 3 h，再以 400 r/min 的速度球磨 1 h 后，将原料 Ni_3Al 粉末预磨成较小的薄片。接下来，以 5：1 的球料比和 380 r/min 的转速，将 W 粉、预球磨 Ni_3Al 粉和 B 粉一起在无水乙醇介质中湿磨 12 h，最终得到均匀混合的钨合金复合粉体。然后，将一定量均匀混合复合粉末装入内径为 30 mm 的圆柱形石墨模具中，在 SPS 炉中进行合金的快速烧结。在加热样品之前，SPS 炉内的空气压力被抽到 25 Pa 左右。具体烧结参数如下：烧结温度为 1150 ℃，烧结压力为 50 MPa，升温速率为 100 ℃/min，保温时间为 5 min。

6.1.2 材料表征

原料粉末、烧结合金及腐蚀合金的主要表征测试方法与前述章节相同。利用 Image J 软件，根据合金中新生成相的 SEM 图像面积占比来确定其含量；基于烧结合金 SEM 图像中的 300 多个钨晶粒，估算出钨晶粒的平均尺寸。采用透射电镜分析 0.1 B 合金的微观组织。根据 ASTM B117 标准，在盐雾腐蚀箱中进行烧结合金的盐雾腐蚀试验。具体而言，盐雾腐蚀样品在 5%浓度的 NaCl 溶液中进行不同时间的连续盐雾腐蚀。同时，在装有 5%浓度 NaCl 溶液的敞口烧杯中进行一个月的静态浸没腐蚀试验。静态浸没腐蚀试验后，利用 pH 计测量 NaCl 溶液的 pH 值，采用激光共聚焦显微镜分析合金的表面腐蚀形貌。

6.2 预处理原料粉末的形貌和物相

原料粉末、球磨 Ni_3Al 粉和混合复合粉末的表征结果，如图 6-1 所示。在图 6-1（a）~（c）中，W、Ni_3Al 和 B 的原料粉分别由轻微团聚颗粒、大团聚颗粒和微小团聚颗粒组成。球磨后，将团聚的 Ni_3Al 原料研磨成几乎均匀厚度的微小薄片［图 6-1（b）］。高能球磨过程中 Ni_3Al 形貌的显著变化可归因于变形、应变硬化、断裂和冷焊。经过二次球磨混料后，复合粉末被均匀混合且保留了部分片状粉末，片状粉末大的比表面积、高的烧结活性有利于 W-Ni_3Al-B 合金的低温烧结，如图 6-1（d）所示。

图 6-1（e）所示为原料粉末和 W-Ni_3Al-B 复合粉末的 XRD 图。根据图 6-1（e）中 W、Ni_3Al 和 B 原料粉末的 XRD 图，可以确定混合 W-Ni_3Al-B 复合粉末的物相组成。在 2θ 约 40°、58°、73° 和 87° 处的 4 个最高衍射峰分别与 W 相的（110）、（200）、（211）、（220）晶面相对应，其衍射峰最高与其在原料粉中的含量最高有关。在 2θ 约 36°、43°、51° 和 75° 处的衍射峰分别对应的是 Ni_3Al 相的

(110)、(112)、(004) 和 (220) 晶面。在 2θ 约 38°、43°、53°、55°、66°、68° 和 70°处的衍射峰分别对应的为 B 相的 (217)、(137)、(238)、(107)、(009)、(027) 和 (125) 晶面。此外，与原料粉 (Ni_3Al 和 B) 的 XRD 图相比，球磨后粉末的衍射峰变宽并“消失”，这与高能球磨过程中的晶粒细化和应变有关。

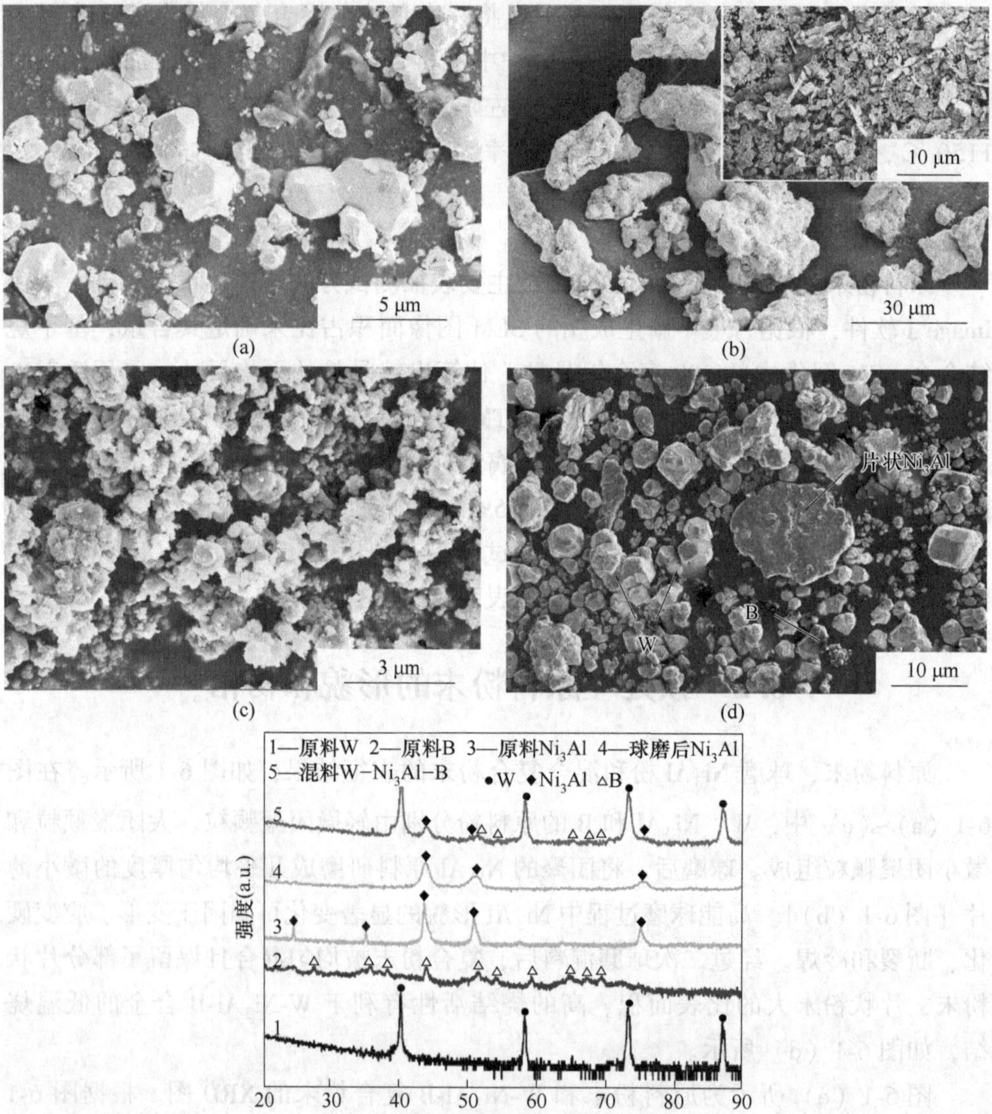

图 6-1　球磨前后原料粉末的表征

(a) 原料 W 粉的 SEM 图；(b) 原料 Ni_3Al 粉（右上角插入 Ni_3Al 球磨粉）的 SEM 图；(c) 原料 B 粉的 SEM 图；(d) 钨合金复合粉末的 SEM 图；(e) 原料粉末和钨合金复合粉末的 XRD 图

6.3　烧结合金的物相组成

0 B~0.7 B 合金的 XRD 图，如图 6-2 所示。在图 6-2 中，所有烧结合金的主相都是 W 和 Ni_3Al。而且，也观察到一些较少含量物质的较弱衍射峰，如 B_2O_3、Al_2O_3、AlB_{12}、$Al_4B_2O_9$、WB 和 W_2B。其中，AlB_{12}、$Al_4B_2O_9$、WB、W_2B 硬脆相的含量越多，烧结合金的硬度可能增加但其强度会越差。由于烧结合金中硬脆相的衍射峰强度随着 B 含量的增加而变强，因而烧结合金的强度可能降低、硬度可能升高。B_2O_3 相源于烧结过程中 B 粉的氧化，随着 B 含量从 0.1%增加到 0.7%，其在 2θ 约 34°和 47°处衍射峰强度减小，表明形成的 B_2O_3 由于蒸发而减少。此外，由于 B_2O_3 相熔点较低，它的存在有利于液相的形成和烧结过程中 W 原子的扩散，导致 Ni_3Al 晶体结构中 W 原子取代 Al 原子。一方面，在高温环境下，这些置换的 Al 原子在 SPS 炉中容易与 O 反应生成 Al_2O_3 相。另一方面，Al 与 B_2O_3 反应形成 Al_2O_3 和 AlB_{12} 相。同时，B_2O_3 与 Al_2O_3 反应生成 $Al_4B_2O_9$ 相。而且，在烧结合金中，B 与 W 反应形成 WB 和 W_2B 相。

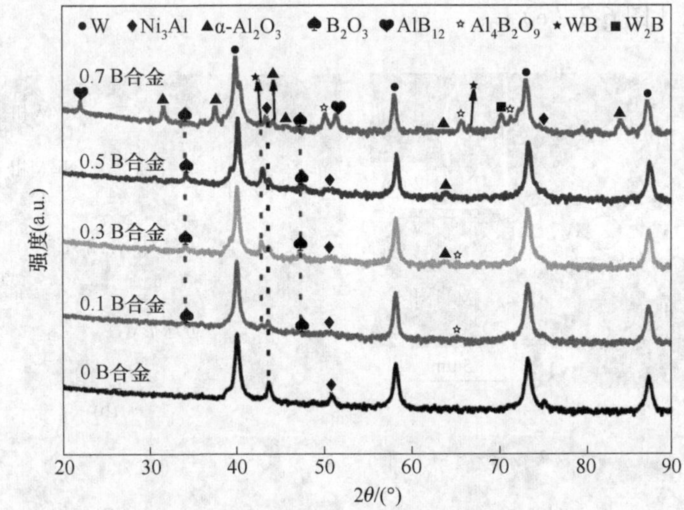

扫一扫看
更清楚

图 6-2　烧结 0 B~0.7 B 合金的 XRD 图

综上所述，烧结过程中的可能反应如下：

$$4B + 3O_2 \longrightarrow 2B_2O_3 \tag{6-1}$$

$$W + Ni_3Al \longrightarrow Ni_3(Al,W) + Al \tag{6-2}$$

$$4Al + 3O_2 \longrightarrow 2Al_2O_3 \tag{6-3}$$

$$2Al + B_2O_3 \longrightarrow Al_2O_3 + 2B \tag{6-4}$$

$$Al + 12B \longrightarrow AlB_{12} \tag{6-5}$$

$$2Al_2O_3 + B_2O_3 \longrightarrow Al_4B_2O_9 \tag{6-6}$$

$$W + B \longrightarrow WB \tag{6-7}$$

$$2W + B \longrightarrow W_2B \tag{6-8}$$

6.4 烧结合金的显微组织演变

图 6-3（a）~（f）所示为 0 B~0.7 B 合金的背散射电子（BSE）图和二次电子（SE）图及 EDS 结果。烧结合金组织中 W、Ni_3Al 和 Al_2O_3 三相分别对应浅白色、浅黑色和深黑色区域。在图 6-3（a）和（e）中，在 0 B 和 0.7 B 合金中出现了一些形状不同的微孔。由于两种合金的成分不同，其微孔的形成机制完全不同。在 1150 ℃的烧结温度下，较薄的 Ni_3Al 薄片熔化后产生少量液相，但这少量液相不足以填充气孔，使 0 B 合金几乎处于固相烧结状态。固相烧结合金难以致密化，导致 0 B 合金中钨晶粒之间存在未填充的微孔［图 6-3（a）］。0.7 B 合金的原料粉中 B 含量最高，在烧结过程中生成的 B_2O_3 也最多。最大量的 B_2O_3 与 Al 反应并释放更多的热量，导致大量 B_2O_3 蒸发。因此，在 0.7 B 合金中留下了条带状微孔［图 6-3（e）］。

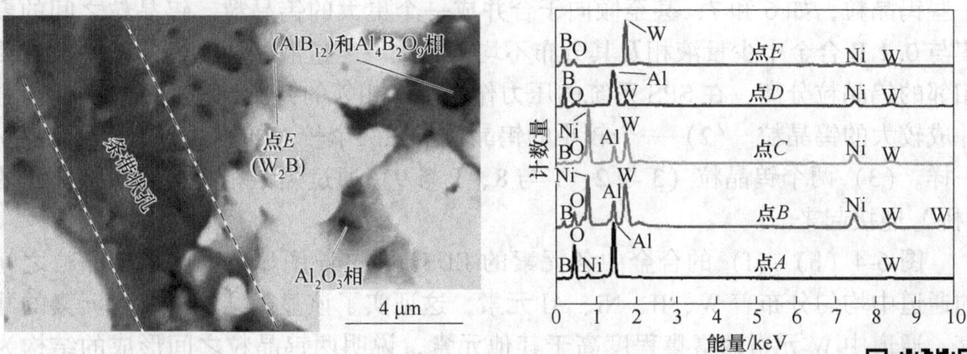

(e)　　(f)

扫一扫看
更清楚

图 6-3　0 B~0.7 B 合金的显微组织表征

(a) 0 B 合金的 BSE 图（右上角插入 SE 图）；(b) 0.1 B 合金的 BSE 图；
(c) 0.3 B 合金的 BSE 图；(d) 0.5 B 合金的 BSE 图；(e) 0.7 B 合金的 BSE 图；
(f) 烧结合金的 EDS 点扫描图

B_2O_3 的熔点为 460 ℃，与 Al 发生铝热反应，同时促进液相的形成。生成的液相有利于部分未熔化 Ni_3Al 在所有含 B 合金中的溶解。在 SPS 系统压力作用下，Ni_3Al 黏结相容易在钨晶粒间产生黏性流动，促进合金液相烧结。在含 B 的 W-Ni_3Al 合金中发现少量接近球形的钨晶粒，这与多角形 W 粉粒子在液相中的溶解和析出有关。如上所述，W 原子可以取代 Ni_3Al 晶格中的 Al 原子。因此，在含 B 的 W-Ni_3Al 合金中形成液相，部分 W 原子扩散到 Ni_3Al 晶格中，导致合金的固溶强化。混合粉末中未熔化的较大 Ni_3Al 薄片夹在钨晶粒之间，形成富 W 黏结相通道［图 6-3（b）中的点 *B*］。

图 6-3（f）所示为图 6-3（b）（c）（e）中不同点的 EDS 结果。图 6-3（b）中点 *A* 的 EDS 结果证实深黑色区域为 Al_2O_3 相。根据图 6-3（b）中点 *B* 和点 *C* 的 EDS 结果，B_2O_3 和 Ni_3Al 分布在烧结合金的浅黑色区域的黏结相内。从点 *D* 和点 *E* 的 EDS 结果可以看出，在 0.3 B、0.5 B 和 0.7 B 合金中，其他脆性相 $Al_4B_2O_9$、AlB_2O_{12}和 W_2B 的分布分别与黏结相的黑色区域［图 6-3（c）］和靠近 W 相界面的浅黑色区域［图 6-3（e）］一致。

6.5　0.1 B 合金的元素分布及精细结构

图 6-4 所示为典型 0.1 B 合金的 TEM 图和元素分布 EDS 图。与图 6-1（d）中混合复合粉末中的多边形 W 粉不同，0.1 B 合金中的钨晶粒形貌均为球形或近球形。此外，在亮场（BF）图像中［图 6-4（a）］，0.1 B 合金中钨晶粒的分布具有以下特征：(1) 相邻的钨晶粒相互紧密接触，如 1 与 2、2 与 3。严重的是，

一些钨晶粒，如 6 和 7，甚至倾向于合并成一个更大的钨晶粒。钨晶粒之间的聚集与 0.1 B 合金中少量液相及其分布不均匀有关。少量液相的黏性流动并没有使相邻的钨晶粒分离，在 SPS 系统的压力作用下，相邻的钨晶粒相互靠近，甚至合并成较大的钨晶粒。(2) 一个较小的钨晶粒卡在两个较大的钨晶粒之间，就像 *a* 一样。(3) 两个钨晶粒（3 与 2、1 与 8、1 与 9）通过黏结相（*b*~*d*）相构建的“桥”连接起来。

图 6-4（b）~（f）的合金中各元素的 EDS mapping 图显示，两个钨晶粒之间的通道中均匀分布着 W、B、Ni、Al 元素，这证实了该显微结构中各种元素的共存。通道中 W 元素的富集程度高于其他元素，说明两钨晶粒之间形成的结构为富 W 通道。这种结构的形成是由二次球磨后混合粉末中残留的片状 Ni_3Al 粉末引起的。根据瞬态液相扩散理论，由于形成的低熔点相（B_2O_3）以及 Al 与 B_2O_3 之间的铝热反应，在烧结过程中容易产生局部瞬态液相，其包裹了钨晶粒和片状 Ni_3Al 粉末。较大粒径的 Ni_3Al 片层粉末由于烧结温度较低，B 的加入量较小，不能完全熔化。然而，形成的液相促进了部分 W 原子向 Ni_3Al 晶格中的扩散。具

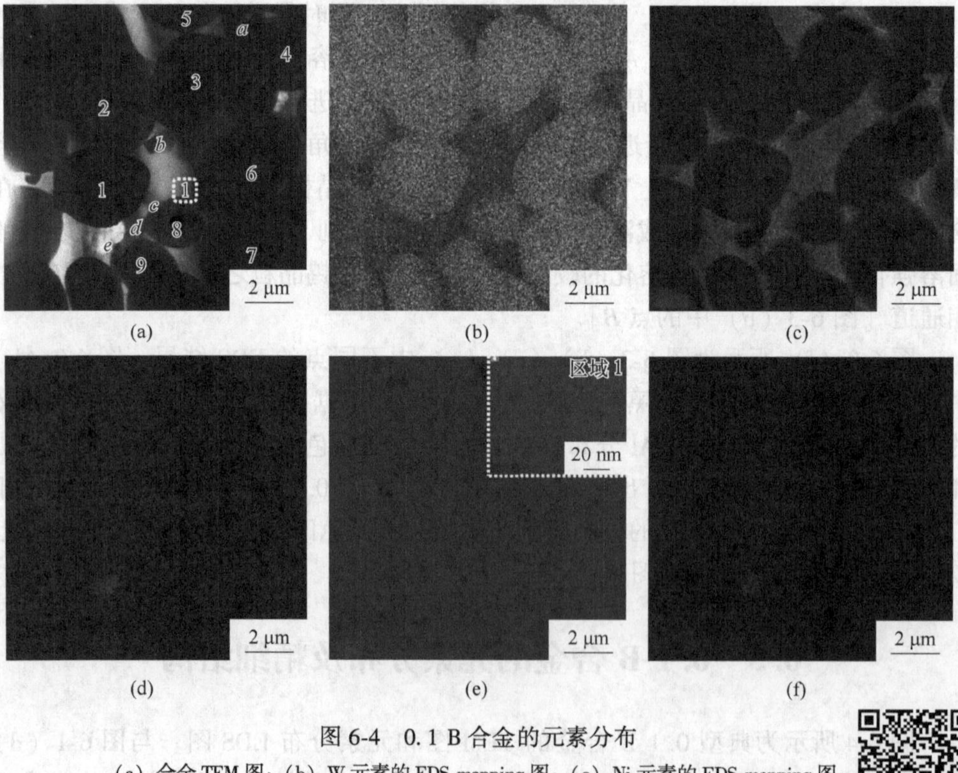

图 6-4　0.1 B 合金的元素分布

(a) 合金 TEM 图；(b) W 元素的 EDS mapping 图；(c) Ni 元素的 EDS mapping 图；
(d) Al 元素的 EDS mapping 图；(e) B 元素的 EDS mapping 图；
(f) O 元素的 EDS mapping 图

扫一扫看
更清楚

体到位于钨晶粒之间的较大片状 Ni_3Al 粉末（3 与 2、1 与 8、1 与 9），一些 W 原子扩散到 Ni_3Al 晶体结构中，取代了部分 Al 原子，因此钨晶粒间的富 W 通道（$b \sim d$）和 Al_2O_3 相（e）最终得以形成。而且，图 6-4（f）中 O 的分布与图 6-4（d）中 Al 的分布一致，进一步证实了 Al_2O_3 相的存在。相反，B 的 EDS mapping 图显示，该元素分布在黏结相中，与 W 元素分布接近，说明部分 W 粒子在 B_2O_3 液相中溶解，或生成了 W-B 金属间化合物。图 6-2 所示的 XRD 物相分析结果也支持了这一推断。

利用 HRTEM、SAED 和 EDS 分析对 0.1 B 合金的微观组织进行了更深入的研究，结果如图 6-5 所示。从不同区域的 EDS 图［图 6-5（b）］并结合 XRD 图（图 6-2），图 6-5（a）的 TEM 图像中深黑色区域 A、浅白色区域 B、浅黑色区域 C 和亮白色区域 D 分别代表 W 相、贫 W 的 Ni_3Al 相、富的 W 的 Ni_3Al 相和 Al_2O_3 相。显然，在 SPS 过程中产生了高钨含量和低钨含量两种 Ni_3Al 固溶体。在精细结构中再次发现了富 W 的 Ni_3Al 相，这与图 6-4 中的富 W 通道相一致。根据固溶强化效果与基体中固溶体原子质量分数成正比关系，可以将 0.1 B 合金中的 Ni_3Al 黏结相划分为硬区和软区。即在 0.1 B 合金中黏结相为异质结构。异质结构引入的硬区和软区之间的额外边界可以在不牺牲材料延性的情况下，利用软区诱导的背应力提高材料的强度。因此，这种异质结构在黏结相中的出现有利

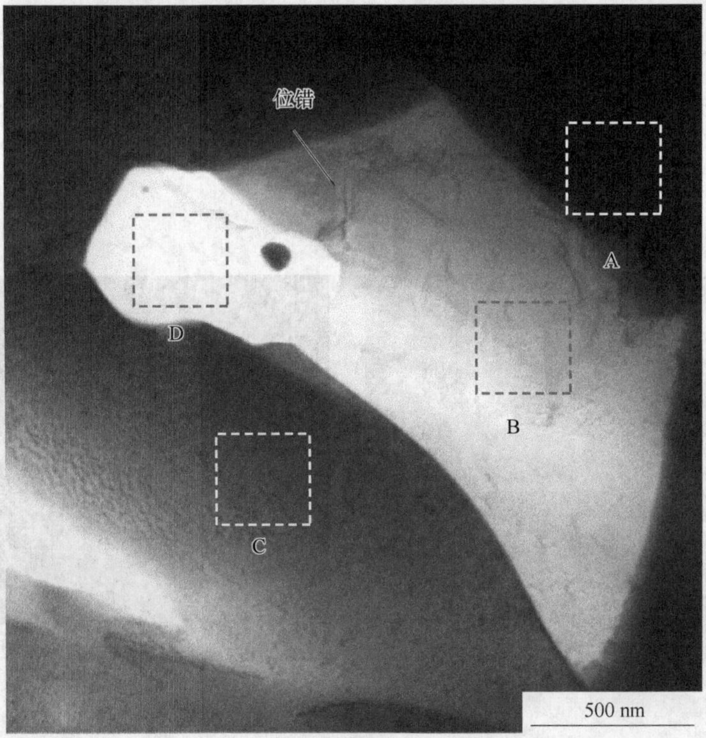

(a)

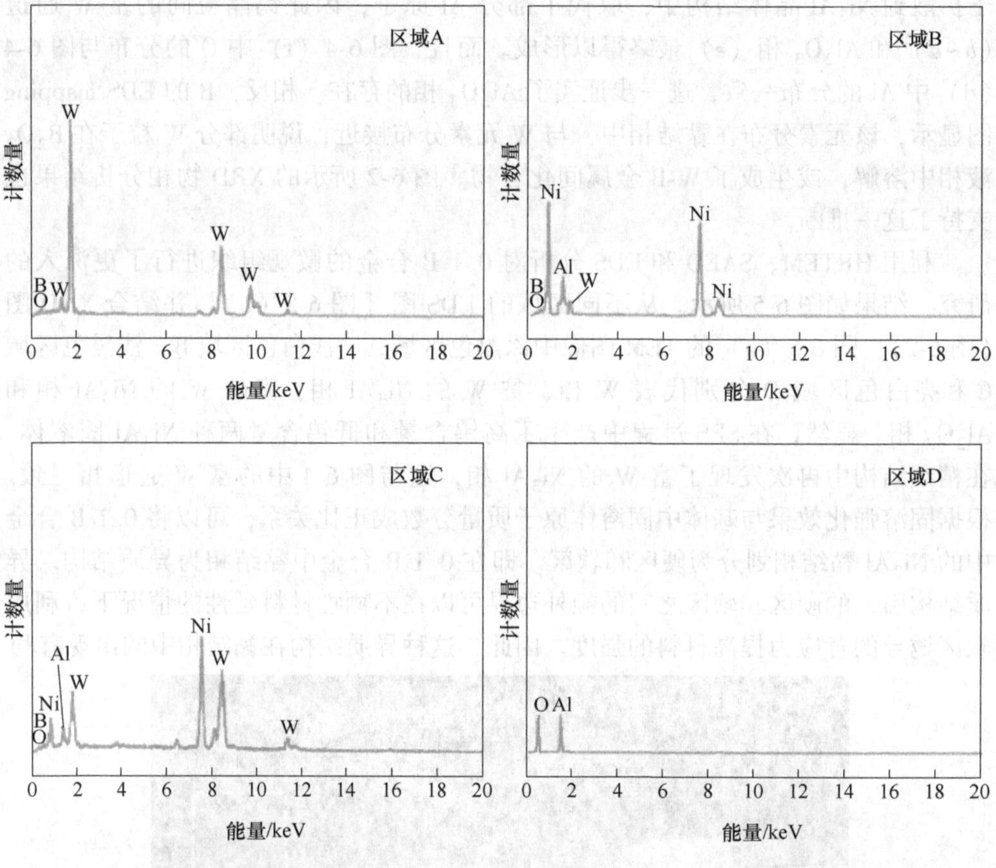
区域A
计数量
W
B
O
W
W
W
W
0 2 4 6 8 10 12 14 16 18 20
能量/keV
区域B
计数量
Ni
Al
W
B
O
Ni
Ni
0 2 4 6 8 10 12 14 16 18 20
能量/keV
区域C
计数量
Al
Ni
B
O
W
Ni
W
W
0 2 4 6 8 10 12 14 16 18 20
能量/keV
区域D
计数量
O Al
0 2 4 6 8 10 12 14 16 18 20
能量/keV

(b)

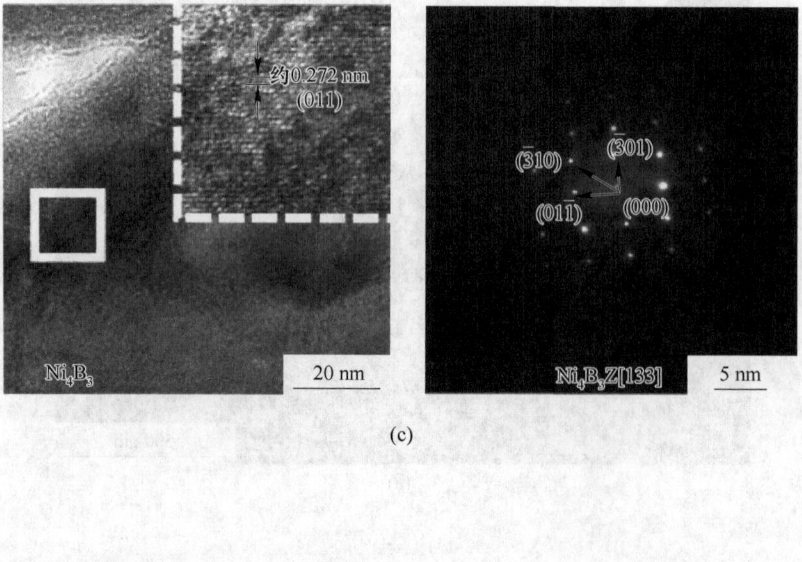
约0.272 nm
(011)
Ni4B3
20 nm
(3̄10)
(3̄01)
(011̄)
(000)
Ni4B3Z[133]
5 nm

(c)

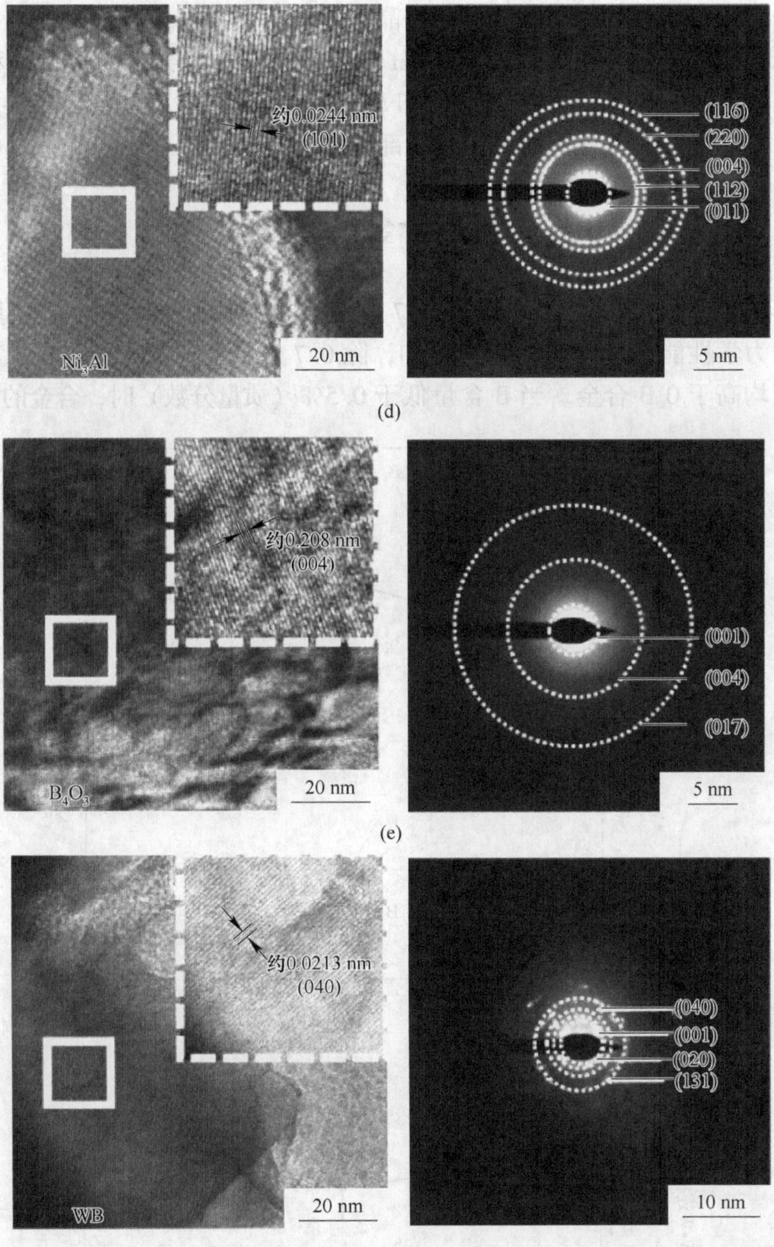

图 6-5 0.1 B 合金的精细结构

(a) TEM 图；(b) 图 6-5 (a) 中区域 A、B、C 和 D 的 EDS 能谱图；(c) Ni_4B_3 的 HRTEM 图和 SAED 图；(d) Ni_3Al 的 HRTEM 图和 SAED 图；(e) B_2O_3 的 HRTEM 图和 SAED 图；(f) WB 的 HRTEM 图和 SAED 图

扫一扫看
更清楚

于提高合金的力学性能。此外，位于钨晶粒、富 W 的 Ni_3Al 晶粒和贫 W 的 Ni_3Al 晶粒的三角晶界处的，长度约为 500 nm 的 Al_2O_3 粒子将会阻碍位错的移动。最后，从图 6-5（c）~（f）中的 HRTEM 和 SAED 图像可以看出，基于图 6-2 中 XRD 图的 0.1 B 合金的物相分析结果得到了部分验证。

6.6　烧结合金的力学性能

图 6-6 所示为 1150 ℃烧结 0 B~0.7 B 合金的相对密度、W-W 连接度、钨晶粒尺寸和力学性能。从图 6-6（a）可知，除 0.7 B 合金外，0.1 B~0.5 B 合金的相对密度均高于 0 B 合金。当 B 含量低于 0.5%（质量分数）时，合金的相对密度

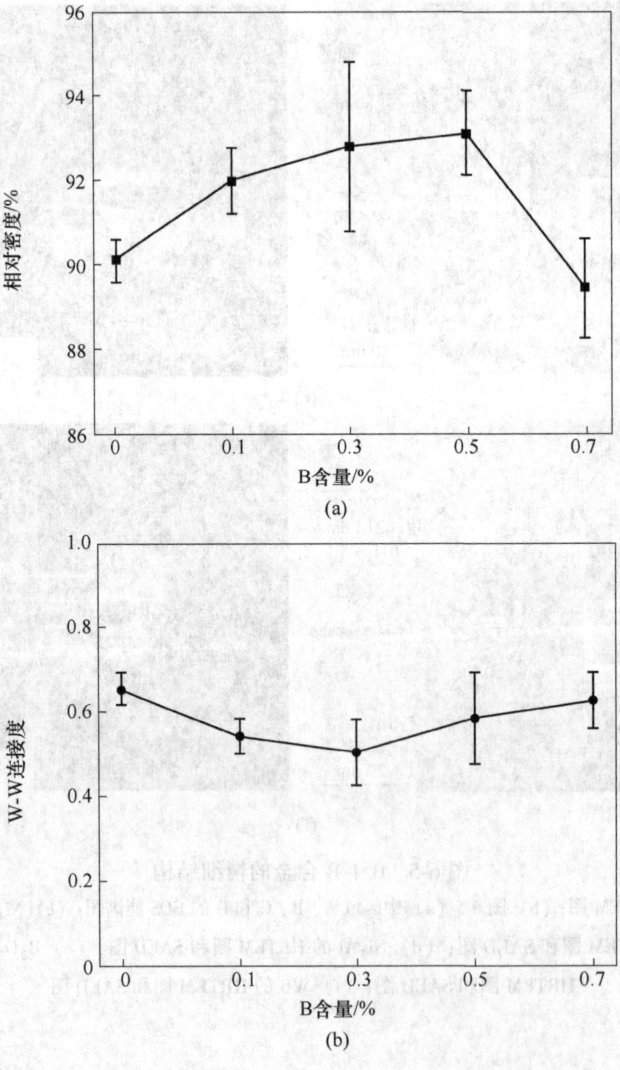

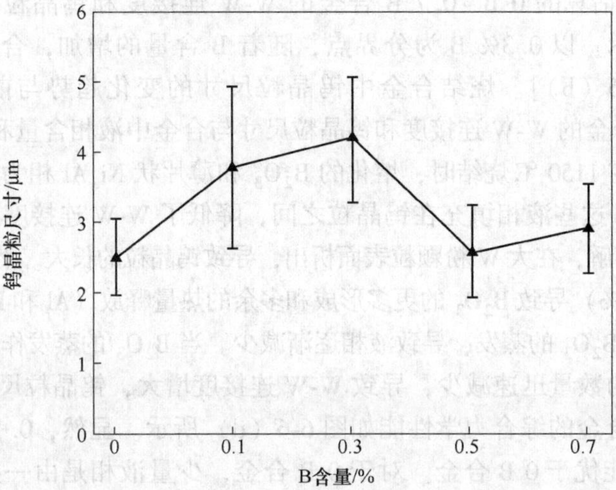

(c)

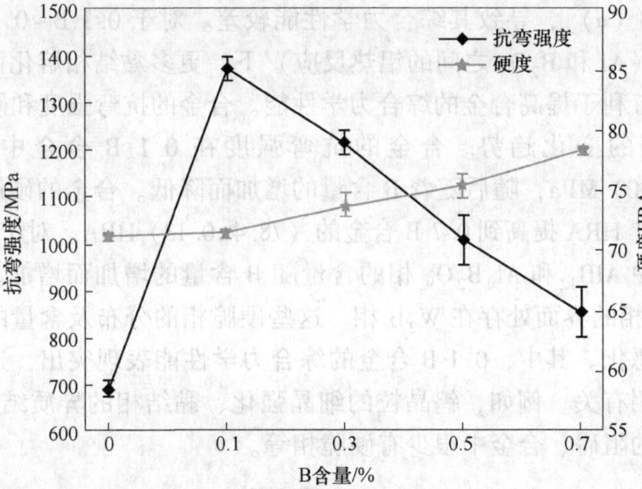

(d)

图 6-6　0 B~0.7 B 合金的性能

(a) 相对密度；(b) W-W 连接度；(c) 钨晶粒尺寸；(d) 抗弯强度和硬度

随 B 含量的增加逐渐增大，说明适当的 B 加入有利于合金的致密化。对于含 B 合金，烧结过程中形成的 B_2O_3、片状 Ni_3Al 以及 Al 与 B_2O_3 之间的铝热反应有利于液相的生成，加速了 W 原子在黏结相中的扩散和固溶，提高了合金的烧结致密化程度。不幸的是，当温度远高于 B_2O_3 的熔点时，含 B 的 W-Ni_3Al 合金中的 B_2O_3 相也更容易挥发，这意味着合金也难以完全致密化。当 B 含量超过 0.5%（质量分数）时，大部分 B_2O_3 被挥发，因而，合金的相对密度反而开始下降。0.7 B 合金中带状微孔的存在也证实了更多 B_2O_3 的挥发，如图 6-3（e）所示。

基于SEM图估算的0 B~0.7 B合金的W-W连接度和钨晶粒尺寸如图6-6 (b)和(c)所示。以0.3% B为分界点，随着B含量的增加，合金的W-W连接度增大［图6-6 (b)］。烧结合金中钨晶粒尺寸的变化趋势与前者基本相反［图6-6 (c)］。合金的W-W连接度和钨晶粒尺寸与合金中液相含量和W粒子的溶解—析出有关。在1150 ℃烧结时，熔化的B_2O_3和薄片状Ni_3Al相为0.1 B~0.7 B合金提供了液相。这些液相填充在钨晶粒之间，降低了W-W连接度。同时，小W粉颗粒在液相中溶解，在大W粉颗粒表面析出，导致钨晶粒的长大。然而，过量的B添加量（大于0.3%）导致B_2O_3的更多形成和多余的热量释放（Al和B_2O_3之间的铝热反应），促进了B_2O_3的蒸发，导致液相逐渐减少。当B_2O_3的蒸发作用占主导地位时，合金中液相的数量迅速减少，导致W-W连接度增大，钨晶粒尺寸略有减小。

0 B~0.7 B合金的综合力学性能如图6-6 (d)所示。显然，0.1 B~0.5 B合金的综合力学性能优于0 B合金。对于0 B合金，少量液相是由一些Ni_3Al薄片形成的，因此几乎可以归为固相烧结。0 B合金中存在的许多未填充的微孔作为裂纹源［图6-3 (a)］，导致其综合力学性能较差。对于0.1 B~0.5 B合金，在额外的热释放（Al和B_2O_3之间的铝热反应）下，更多黏结相熔化而产生的液相填充了微孔，有利于提高合金的综合力学性能。合金的抗弯强度和硬度随B含量的增加有不同的变化趋势。合金的抗弯强度在0.1 B合金中达到最大值（1375.88±19.20）MPa，随后随着B含量的增加而降低。合金的硬度由0 B合金的（71.3±0.38）HRA提高到0.7 B合金的（78.4±0.13）HRA。对于0.3 B~0.7 B合金，黏结相中AlB_{12}和$Al_4B_2O_9$相的含量随B含量的增加而增加。在0.7 B合金中，靠近W相的界面处存在W_2B相。这些硬脆相的分布及含量的增加导致合金的力学性能恶化。其中，0.1 B合金的综合力学性能表现突出，这可能与多种因素的协同作用有关。例如，钨晶粒的细晶强化、黏结相的异质结构、Al_2O_3粒子对位错运动的阻碍、合金中很少有硬脆相等。

6.7 烧结合金的断裂形貌

图6-7所示为0 B~0.7 B合金的断口形貌。钨合金的断裂模式包括W-W界面断裂（W-W）、钨-黏结相界面断裂（W-M）、钨穿晶解理断裂（W）和黏结相的韧性断裂（M）。合金中黏结相的韧性断裂和钨穿晶解理断裂越多，钨合金的力学性能越好。图6-7 (a)中的0 B合金，由于固相烧结，几乎所有钨晶粒都被晶间断裂分离。断口上的微孔是裂纹的来源，会引起应力集中，因此0 B合金的力学性能较差。含B的W-Ni_3Al合金，液相的生成导致了合金断裂模式的显著变化。从图6-7 (b)可以看出，0.1 B合金的主要断裂方式为钨穿晶解理断裂、黏结相的韧性断裂和钨-黏结相界面断裂。其中钨穿晶解理断裂模式更多，说明B

的加入使钨晶粒与黏结相的结合界面增强。因此，0.1 B 合金的断口形貌特征与其优良的力学性能是一致的。与 0.1 B 合金相比，由于 B_2O_3 的蒸发，0.3 B~0.7 B 合金中形成了更多的硬脆相和条带形微孔，导致其力学性能下降。这些合金的主要断裂方式仍然是钨穿晶解理断裂［图 6-7（c）~（e）］，因此，它们也表现出比 0 B 合金更好的力学性能。

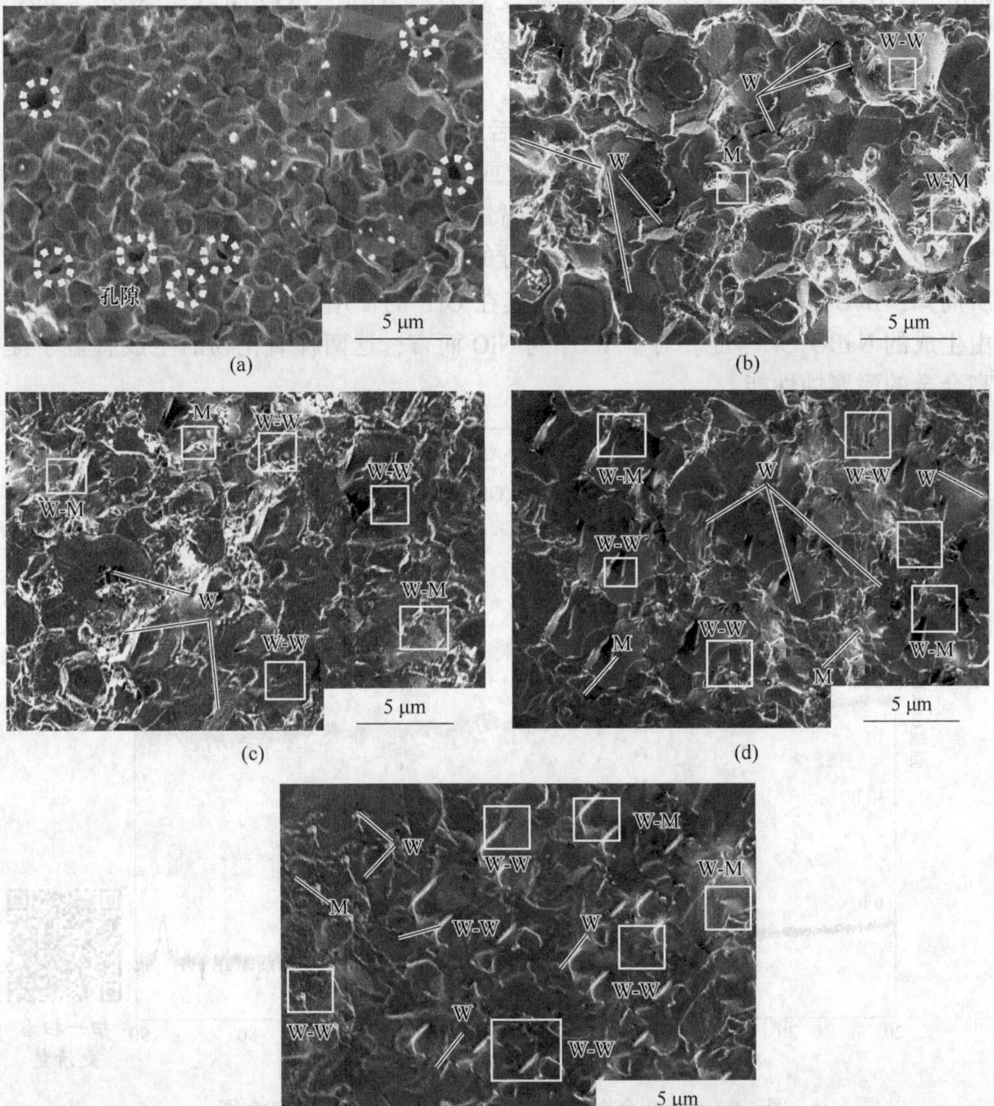

图 6-7　0 B~0.7 B 合金断口形貌

(a) 0 B 合金；(b) 0.1 B 合金；(c) 0.3 B 合金；(d) 0.5 B 合金；(e) 0.7 B 合金

6.8　0.1 B 合金的盐雾腐蚀

图 6-8 所示为 0.1 B 合金不同盐雾腐蚀时间后的表面 XRD 图。由图 6-8 可知，合金盐雾腐蚀后的物相除了烧结合金中已有的 W、Ni_3Al、α-Al_2O_3、B_2O_3、WB、$Al_4B_2O_9$ 以外，还出现了新的 γ-Al_2O_3、$AlCl_3$、Al(OH)$_3$、NaCl、NiO、$Al_2(WO_4)_3$、WO_3、$NaBO_2$ 相，而且这些新生成物的衍射峰强度随着腐蚀时间的增加而变强，这说明随着腐蚀时间延长，腐蚀产物在合金表面积聚。α-Al_2O_3 相的衍射峰也出现了，这表明合金被腐蚀后内部的 α-Al_2O_3 被检测到。在新形成的物相之中，γ-Al_2O_3 来自黏结相中 Ni_3Al 或 $Al_4B_2O_9$ 在盐雾腐蚀环境中 Al 元素的氧化。γ-Al_2O_3 在 NaCl 溶液中容易被腐蚀并生成 $AlCl_3$ 与 Al(OH)$_3$ 相。同时，γ-Al_2O_3 一般为多孔结构，这会导致盐分的留存造成腐蚀后表面 NaCl 的存在。众所周知，B_2O_3 为酸性氧化物，这使得其在 OH^- 的作用下发生化学溶解，这可以由生成的 $NaBO_2$ 来印证。对于 WO_3 与 NiO 而言，这两种氧化物的生成有益于提高合金的耐腐蚀性能。

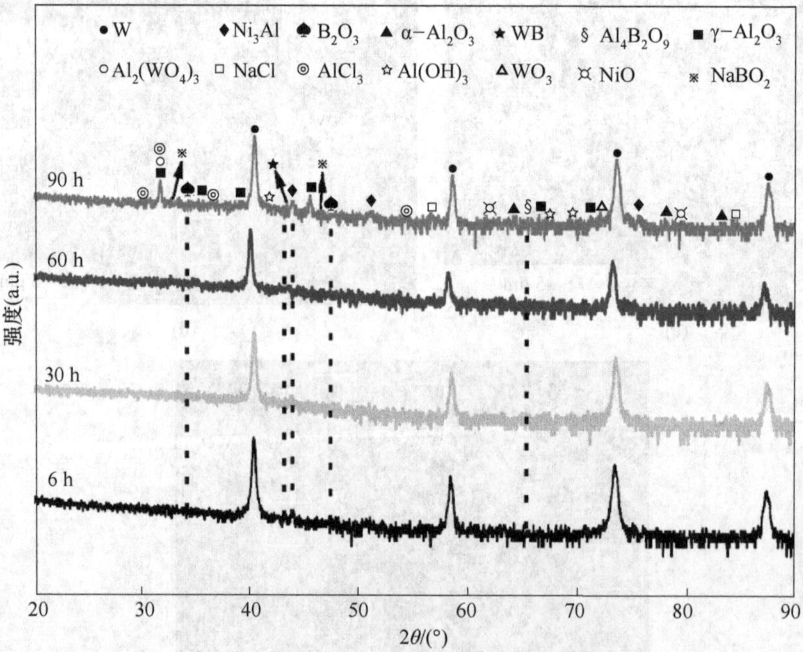

扫一扫看
更清楚

图 6-8　0.1 B 合金不同盐雾腐蚀时间后的表面 XRD 图

图 6-9 所示为 0.1 B 合金盐雾腐蚀 6 h 后表面 SEM 形貌以及元素 EDS mapping 分布图。从图 6-9（a）可知，0.1 B 合金在 6 h 盐雾腐蚀后，表面出现了

较多小腐蚀坑，这些腐蚀坑的形成是由于该合金中黏结相被腐蚀所致。一般来说，EDS mapping 图中元素颜色的深浅程度定性反应了元素的含量多少。因而，根据腐蚀后的 EDS mapping 元素分布图 6-9（b）~（f）可知，合金腐蚀后其表面形成的腐蚀坑内元素的富集程度不一致。同时，由前述合金的物相、显微结构以及元素分布可知，0.1 B 合金黏结相中所含的物相为富 W 的 Ni_3Al 相、贫 W 的 Ni_3Al 相、Ni_3Al 相、α-Al_2O_3 相、B_2O_3 相、WB 相以及 $Al_4B_2O_9$ 相，这些复杂的物相构成导致了黏结相腐蚀坑内元素富集程度的不一致。

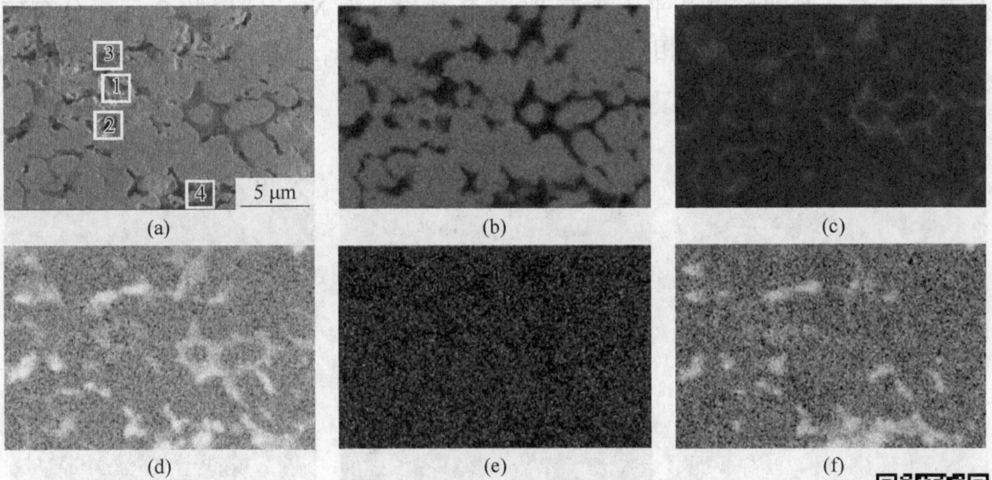

图 6-9 盐雾腐蚀 6 h 后的 0.1 B 合金

（a）表面 SEM 图；（b）W 元素的 EDS mapping 图；（c）Ni 元素的 EDS mapping 图；（d）Al 元素的 EDS mapping 图；（e）B 元素的 EDS mapping 图；（f）O 元素的 EDS mapping 图

扫一扫看
更清楚

为了详细说明该合金 6 h 的盐雾腐蚀情况，根据元素的富集程度将图 6-9（a）中的腐蚀坑分为 1~4 号不同的区域。由 1 号区域可知，其中未发现 W、Ni 及 Al 这三种主要元素的富集，因此该区域被腐蚀的黏结相为 Ni_3Al。WB 的耐腐蚀性能较高且分布在 Ni_3Al 黏结相与 W 相的界面处，因而在盐雾腐蚀环境中 WB 与 Ni_3Al 可能组成一对腐蚀微电偶，WB 充当阴极，而 Ni_3Al 充当阳极，发生阳极溶解而导致腐蚀坑的形成。对于 2 号区域的腐蚀坑而言，其中存在较多的 W 元素，因此该区域应为富 W 的 Ni_3Al 相或者贫 W 的 Ni_3Al 相，即两种不同钨含量的固溶体。一般来说固溶体电阻较大，在电化学腐蚀过程中可以看作是阴极。因此在盐雾腐蚀环境中，含钨固溶体黏结相为阴极而其他黏结相作为阳极，固溶体周围的黏结相最终在微电池腐蚀下形成腐蚀坑。3 号区域为烧结合金自身的 α-Al_2O_3 相，该相具有较好的耐腐蚀性，因而其未发生明显腐蚀。4 号区域主要为 Al 与 O 元素的富集，结合上述腐蚀后 XRD 结果，可以确定该区域为新生成的

γ-Al_2O_3 相。

图 6-10 所示为 0.1 B 合金 30 h 盐雾腐蚀后的表面形貌以及元素 EDS mapping 分布。由表面腐蚀形貌图 6-10（a）可知，随着盐雾腐蚀时间的进一步延长，合金表面形成的腐蚀坑由 6 h 的小区域的近圆形腐蚀坑转变为长条形的带状腐蚀坑。这是由于在长时间腐蚀过程中，黏结相中的局部电偶腐蚀加剧、B_2O_3 相与更多的 OH^- 相互作用，以及更多 Cl^- 的侵入共同导致近圆形的腐蚀坑被互相贯通连接，最终形成条带状的腐蚀坑。从图 6-10（b）~（f）中腐蚀后合金表面的元素分布上来看，腐蚀坑内几乎不含有 W 及 B 元素，而 Ni、Al 以及 O 元素分布较多，这可能是表层的黏结相被腐蚀而裸露出内层的 Ni_3Al 黏结相，同时该黏结相表面在盐雾腐蚀环境中进一步形成了 γ-Al_2O_3 相。

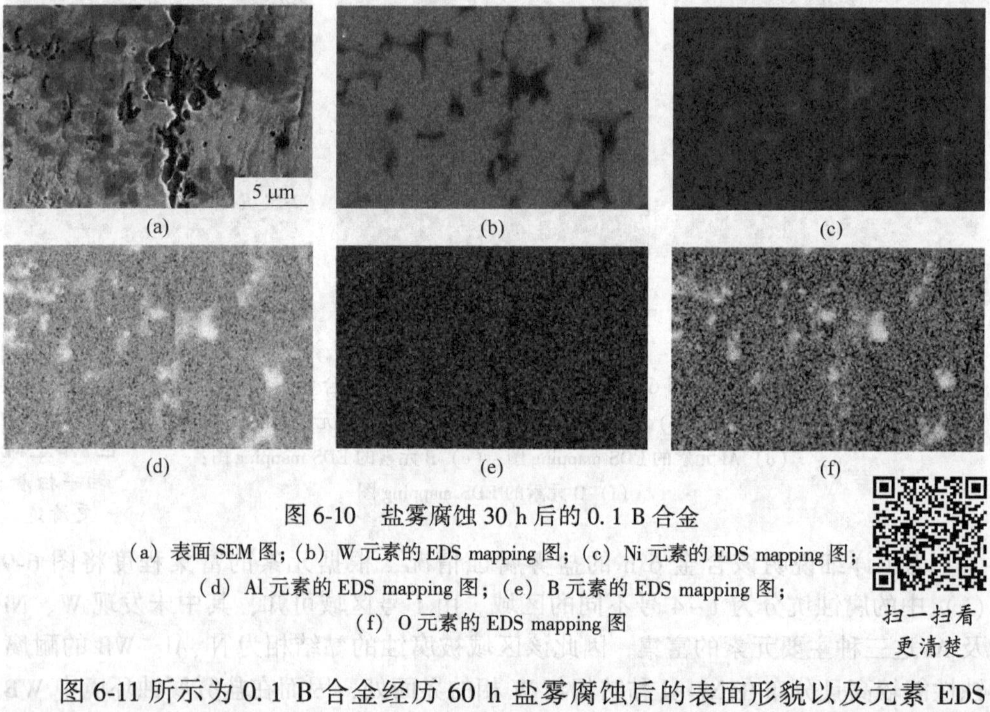

图 6-10　盐雾腐蚀 30 h 后的 0.1 B 合金

（a）表面 SEM 图；（b）W 元素的 EDS mapping 图；（c）Ni 元素的 EDS mapping 图；（d）Al 元素的 EDS mapping 图；（e）B 元素的 EDS mapping 图；（f）O 元素的 EDS mapping 图

扫一扫看更清楚

图 6-11 所示为 0.1 B 合金经历 60 h 盐雾腐蚀后的表面形貌以及元素 EDS mapping 分布。由图 6-11（a）的腐蚀形貌图可以看出，60 h 盐雾腐蚀后长条状的腐蚀坑变宽。表面的 W 相变得粗糙，发生了明显腐蚀。根据其元素分布图 6-11（b）~（f）可知，此时腐蚀坑内主要存在的元素为 Ni 与 O，因而此时腐蚀坑由 NiO 所堆积。生成的 NiO 可以起到保护合金内部进一步被腐蚀的作用。因此，此时边界处的 WB 与 W 相构成一对腐蚀微电偶，导致 W 相发生了电化学腐蚀，使得其表面变得比较粗糙。

为了进一步探究 0.1 B 合金在 5%浓度 NaCl 腐蚀环境中的耐腐蚀性，对该合金进行 1 个月的全浸泡实验，相应的表征结果，如图 6-12 所示。对浸泡一个月

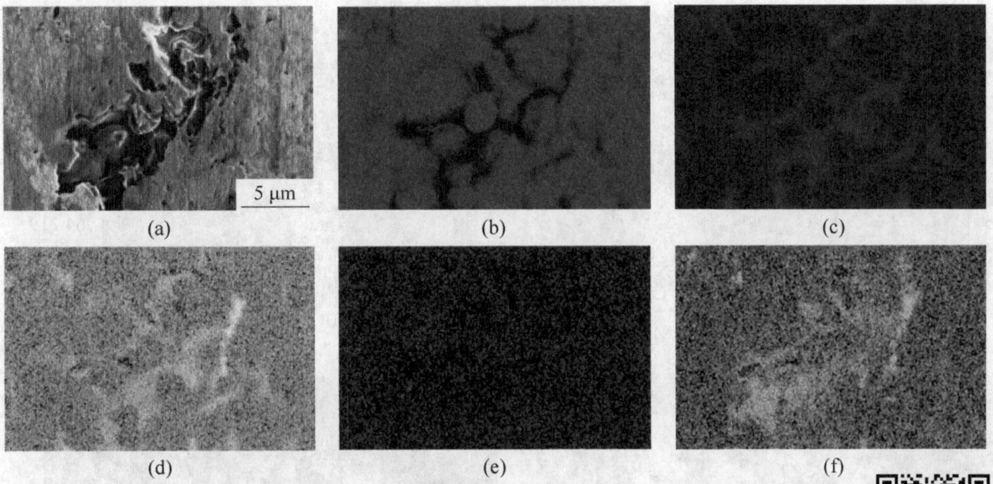

图 6-11　盐雾腐蚀 60 h 后的 0.1 B 合金

（a）表面 SEM 图；（b）W 元素的 EDS mapping 图；（c）Ni 元素的 EDS mapping 图；（d）Al 元素的 EDS mapping 图；（e）B 元素的 EDS mapping 图；（f）O 元素的 EDS mapping 图

扫一扫看
更清楚

后溶液进行 pH 值测量，发现其呈弱碱性（pH 值为 8.7），这证实了上述盐雾腐蚀过程中 OH^- 的存在。图 6-12（a）和（b）为合金浸泡一个月后的 0.1 B 合金表面 OM 图及 CLSM 图，由图 6-11 可知，合金浸泡腐蚀后表面出现了深黑色区域、浅黑色区域以及灰白色区域等三种不同颜色的腐蚀区，结合上述腐蚀产物的 XRD 表征，这些腐蚀区产物应该大多数为金属氧化物或氢氧化物。并且这些腐蚀产物在合金表面形成的腐蚀层厚度在 80 ~ 88 μm［图 6-12（b）］。图 6-12（c）~（i）为合金浸泡腐蚀后的表面 SEM 图及其相应的元素 EDS mapping 分布图。从图 6-12（c）中可以很明显看到浸泡腐蚀后合金表面的 W 相低于黏结相，即烧结合金的 W 相被大量腐蚀。同时合金中也出现了较大腐蚀坑以及晶间腐蚀裂纹。根据图 6-12（d）~（i）的元素 EDS mapping 结果，在长条形的腐蚀坑区域出现了大量的 Al 以及 O 元素且含有少量 Ni 元素，这说明腐蚀坑的形成是黏结相中含 Al 物相中 Al 元素的溶出并在腐蚀过程中被氧化。而晶间腐蚀则是由于耐蚀性好的 WB 与 W 相构成一对腐蚀电池，W 相发生阳极溶解，从而导致出现腐蚀裂纹。

综上所述，在 1150 ℃的较低烧结温度下，通过加入微量 B 粉和 SPS 技术制备了含 B 的 W-Ni_3Al 合金。低熔点 B_2O_3 的形成及其与 Al 之间的铝热反应促进了合金的低温液相烧结。0.1 B 合金具有钨晶粒小、硬脆相少、异质结构黏结相少、Al_2O_3 相阻碍位错运动、钨穿晶解理断裂模式等特点。因此，该合金具有优良的抗弯强度（1375.88±19.20）MPa 和较高的硬度（71.6±0.29）HRA。然而，当 B 的

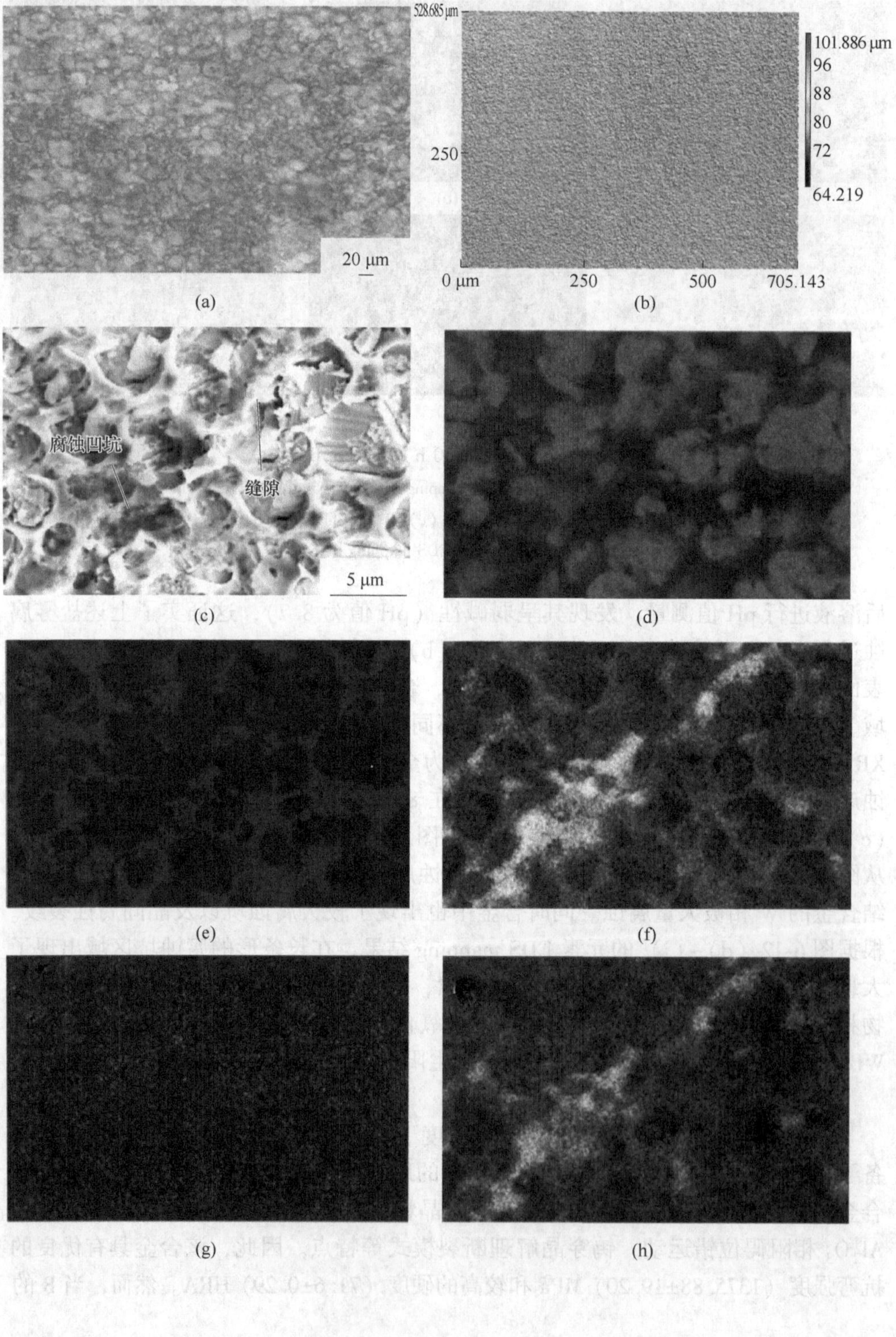
20 μm
528.685 μm
101.886 μm
96
88
80
72
64.219
250
0 μm
250
500
705.143
(a)
(b)
腐蚀凹坑
缝隙
5 μm
(c)
(d)
(e)
(f)
(g)
(h)

(i)

扫一扫看
更清楚

图 6-12 0.1 B 合金静态浸泡一个月后表面形貌及元素分布

(a) 合金 OM 图；(b) 合金 CLSM 图；(c) 合金 SEM 图；(d) W 元素的 EDS mapping 图；
(e) Ni 元素的 EDS mapping 图；(f) Al 元素的 EDS mapping 图；(g) B 元素的 EDS mapping 图；
(h) O 元素的 EDS mapping 图；(i) Na 元素的 EDS mapping 图

添加量超过 0.3%时，烧结合金中微孔增多，硬脆相增多，其抗弯强度降低。从典型 0.1 B 合金的盐雾腐蚀以及 NaCl 溶液浸泡实验可知，在微电偶腐蚀作用下黏结相首先被腐蚀，同时 OH^- 也导致了黏结相中 B_2O_3 的化学溶解。随着腐蚀时间延长，黏结相被腐蚀区域由小的凹坑演变为条形的带状腐蚀坑，随后凹坑内腐蚀产物不断积聚使得黏结相的腐蚀得到抑制，但最终在微电偶腐蚀以及 Cl^- 侵蚀作用下导致晶间腐蚀裂纹的产生与 W 相侵蚀。

7 片状黏结相和微量 B_2O_3 协同强化 $W\text{-}Ni_3Al$ 合金

钨合金在军事领域应用中与 DU 合金动能穿透器相比，侵彻深度要低一些。一般来说，导热系数低、硬度和强度高、钨晶粒尺寸细的钨合金往往具有更好的自锐效果。W-Ni-Fe 合金具有高强度和硬度，然而 W 在 γ-(Ni,Fe) 黏结相中的溶解度较高，钨晶粒容易长大，这不利于提高其穿甲性能。添加氧化物（如 Y_2O_3、La_2O_3 和 Al_2O_3），有利于通过氧化物弥散强化（oxide dispersion strengthening，ODS）获得高硬度和细晶粒的钨合金。然而，ODS 钨合金的制备通常需要 1500~1800 ℃高温，一般还需进行锻造和热处理。此外，也有研究者采用高温氢还原法，对还原后的粉末进行烧结，制备纳米级钨晶粒的钨合金。然而，在高温下使用氢气存在安全隐患。因此，低成本、安全制备导热系数低、钨粒细、综合力学性能好的钨合金非常必要。

近年来，Ni_3Al 金属间化合物因其导热系数低、强度和硬度高、高温抗氧化性好而被作为黏结相应用于钨合金中，但所报道的 $W\text{-}Ni_3Al$ 合金钨晶粒尺寸大和综合力学性能差。因此，如何进一步提高细钨晶粒 $W\text{-}Ni_3Al$ 合金的综合性能是当务之急。第 5 章已经证明，通过片状 Ni_3Al 黏结相和原位纳米 Al_2O_3 在 W/Ni_3Al 相界面的协同强化，可以一定程度提升钨合金的力学性能。然而，在 1400 ℃的烧结温度下，$W\text{-}Ni_3Al$ 合金的显微组织中保留的片状 Ni_3Al 黏结相较少，钨晶粒较大，导致合金的力学性能改善有限。此外，上述研究中还有一些问题没有得到澄清。首先，原位纳米 Al_2O_3 粒子是否存在于黏结相中？如果存在，其如何影响合金的性能？其次，合金中不同相之间的界面性能如何？

基于上述内容，要想在合金烧结过程中尽可能保留片状结构的黏结相，一方面要降低烧结温度。基于第 6 章加 B 钨合金的研究结果启示，是否可以直接加入 B_2O_3 粉来辅助烧结 $W\text{-}Ni_3Al$ 合金，从而达到低温烧结的目的，同时也避免合金中脆性相的形成。另一方面，对于细小片状粉末熔化的问题，是否可以通过调整球磨工艺来调节片状 Ni_3Al 粉的尺寸予以一定程度避免？为了验证上述推测，本章首先采用两步机械球磨法制备片状 Ni_3Al 粉，然后将适量的 B_2O_3 粉与预制片状 Ni_3Al 粉，以及 W 粉直接混合，最后采用 SPS 技术制备 $W\text{-}Ni_3Al\text{-}B_2O_3$ 合金，系统研究了不同烧结温度对 $W\text{-}Ni_3Al\text{-}B_2O_3$ 合金组织和力学性能的影响，最后对最佳力学性能的合金进行了盐雾腐蚀行为研究。

7.1 合金制备及表征

相比较第6章，在本章中不但在原料中用 B_2O_3 粉代替 B 粉，而且为获得较大片状的 Ni_3Al 薄片，采用了不同的二次行星球磨技术工艺参数。

7.1.1 材料制备

原料 W 粉、Ni_3Al 粉的纯度和粒径与第5章相同，原料 B_2O_3 粉的纯度为98%（质量分数），平均粒径为100 μm。以 W：Ni_3Al：B_2O_3 = 90：9.7：0.3 的质量比进行原料配料。采用两步球磨法将 Ni_3Al 粉末加工成较大的薄片。具体而言，以氩气作为保护气氛，乙醇作为球磨介质，原料先在10：1的球料比和200 r/min 的球磨机转速条件下机械球磨2 h后，再在400 r/min 转速下球磨30 min。接下来，将球磨后的片状 Ni_3Al、W 和 B_2O_3 粉末在氩气气氛中以300 r/min 转速干混24 h。最后，将均匀混合钨合金复合粉末装入内径为30 mm 的圆柱形石墨模具中，并在SPS炉中进行合金的快速制备。具体烧结参数如下：真空度25 Pa，烧结压力50 MPa，烧结温度1100~1300 ℃，升温速率100 ℃/min，保温时间5 min。

7.1.2 材料表征

原料粉末、烧结合金及腐蚀合金的主要表征测试方法与前述章节相同。合金抗盐雾腐蚀能力考察方法与第6章相同。

7.2 球磨预处理粉末的形貌和物相

图7-1所示为三种原料粉末、球磨片状 Ni_3Al 粉和混合复合粉末的形貌和XRD图。在图7-1（a）和（b）中，W和 Ni_3Al 原料粉末的形貌分别为小多边形和团聚大颗粒。图7-1（c）中 B_2O_3 原料粉末的形貌为大小不一的不规则块状。此外，结合图7-1（c）右上角插入的局部放大图，B_2O_3 块体表面有许多微小的薄片，这有助于后续合金烧结。

Ni_3Al 原料粉末经过两步球磨后，团聚 Ni_3Al 粉末变成长度约为30 μm，厚度小于1 μm的薄片［图7-1（d）］。一般来说，球磨过程中的碰撞力可分为切向分量的剪切力和径向分量的压缩力。其中，低速球磨过程中以剪切力为主，高速球磨过程中以压缩力为主。同时，Ni_3Al 粉末容易沿（111）〈110〉发生解理断裂。因此，在低速球磨过程中，原料 Ni_3Al 粉首先在剪切力作用下被破碎和拉长成棒状；然后，在高速球磨过程中，在压缩力作用下将棒状 Ni_3Al 粉压平并冷焊。最终，获得了大块、均匀、片状形貌良好的 Ni_3Al 活化粉末。如图7-1（e）所示，原料粉末球磨 24 h 后，在均匀混合的复合粉末中，Ni_3Al 粉末仍然保持了良好的片状形貌。

图 7-1　原料粉末球磨前后的微观结构和物相表征

(a) W 粉的 SEM 图；(b) Ni_3Al 粉的 SEM 图；(c) B_2O_3 粉的 SEM 图；(d) 球磨片状 Ni_3Al 粉的 SEM 图；(e) W-9.7Ni_3Al-0.3B_2O_3 复合粉末的 SEM 图；(f) 球磨前后原料粉末的 XRD 图

各种原料粉末、片状 Ni_3Al 粉，以及混合复合原料粉末的 XRD 图，如图 7-1 (f) 所示。对于 Ni_3Al 原料粉末的 XRD 图，$2\theta = 24.5°$、$35.5°$、$43.8°$、$50.9°$、$75.2°$处的衍射峰分别与 Ni_3Al 相（JCPDS 卡号 50-1265）(002)、(110)、

(112)、(004)、(220) 晶面的特征衍射峰一致。两步球磨后，Ni_3Al 粉末在 $2\theta=43.8°$、$50.9°$和 $75.2°$处的衍射峰变宽，衍射峰强度明显减弱，这与粉末粒度急剧减小和球磨过程中粉末变形严重有关。特别的，Ni_3Al 粉在 $2\theta=24.5°$和 $35.5°$处的衍射峰逐渐消失，这是其自身衍射强度较低所致。混合 24 h 后 B_2O_3 粉体的 XRD 图中，仅在 $2\theta=50.7°$处有一个微弱的衍射峰，这是 B_2O_3 原料粉末的衍射峰强度较弱以及破碎时间较长所致。混合后的复合粉末的 XRD 图表明，W-9.7Ni_3Al-0.3B_2O_3 复合粉末中只存在 W、Ni_3Al 和 B_2O_3 相，说明在球磨和混合过程中没有引入明显的杂质相。此外，尽管原料 Ni_3Al 粉及两步球磨后的片状 Ni_3Al 粉末可能有些许氧化，但在 XRD 图中并未发现 Al_2O_3 的衍射峰，这可能与 Al_2O_3 相的 X 射线吸收系数高且其含量低或为无定形结构相关。

7.3 烧结合金的物相与结构演变

不同温度烧结 W-9.7Ni_3Al-0.3B_2O_3 合金的表征结果，如图 7-2 所示。从图 7-2（a）中烧结合金的 XRD 图可以看出，所有烧结合金的主相均为 W、Ni_3Al 和 B_2O_3 相。相比直接添加 B 烧结合金，未生成 Al-B-O 的杂质相，这是由于 Al 与 B_2O_3 优先反应消耗了部分 B_2O_3，导致 Al-B-O 合成反应的反应产物减少，从而降低了反应速率。同时，放热反应放出额外的热量导致合金的实际烧结温度较高，而 Al-B-O 的杂质相在高温下则又容易发生分解，因此通过适量添加 B_2O_3 可以避免 Al-B-O 杂质相的生成。此外，相比于添加 Cu 或 Sn 元素低温烧结的钨合金，直接添加 B_2O_3 烧结的 W-Ni_3Al 合金中无其他脆性相的生成。因此，在钨合金制备过程中加入适量 B_2O_3 可以避免脆性相的生成，这有利于提高烧结合金的力学性能。

烧结合金中除了 3 个主要相外，在 $2\theta=35.2°$、$38.8°$和 $42.8°$处也出现了 Al_2O_3 相的衍射峰。对原料、球磨和机械混合原料的检测中均未发现 Al_2O_3 相的衍射峰，因此可以推断该相衍射峰的出现与合金的高温烧结有关。具体而言，Al_2O_3 一部分来自其非晶结构的晶化，其他部分则来自高温 SPS 过程中的 Ni_3Al 氧化、铝热反应以及可能的 Al-B-O 杂质相的高温分解。其中，非晶态 Al_2O_3 相转变为晶态可以提高其延展性，这有利于改善合金的力学性能。

图 7-2 (b)~(f) 所示为不同温度烧结合金的 BSE 图。结合 XRD 结果和 BSE 图，可以初步确定白色粒子为 W 相，浅黑色区域为 B_2O_3 和 Ni_3Al 相，白色和浅黑色界面之间的深黑色条状区域为 Al_2O_3 相。由于 B_2O_3 的熔点为 460 ℃，而机械球磨片状 Ni_3Al 粉的烧结活性较高，以及 Al 与 B_2O_3 之间的放热反应，可为合金的较低温烧结提供较充足的液相。随着烧结温度从 1100 ℃升高到 1300 ℃，合金中的 W 相逐渐均匀分布于黏结相之间，钨晶粒也由不规则形状演变为近球形，

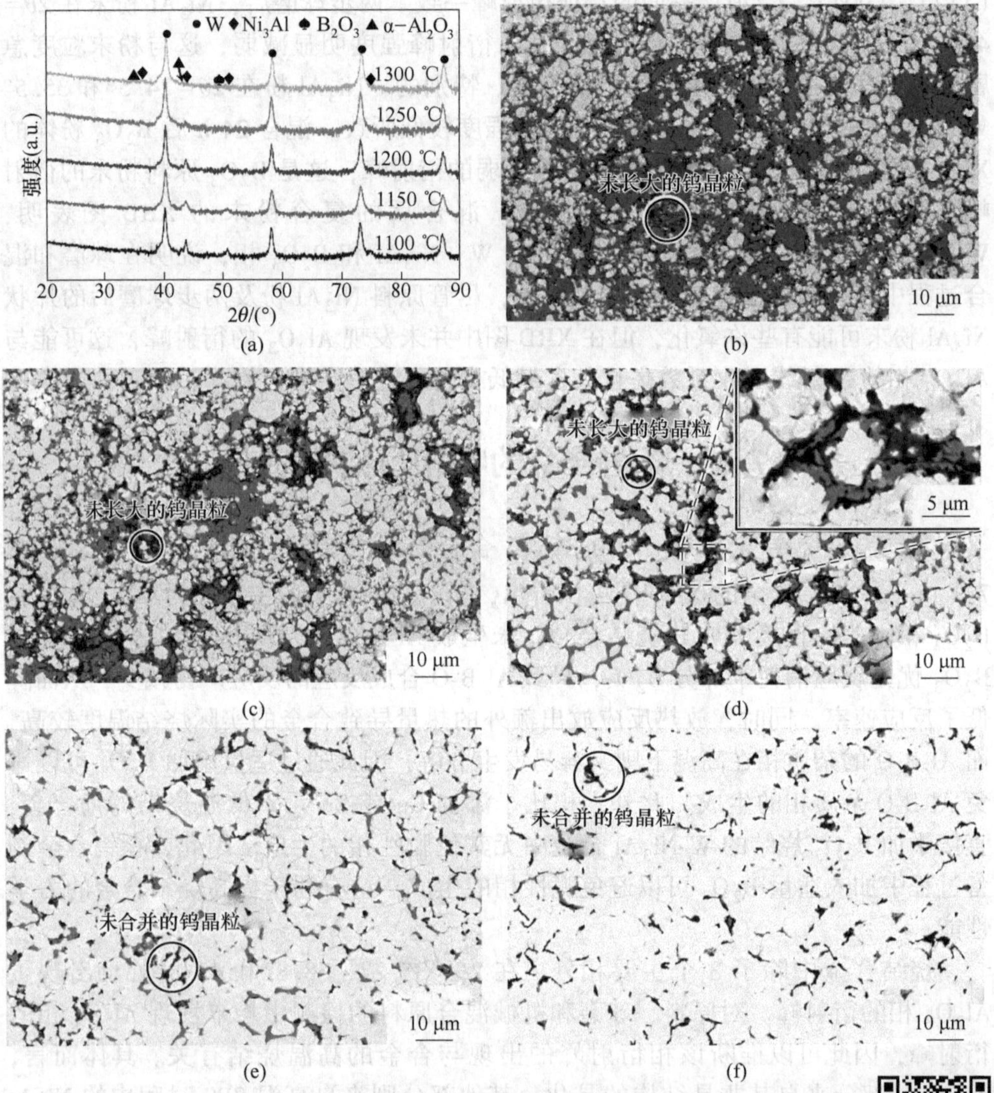

图 7-2　不同温度烧结 W-9.7Ni_3Al-0.3B_2O_3 合金的表征

(a) 烧结合金的 XRD 图；(b) 1100 ℃烧结合金的 BSE 图；(c) 1150 ℃烧结合金的 BSE 图；(d) 1200 ℃烧结合金的 BSE 图；(e) 1250 ℃烧结合金的 BSE 图；(f) 1300 ℃烧结合金的 BSE 图

扫一扫看
更清楚

表明生成液相含量的增加会促进 W 粒子的重排和溶解-析出过程。黏结相（B_2O_3 和 Ni_3Al）两侧的钨晶粒通过 Ostwald 机制逐渐合并长大成大钨晶粒，而深黑色条状区域之间的钨晶粒长大不明显，说明带状 Al_2O_3 的存在阻碍了钨晶粒在液相中的溶解-析出过程，这有利于保留合金中的细钨晶粒。

为了进一步确认球磨片状 Ni_3Al 粉末是否成功转移到烧结合金中，有必要对合金的横截面进行显微结构表征结果，如图 7-3 所示。从图 7-3 中可以清楚地看到，所有烧结合金的横截面上都存在多边形片状黏结相。根据合金的横截面显微组织和球磨片状 Ni_3Al 粉末的形貌，可以推知片状 Ni_3Al 黏结相分布在钨晶粒之间。然而，合金中这些片状 Ni_3Al 黏结相的厚度大于球磨后的片状 Ni_3Al 粉的厚度（小于 1 μm），因此在合金横截面内存在的片状 Ni_3Al 应为多层片状结构。此外，随着烧结温度的升高，合金中片状 Ni_3Al 黏结相的面积和尺寸逐渐减小，这是由于在铝热反应放出的热外加较高温度烧结下活化片状 Ni_3Al 粉熔化所致。

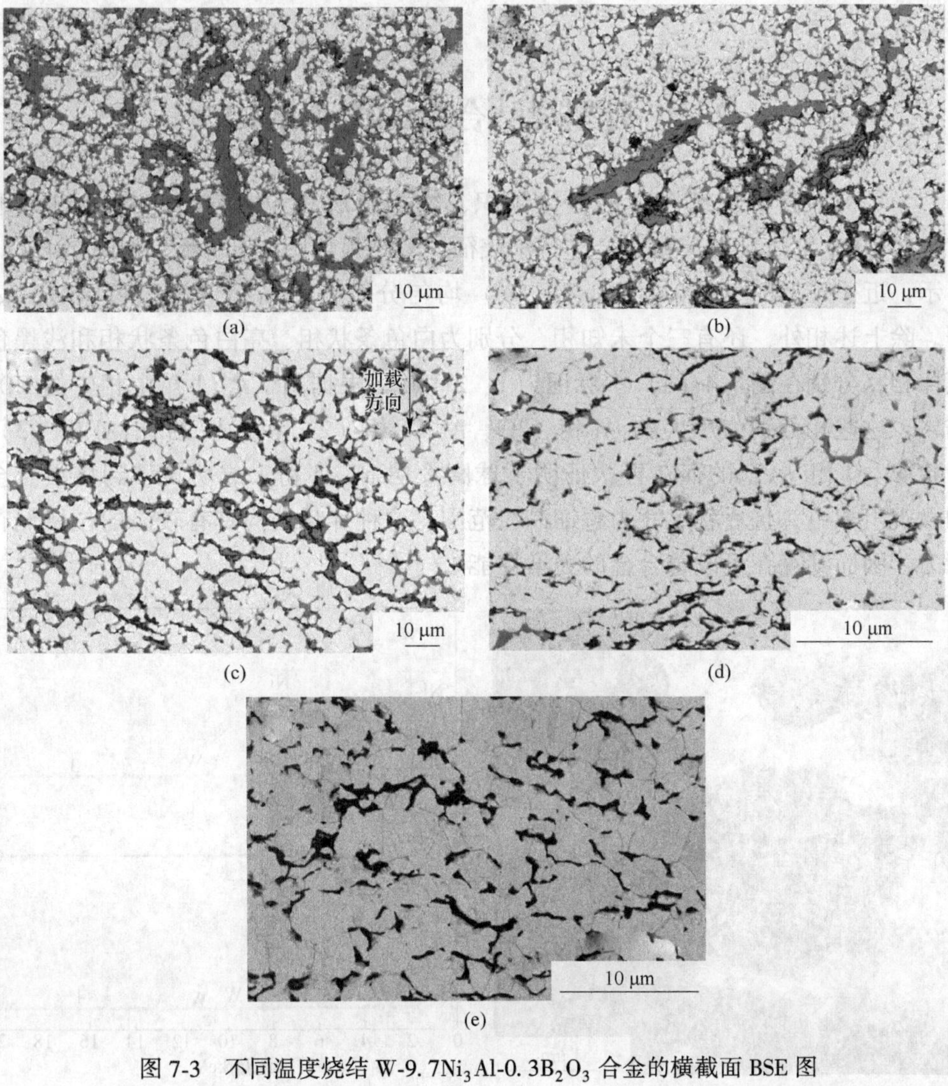

图 7-3　不同温度烧结 W-9.7Ni_3Al-0.3B_2O_3 合金的横截面 BSE 图
（a）1100 ℃；（b）1150 ℃；（c）1200 ℃；（d）1250 ℃；（e）1300 ℃

同时，在合金的横截面图中，Ni_3Al 薄片的排列方向在 1100 ℃时先与 SPS 系统的加载方向平行，在 1150 ℃时变为与 SPS 系统的加载方向近似垂直，在 1200～1300 ℃时变为与 SPS 系统的加载方向基本垂直。这一现象可归因于以下两个原因：一方面，片状 Ni_3Al 粉末倾向于以无规则的方式彼此铺展开来，以便在自身重力作用下将其势能降低到最小；另一方面，SPS 系统施加的压力、铝热反应产生的热量、熔化的液相也增加了片状 Ni_3Al 黏结相在垂直于 SPS 系统加载方向上排列的趋势。因而，利用 SPS 系统的压力，加入适量的低熔点 B_2O_3，并将 Ni_3Al 磨成片状，可以获得具有“自上而下”定向自组装排列的片层状黏结相结构的钨合金。

7.4 典型烧结合金的微观结构

为了深入分析烧结合金的显微组织、物相组成和元素分布，利用 TEM 和 EDS 对 1200 ℃烧结的典型合金进行了表征，其结果如图 7-4 所示。如图 7-4（a）所示，近乎球形的 W 相（深黑色区域）均匀分布在黏结相（浅黑色区域）之间。除上述相外，还有三个未知相，分别为白色条状相、亮白色条状相和浅黑色短棒相，分别在图 7-4（a）中标记为 1、2 和 3。根据图 7-4（b）中相应的 EDS 结果，这些相分别为片状 Ni_3Al 相（1）、Al_2O_3 相（2）和富 W 的 Ni_3Al 相（3）。片状 Ni_3Al 相（1）的存在再次证明了球磨片层 Ni_3Al 粉末成功转移到烧结合金的微观组织中，且片状尺寸为超细晶粒范围，这种片状结构具有较高的位错储存能力，因而其存在可改善合金的力学性能。

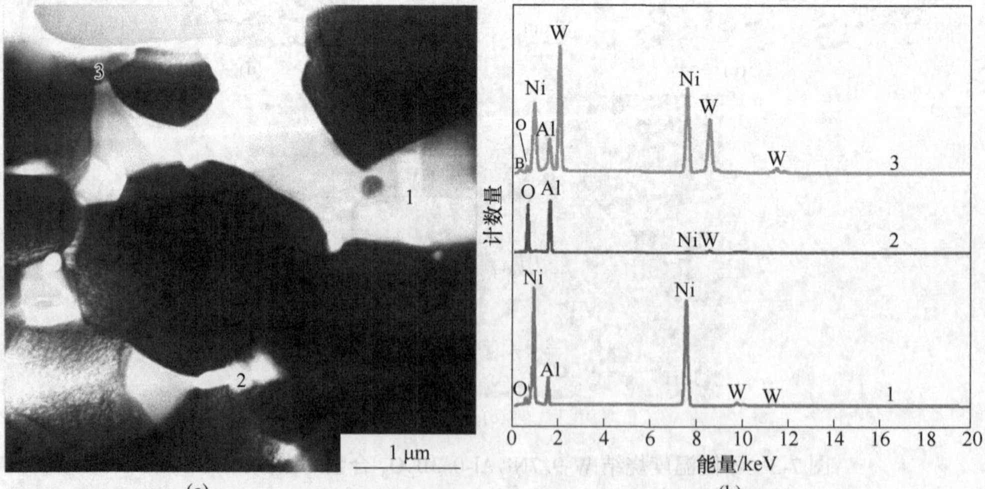

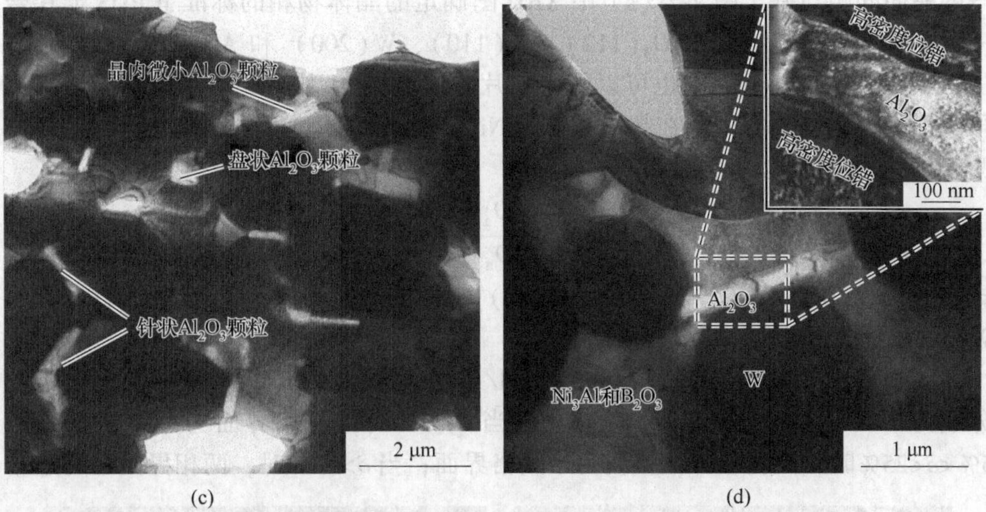

图 7-4 典型 W-9.7Ni_3Al-0.3B_2O_3 合金的 TEM 图及 EDS 能谱图
(a) 不同相的 TEM 图；(b) EDS 能谱点扫描图；(c) Al_2O_3 相的分布和形貌；
(d) 不同相的典型形态（插图为放大的方形区域）

从图 7-4（c）可以看出，Al_2O_3 相在合金中呈现出不同的形态，大部分 Al_2O_3 呈条状或针状，少量 Al_2O_3 呈盘状和小条状。不同形貌 Al_2O_3 相的出现与两步球磨后片状 Ni_3Al 的厚度有关。从图 7-1（d）的结果可以看出，两步球磨后 Ni_3Al 薄片的厚度大部分小于 1 μm，只有少数 Ni_3Al 薄片的厚度大于 1 μm。因此，在后续烧结过程中，厚度小于 1 μm 的片状粉末容易形成条状或针状 Al_2O_3，而厚度大于 1 μm 的片状粉末则倾向于形成盘状 Al_2O_3。此外，不同形貌的 Al_2O_3 相在烧结合金中的分布也不尽相同。其中，盘状和细条状纳米 Al_2O_3 位于黏结相内部，而条状或针状 Al_2O_3 位于 W/黏结相界面。这些存在于黏结相内部的 Al_2O_3 相不仅使位错运动更加困难，导致流变应力发生变化，而且还产生额外的 Orowan 强化效应，从而大大提高了合金的力学性能。

此外，从图 7-4（d）可以看出，大量位错集中在条状或针状 Al_2O_3 相两侧的 W 相和黏结相中。根据经典的晶粒生长动力学，圆盘状或针状晶粒对晶界的迁移具有较大的钉扎力或齐纳阻力，拉长的晶粒具有较高的位错存储容量，而且高密度的位错能够有效阻碍裂纹尖端附近的裂纹扩展。因此，此特殊位置的 Al_2O_3 [图 7-4（d）插入图] 会对合金的力学性能改善起到积极的作用。同时，从图 7-4（d）也可以看出，不同物相间的界面结合良好，没有明显的裂纹。

利用 HRTEM 进一步澄清 1200 ℃烧结典型合金中不同物相的界面结构，具体结果如图 7-5 所示。通过 Digital Micrograph 软件的测量和校正，HRTEM 图中的晶面间距分别为 0.181 nm、0.198 nm、0.212 nm、0.150 nm 和 0.244 nm。这些测得的晶面间距与基于图 7-2（a）中 XRD 图确定的晶体物相的标准 JCPDS 卡片号一致，即 Ni_3Al(004)、B_2O_3(112)、W(110)、W(200) 和 Al_2O_3(220) 晶面。从 HRTEM 图 7-5（a）中也可以看出，片状区域（1）是 Ni_3Al(004) 晶面，这再次证明合金黏结相中存在超细晶粒的 Ni_3Al 片。此外，不同物相之间的晶格失配度（δ）可通过以下公式计算：

$$\delta = 2\frac{|D_a - D_b|}{D_a + D_b} \tag{7-1}$$

式中，D_a 为 B_2O_3(112) 或 α-Al_2O_3(220) 晶面的晶面间距；D_b 为 Ni_3Al(004) 或 W(110) 晶面的晶面间距。

根据公式（7-1），计算得到的 Ni_3Al/B_2O_3 和 W/α-Al_2O_3 界面的晶格失配度分别为 8.97% 和 14.03%。一般来说，当 $\delta<5\%$ 时，两相界面为共格界面；当 $5\%<\delta<25\%$ 时，两物相界面被视为半共格界面；当 $\delta>25\%$ 时，两相界面之间是非

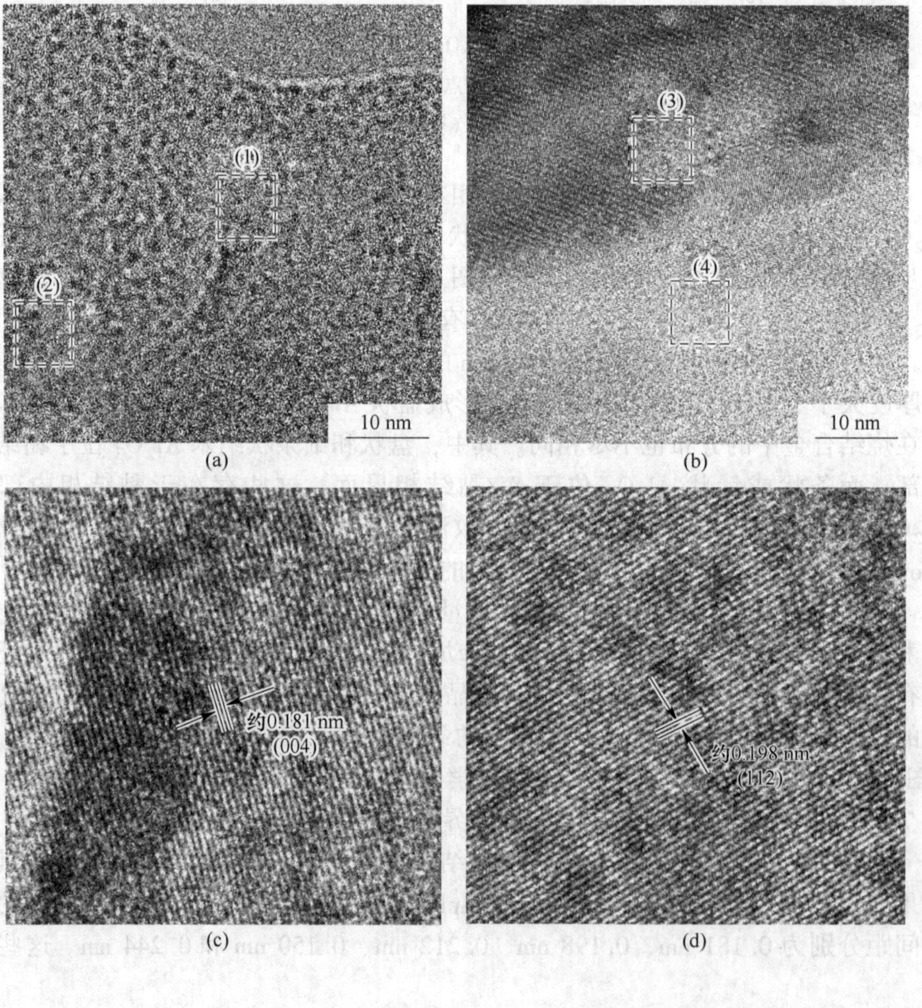

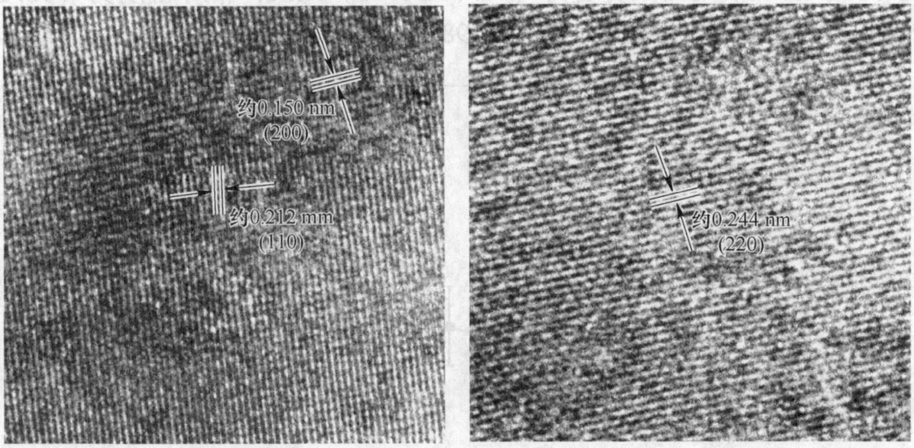

(e) (f)

图 7-5 典型 W-9.7Ni_3Al-0.3B_2O_3 合金中不同物相的界面结构

(a) Ni_3Al 和 B_2O_3 相；(b) W 和 Al_2O_3 相；(c) 图 7-5 (a) 中 Ni_3Al 相的 HRTEM 图；(d) 图 7-5 (a) 中 B_2O_3 相的 HRTEM 图；(e) 图 7-5 (b) 中 W 相的 HRTEM 图；(f) 图 7-5 (b) 中 Al_2O_3 相的 HRTEM 图

共格的。因此，这里 Ni_3Al/B_2O_3 及 W/Al_2O_3 界面是半共格的。半共格界面往往比无共格界面表现出更好的结合强度，这有利于提高合金的力学性能。

7.5 烧结合金的钨晶粒尺寸及力学性能

不同温度烧结合金平均钨晶粒尺寸如图 7-6 (a) 所示。随着烧结温度的升高，合金的平均钨晶粒尺寸从 (2.736±0.672) μm 增加到 (6.390±1.498) μm。由于在提高烧结温度的过程中逐渐形成更多的液相，这促进了 W 粉粒子在液相中的溶解-析出过程，从而使钨晶粒尺寸不断增大。然而，原位形成的 Al_2O_3 粒子阻碍了钨粉颗粒的溶解-析出过程，并且 SPS 技术具有快速加热和冷却的特点，导致即使 1300 ℃温度烧结合金中的钨晶粒也相对较小。

图 7-6 (b) 为 W-9.7Ni_3Al-0.3B_2O_3 合金力学性能与烧结温度的关系。当烧结温度为 1100~1200 ℃时，合金的抗弯强度从 (1121.79±21.32) MPa 增加到 (1450.57±19.68) MPa。这归因于烧结合金相对密度的逐渐提高、定向排列的 Ni_3Al 薄片及细小的钨晶粒尺寸。然而，当烧结温度超过 1200 ℃时，合金中大量片状 Ni_3Al 熔化且钨晶粒迅速长大，导致其抗弯强度降低。合金硬度随温度的变化趋势与抗弯强度的变化趋势相似，即在 1100~1150 ℃时增大，而后随烧结温度的升高而减小。总体而言，在 1200 ℃下烧结的合金性能最佳，其抗弯强度为

(1450. 57 ± 19. 68) MPa，硬度为（71. 70 ± 0. 16）HRA，相对密度为（98. 10 ± 0. 25)%，平均钨晶粒尺寸为（3. 87±0. 98）μm。

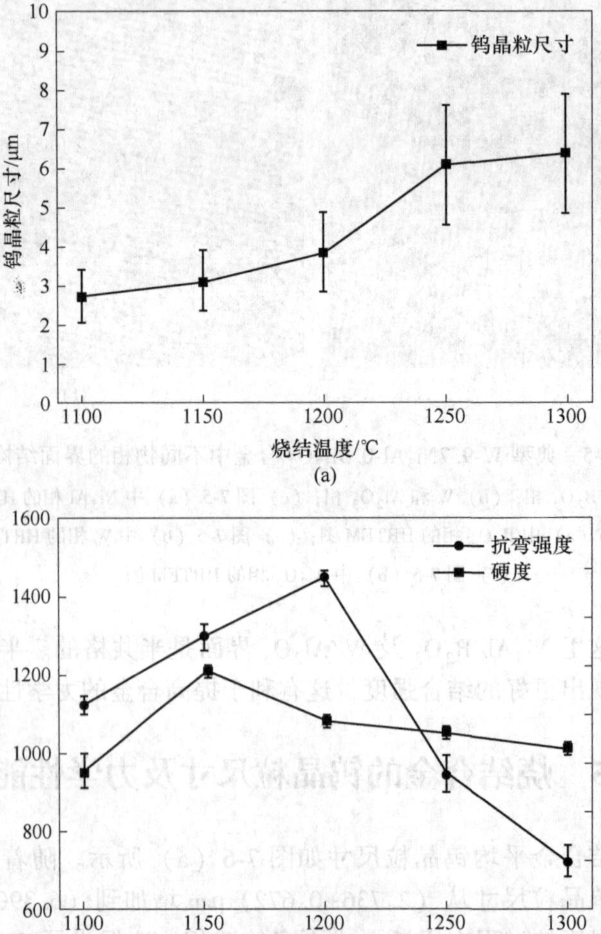

图 7-6　W-9. 7Ni_3Al-0. 3B_2O_3 合金的晶粒尺寸与力学性能

（a）钨晶粒尺寸；（b）抗弯强度和硬度

基于以上分析和表征，在 1200 ℃时烧结合金具有最好的力学性能，其主要归因于以下因素：第一，1200 ℃时烧结合金相对密度高，元素分布均匀，合金中没有其他脆性相的形成。第二，大量片状 Ni_3Al 黏结相垂直于加载方向分布，提高了合金抵抗外载荷的能力。第三，部分片状超细晶 Ni_3Al 和原位纳米 Al_2O_3 表现出较高的位错存储能力，而这些高密度位错可以有效地阻碍裂纹尖端附近的裂纹扩展。第四，不同物相之间的界面是半共格的，并且结合良好。第五，合金中钨晶粒尺寸分布较宽，不仅有利于分散应力和降低应力集中，而且有利于实现强度与塑性的平衡。

7.6 烧结合金的断口形貌

不同温度烧结 W-9.7Ni_3Al-0.3B_2O_3 合金的断口形貌，如图 7-7 所示。从图 7-7 可知，在 1100~1300 ℃烧结温度范围内，所有合金的抗弯断口上均可观察到片状 Ni_3Al 黏结相的存在，且呈现明显的多层结构。此外，随着烧结温度的升高，合金中片状黏结相发生如下变化。首先，片状结构 Ni_3Al 黏结相的尺寸逐渐减小，表明其在较高温度下熔化。其次，多层 Ni_3Al 薄片中的每个小片之间重新排列，并且该多层结构 Ni_3Al 的最终排列方向几乎垂直于 SPS 系统压力加载方向。这些结果与图 7-3 所示合金横截面图中 Ni_3Al 黏结相的变化一致。

具体来看，在图 7-7（a）中合金断口处观察到一些气孔。由于 1100 ℃的烧结温度太低，仅有 B_2O_3 熔化提供少量液相，这不足以填充合金中的所有孔隙。同时，液相较少也使得 Ni_3Al 薄片难以重排，导致其排列方向几乎与 SPS 系统的外加载荷方向平行。但是，合金中的部分黏结相薄片能偏转裂纹，以延缓合金断裂失效，从而使 1100 ℃的烧结合金具有良好的综合力学性能。

(a) (b) (c) (d)

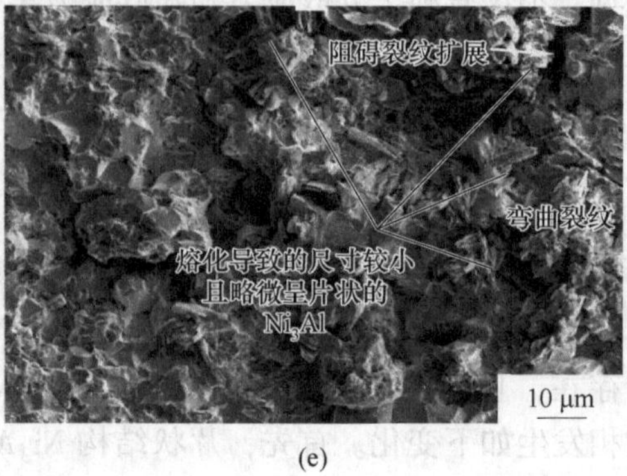

(e)

图 7-7　不同温度烧结 W-9. 7Ni_3Al-0. 3B_2O_3 合金的断口形貌
(a) 1100 ℃；(b) 1150 ℃；(c) 1200 ℃；(d) 1250 ℃；(e) 1300 ℃

当温度升高到 1150 ℃时，随着片状 Ni_3Al 也开始熔化，更多的液相填充在钨晶粒之间的孔隙中。此时，随着液相的黏性流动并伴随 SPS 系统施加的外压力，片状 Ni_3Al 也被初步重新排列，但片与片之间仍存在少量孔隙［图 7-7 (b)］。然而，这种呈一定角度交叉排列的 Ni_3Al 片层可以承受一定的外力并偏转裂纹，因此该温度烧结合金的力学性能优于 1100 ℃烧结合金。

对于图 7-7 (c) 中 1200 ℃的烧结合金，片状 Ni_3Al 的排列方向垂直于烧结系统外加载荷方向，合金断口上无明显气孔存在，钨晶粒也未明显长大。因此，1200 ℃的烧结合金的力学性能是所有烧结合金中最好的。然而，当烧结温度高于 1200 ℃时，大部分黏结相薄片熔化［图 7-7 (d) 和 (e)］，钨晶粒也明显长大，导致合金力学性能下降。

7.7　典型烧结合金的盐雾腐蚀

图 7-8 所示为 1200 ℃烧结 W-9. 7Ni_3Al-0. 3B_2O_3 合金在不同时间盐雾腐蚀后的表面 XRD 图。从图中可以看出，除了未腐蚀前的 W、Ni_3Al、B_2O_3 以及 α-Al_2O_3 外，经过盐雾腐蚀后其表面生成的物相包括 γ-Al_2O_3、$AlCl_3$、$Al(OH)_3$、NaCl、NiO、$Al_2(WO_4)_3$、WO_3、$NaBO_2$ 及 WCl_6。随着腐蚀时间的延长，相应腐蚀产物的衍射峰也增强，说明腐蚀产物也增多。此外，相较于加 B 合金的腐蚀，腐蚀产物无明显变化，表明 W-9. 7Ni_3Al-0. 3B_2O_3 合金在腐蚀过程中发生的化学反应与 0. 1 B 合金的腐蚀类似。

图 7-9 所示为 1200 ℃烧结 W-9. 7Ni_3Al-0. 3B_2O_3 合金经过 6 h 盐雾腐蚀后的表面形貌及相应的 EDS 元素面扫描结果。相较于 0. 1 B 合金 6 h 盐雾腐蚀后黏结相的腐蚀坑，W-9. 7Ni_3Al-0. 3B_2O_3 合金的 W 相和黏结相均没有发生明显变化，

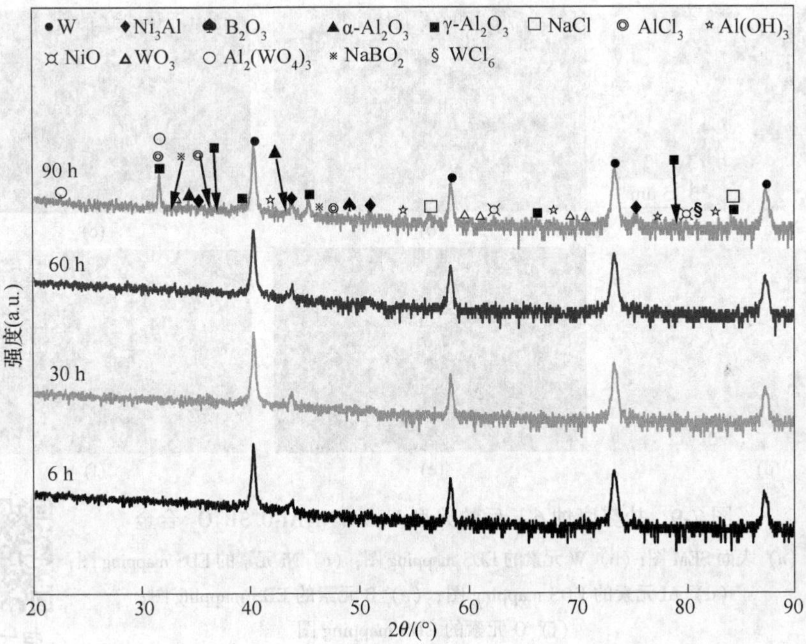

扫一扫看
更清楚

图 7-8 典型 W-9.7Ni_3Al-0.3B_2O_3 合金不同时间盐雾腐蚀后的表面 XRD 图

如腐蚀裂纹、腐蚀坑等［图 7-9（a）］。该合金耐腐蚀性能好的原因可能归于以下两方面。首先，添加 B_2O_3 烧结合金的物相组成简单，没有其他杂质相的生成，这降低了不同物相之间发生微电偶腐蚀的概率。其次，W-9.7Ni_3Al-0.3B_2O_3 烧结合金的相对密度高于 0.1 B 合金，合金更加致密，所含气孔等杂质少。由其相应的元素 EDS mapping 分布图图 7-9（b）~（f）可以看出，相比于 0.1 B 合金，腐蚀后合金表面的 Al 与 O 元素的富集更多，这说明合金中 N_3Al 黏结相中的 Al 在盐雾腐蚀环境中腐蚀 6 h 后生成了更多的 γ-Al_2O_3 相。

随着盐雾腐蚀时间延长到 30 h（图 7-10），W-9.7Ni_3Al-0.3B_2O_3 合金表面 W 相由于生成的腐蚀产物积累而减缓了其腐蚀，在图中表现为 W 相表面的小凹坑变得平整。但是，相较于 W 相腐蚀程度的减轻，合金中黏结相某些区域出现了腐蚀凹坑［图 7-10（a）］，其腐蚀坑可能为黏结相中的 B_2O_3 与 OH^- 反应发生化学溶解，导致黏结相中局部腐蚀凹坑的出现。同时，根据腐蚀后表面 EDS 面扫描获得的元素分布［图 7-10（b）~（f）］以及腐蚀产物的 XRD 图图 7-8 可知，腐蚀后合金表面生成的 γ-Al_2O_3 相增多，该相的增加导致盐雾腐蚀环境中生成更多 OH^-，这可能导致黏结相的进一步腐蚀。

图 7-11 所示为 1200 ℃烧结 W-9.7Ni_3Al-0.3B_2O_3 合金经过 60 h 盐雾腐蚀后的表面 SEM 图及相应的 EDS 元素面扫描结果。由图 7-11（a）可以看出，烧结

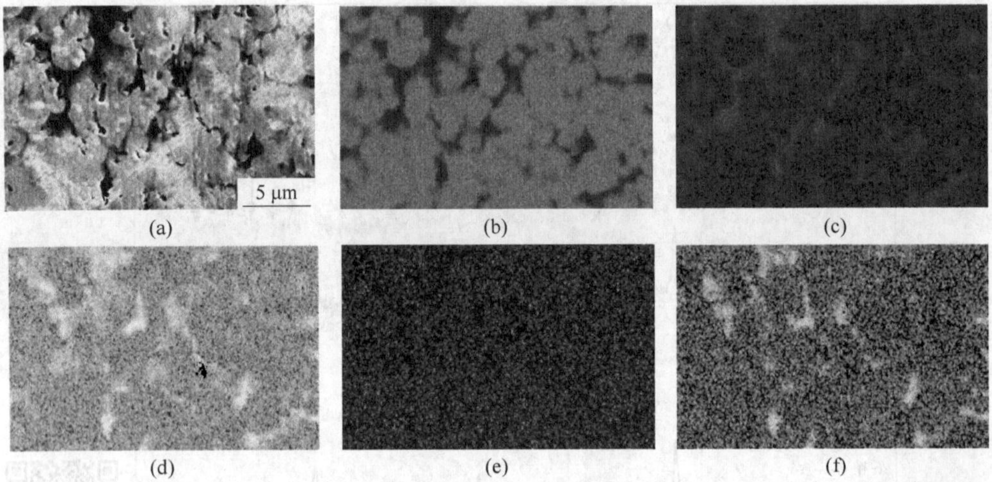

图 7-9　盐雾腐蚀 6 h 后的典型 W-9. 7Ni_3Al-0. 3B_2O_3 合金

（a）表面 SEM 图；（b）W 元素的 EDS mapping 图；（c）Ni 元素的 EDS mapping 图；（d）Al 元素的 EDS mapping 图；（e）B 元素的 EDS mapping 图；（f）O 元素的 EDS mapping 图

扫一扫看更清楚

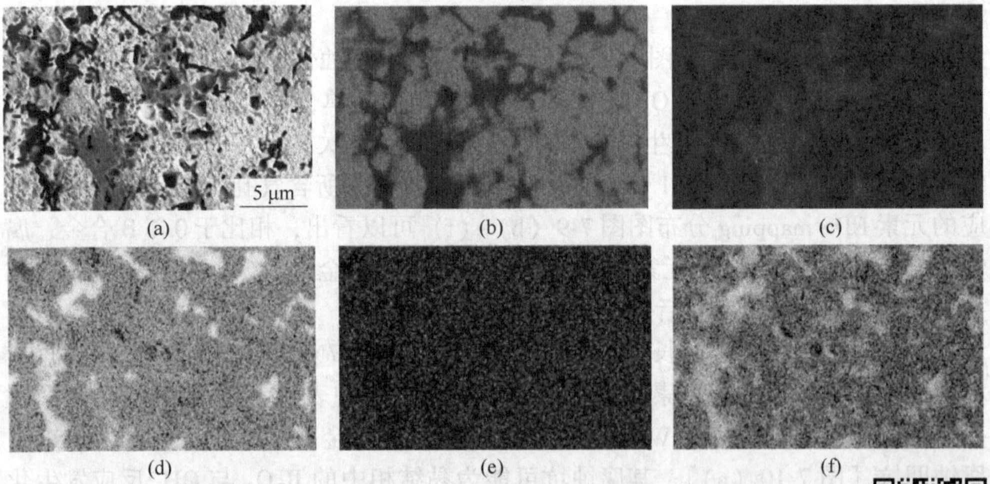

图 7-10　盐雾腐蚀 30 h 后的典型 W-9. 7Ni_3Al-0. 3B_2O_3 合金

（a）表面 SEM 图；（b）W 元素的 EDS mapping 图；（c）Ni 元素的 EDS mapping 图；（d）Al 元素的 EDS mapping 图；（e）B 元素的 EDS mapping 图；（f）O 元素的 EDS mapping 图

扫一扫看更清楚

W-9. 7Ni_3Al-0. 3B_2O_3 合金在盐雾腐蚀 60 h 后其表面 W 相的腐蚀坑变得更浅，且黏结相中出现了更多的腐蚀坑。W 相腐蚀坑变浅与腐蚀产物在 W 相表面的进一步积累有关；而黏结相中腐蚀坑增多是由于腐蚀表面生成的 γ-Al_2O_3 相增多［图 7-11（d）（f）］，该相的增加导致盐雾腐蚀环境中生成更多 OH^-，加剧了黏结相中的 B_2O_3 与 OH^- 反应发生化学溶解。同时，从相应的元素 EDS mapping 分布图 7-11（c）~（f）中也可以看出黏结相区域 NaCl 的附着。

图 7-11　盐雾腐蚀 60 h 后的典型 W-9.7Ni_3Al-0.3B_2O_3 合金

（a）表面 SEM 图；（b）W 元素的 EDS mapping 图；（c）Ni 元素的 EDS mapping 图；（d）Al 元素的 EDS mapping 图；（e）B 元素的 EDS mapping 图；（f）O 元素的 EDS mapping 图

扫一扫看更清楚

为了进一步探究 W-9.7Ni_3Al-0.3B_2O_3 合金在 5% 浓度 NaCl 腐蚀环境中更长期的耐腐蚀性，对该合金进行 1 个月的全浸泡实验，相应的表征结果，如图 7-12 所示。对浸泡一个月后溶液进行 pH 值测量发现其为碱性（pH 值为 8.2），这证实了上述盐雾腐蚀过程中 OH^- 的存在。图 7-12（a）和（b）为合金 OM 图及 CLSM 结果，从图中可以看出合金浸泡腐蚀后表面形成了蓝色、黑色以及黄色腐蚀产物的覆盖层，且其相应的 3D-CLSM 图表明合金表面腐蚀层的高度为 60~98 μm，腐蚀层存在高度的差异是由于合金中不同物相腐蚀优先顺序不一致且腐蚀层的覆盖厚度不一。结合其相应的表面 SEM 图［图 7-12（c）］，发现合金中 W 相高度低于黏结相的高度，且 W 相表面较为粗糙而黏结相明显覆盖一层腐蚀产物，这说明腐蚀产物在黏结相上的覆盖较厚，而 W 相则一直处于腐蚀状态且其表面覆盖的腐蚀产物不能抵抗 NaCl 溶液的侵蚀。结合相应的 EDS 面扫描元素分布图图 7-12（d）~（i），在黏结相元素中可以看到各种元素的共存，且 Al 与 O 分布一致，说明腐蚀过程中黏结相上形成的腐蚀层为复杂金属氧化物、氯化物、γ-Al_2O_3 及 NaCl，而 W 相上有 Al、W、O 的存在，说明其表面存在较薄一层的 $Al_2(WO_4)_3$，而 W 相又被严重腐蚀，说明该腐蚀覆盖层对 NaCl 溶液腐蚀的抵抗作用较低。

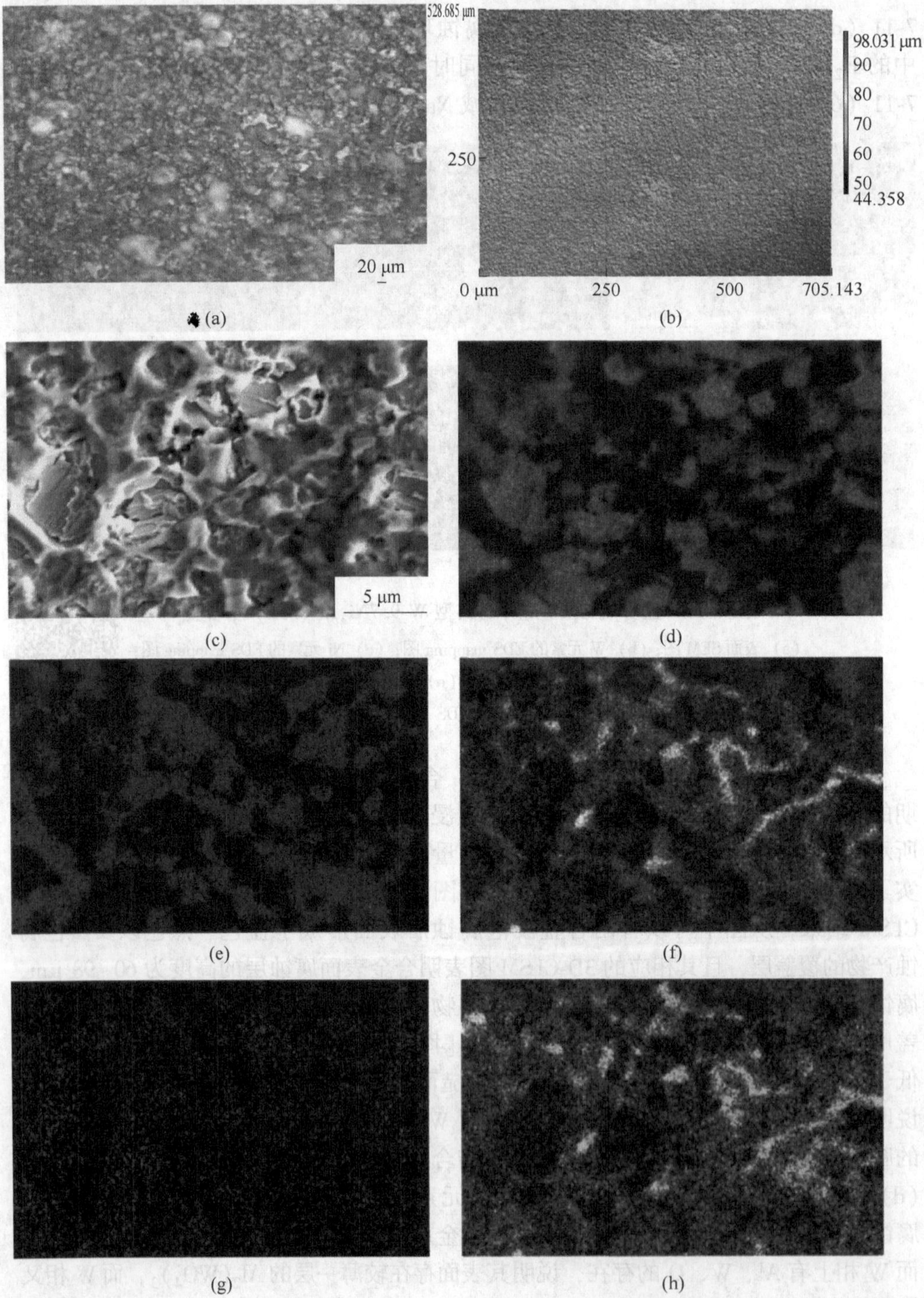
20 μm
528.685 μm
98.031 μm
90
80
70
60
50
44.358
250
0 μm
250
500
705.143
(a)
(b)
5 μm
(c)
(d)
(e)
(f)
(g)
(h)

(i)

扫一扫看
更清楚

图 7-12 典型 W-9.7Ni_3Al-0.3B_2O_3 合金静态浸泡一个月后表面形貌及元素分布
(a) 合金 OM 图; (b) 合金 CLSM 图; (c) 合金 SEM 图; (d) W 元素的 EDS mapping 图; (e) Ni 元素的 EDS mapping 图; (f) Al 元素的 EDS mapping 图; (g) B 元素的 EDS mapping 图; (h) O 元素的 EDS mapping 图; (i) Na 元素的 EDS mapping 图

综上所述，利用片状粉末冶金技术和添加微量 B_2O_3，在低温烧结条件下制备出了力学性能优良的 W-9.7Ni_3Al-0.3B_2O_3 合金。B_2O_3 的加入、机械活化片状 Ni_3Al 和高烧结压力有利于降低烧结过程的活化能。所有烧结合金的物相均为 W、Ni_3Al、B_2O_3 和原位 Al_2O_3 相。此外，原位 Al_2O_3 相的形成阻碍了钨晶粒在液相中的溶解-析出过程，有利于获得双峰分布的钨晶粒。随着烧结温度的升高，Ni_3Al 薄片在合金中的排列方向逐渐垂直于 SPS 系统的加载方向。在 1100~1300 ℃范围内，随着烧结温度的增加，W-9.7Ni_3Al-0.3B_2O_3 合金的钨晶粒尺寸逐渐增大，而合金的抗弯强度和硬度先增大后减小。1200 ℃烧结合金的综合力学性能最好，其抗弯强度为（1450.57±19.68）MPa，硬度为（71.70±0.16）HRA，相对密度为（98.10±0.25)%，平均钨晶粒尺寸为（3.869±0.984）μm。通过该合金的显微组织分析，其良好的力学性能主要源于成分组元分布均匀，相对密度高，垂直于加载方向有大量片状 Ni_3Al，原位 Al_2O_3 对位错的阻碍和积聚，以及不同物相之间无裂纹的半共格界面。从 1200 ℃烧结合金的盐雾腐蚀与 NaCl 溶液浸泡实验可知，该合金的盐雾腐蚀产物与 0.1 B 合金相似，合金盐雾腐蚀过程中 W 相先发生腐蚀，而后黏结相发生腐蚀且形成大的腐蚀凹坑，黏结相凹坑的形成与盐雾腐蚀环境中 OH^-与黏结相中 B_2O_3 的化学溶解以及 Cl^-的侵蚀有关。

8 片状 Ni_3Al 和 MoO_3 辅助低温烧结 W-Ni_3Al 合金

从前两章的研究结果可以看出，通过向钨合金原料中添加低熔点氧化物 B_2O_3，以及利用相关原位放热反应均可以一定程度降低 W-Ni_3Al 合金的烧结温度。同时，通过预先机械球磨制备较大尺寸的片状 Ni_3Al，也可以在烧结合金中保留大量的片层状黏结相。因而，第 7 章在 1200 ℃较低烧结温度制备了具有较小钨晶粒尺寸和较高相对密度及优良力学性能的 W-9.7Ni_3Al-0.3B_2O_3 合金。

在本章选择另一种熔点为 795 ℃的氧化物 MoO_3 为烧结助剂。考虑到 Al 和 MoO_3 之间容易发生原位放热反应（铝热反应），且 Mo 原子可能进入 Ni_3Al 晶格对其进行固溶强化。因而，向原料中添加少量 MoO_3，结合预先机械激活 Ni_3Al 并研磨成片状，是否也可以在较低烧结温度下制备出具有良好力学性能和细钨晶粒尺寸的 W-Ni_3Al 合金？为了验证上述猜想以及考察该合金是否具备海洋环境中应用的可能性，本章在第 7 章的基础上用 MoO_3 替换 B_2O_3，制备了 5 种不同 MoO_3 含量的 W-Ni_3Al-MoO_3 合金，并详细探讨了烧结合金的显微结构、力学性能和盐雾腐蚀行为。

8.1 合金制备及表征

与第 7 章相比，本章仅将原料中的低熔点 B_2O_3 粉用具有稍高熔点的 MoO_3 粉替换，再次考察较低熔点金属氧化物对 W-Ni_3Al 合金的辅助低温烧结作用。

8.1.1 材料制备

原料 W 粉和 Ni_3Al 粉的纯度和粒径与前述相同。原料 MoO_3 粉的纯度大于 99.9%（质量分数），平均粒径为 3 μm。通过粉末冶金法制备了 5 种 W-(10−x)Ni_3Al-$x$$MoO_3$ 新合金（其中 x 是 MoO_3 的质量分数，具体值 x=0，0.5，1，1.5，2）。根据合金成分的不同，将这些合金命名为 0 WNM、0.5 WNM、1 WNM、1.5 WNM和 2 WNM 合金。Ni_3Al 薄片的机械球磨及 W-Ni_3Al-MoO_3 复合粉末的机械混合工艺与第 7 章相同。在烧结之前，将均匀混合的钨合金复合粉末装入内径为 30 mm 的圆柱形石墨模具中，在 SPS 炉中进行合金的快速烧结。具体烧结参数为真空度为 25 Pa、烧结压力为 50 MPa、烧结温度为 1200 ℃、加热速率为 100 ℃/min 和保温时间为 5 min。

8.1.2 材料表征

原料粉体、烧结合金及腐蚀合金的主要表征测试方法与前述章节相同。合金抗盐雾腐蚀能力考察方法与第6章相同。

8.2 原料粉末的形貌及物相

图8-1所示为原料粉末的形貌和物相组成。从图8-1中可看出，原料W、Ni_3Al和MoO_3粉末的形貌分别为小多边形颗粒、大团聚颗粒和短棒状颗粒。经过两步机械球磨处理后，团聚Ni_3Al粉被磨成片状形貌粉［图8-1（c）］。从图8-1（e）可以看出，在混合均匀的W-Ni_3Al-MoO_3复合粉末中，Ni_3Al薄片形貌得到了较好的保留。在图8-1（f）复合粉末的XRD图中，除了W、Ni_3Al和MoO_3相外，还检测到α-Al_2O_3相，证实了复合粉末中Al_2O_3的存在。而在前面研究中预氧化W-Ni_3Al和W-Ni_3Al-B_2O_3粉末中均未检测到Al_2O_3相。因而可以推知，部分MoO_3与Ni_3Al相中的Al发生反应，最终形成Al_2O_3相。同时，与原料Ni_3Al和MoO_3粉的衍射峰强度相比，复合粉末中Ni_3Al和MoO_3相的衍射峰强度降低，这与两种粉末的微量添加、球磨过程中粉末粒度的急剧减小以及粉末剧烈变形有关。

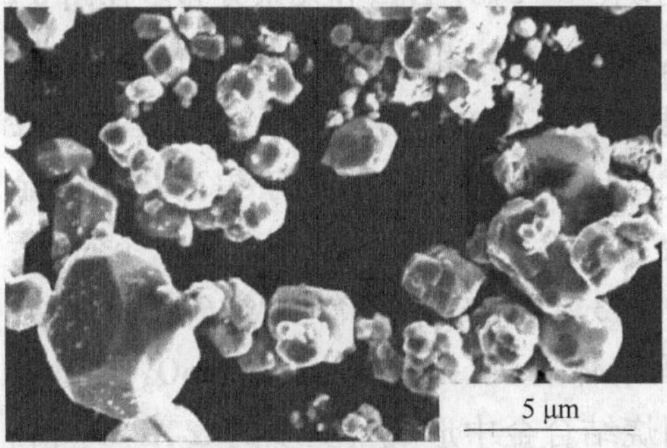

(a)

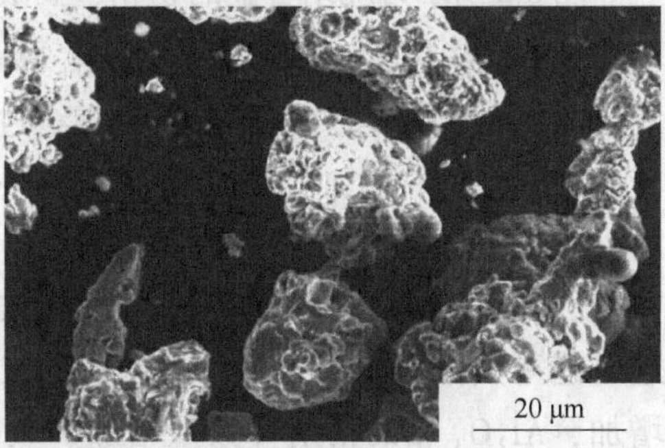

(b)

(c)

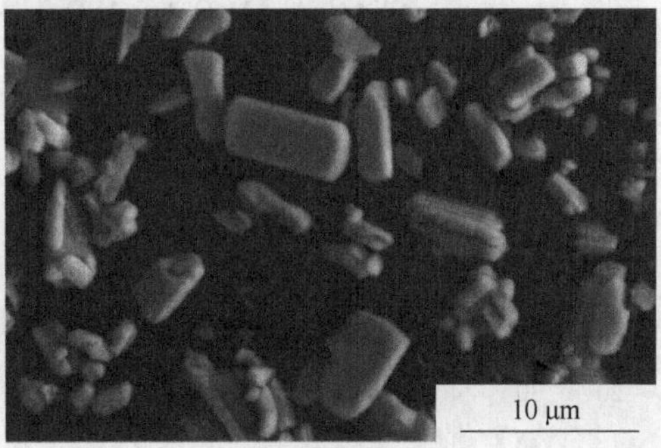

(d)

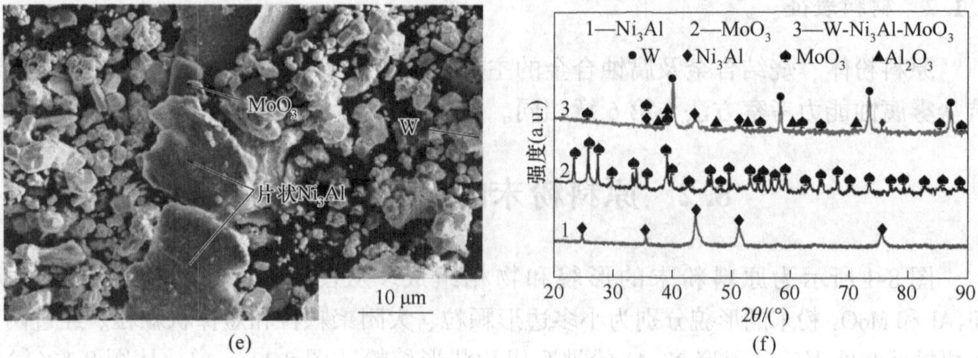

图 8-1　原料粉末的形貌和物相组成

(a) 原料 W 粉；(b) 原料 Ni_3Al 粉；(c) 球磨片状 Ni_3Al 粉；(d) 原料 MoO_3 粉；(e) 混合 W-Ni_3Al-MoO_3 复合粉末；(f) 原料粉和混合 W-Ni_3Al-MoO_3 复合粉末的 XRD 图

8.3　烧结合金的物相、结构及元素分析

图 8-2 所示为烧结合金的物相、显微组织、α-Al_2O_3 含量和元素分布。在图 8-2 (a) 中，烧结合金只包含 W、Ni_3Al、MoO_3 和 α-Al_2O_3 相，这与混合W-Ni_3Al-MoO_3复合粉末的物相组成相同，说明烧结过程中没有形成其他新相。也就是说，在 W-Ni_3Al 合金中添加少量 MoO_3 不会产生其他脆性相，这有利于提高烧结合金的力学性能。随着 MoO_3 含量的增加，烧结合金的 XRD 图也表现出以下特征：首先，在含 MoO_3 合金中，Ni_3Al 相在 $2\theta=43.7°$处的衍射峰向低 2θ 角度移动，这可能与其他原子进入 Ni_3Al 晶格形成固溶体有关。其次，随着 MoO_3 含量的增加，Al_2O_3 相的衍射峰数量增加，表明烧结合金中形成了更多的 α-Al_2O_3 相。

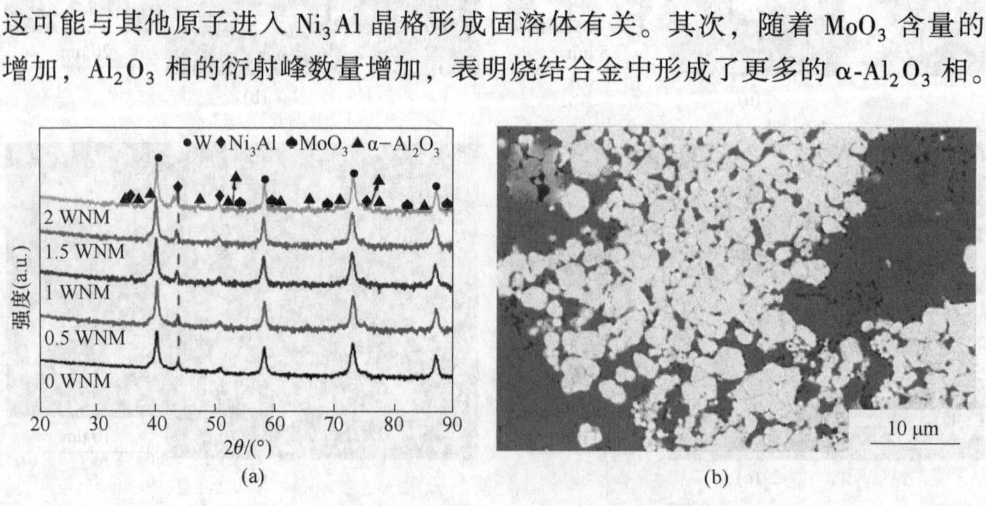

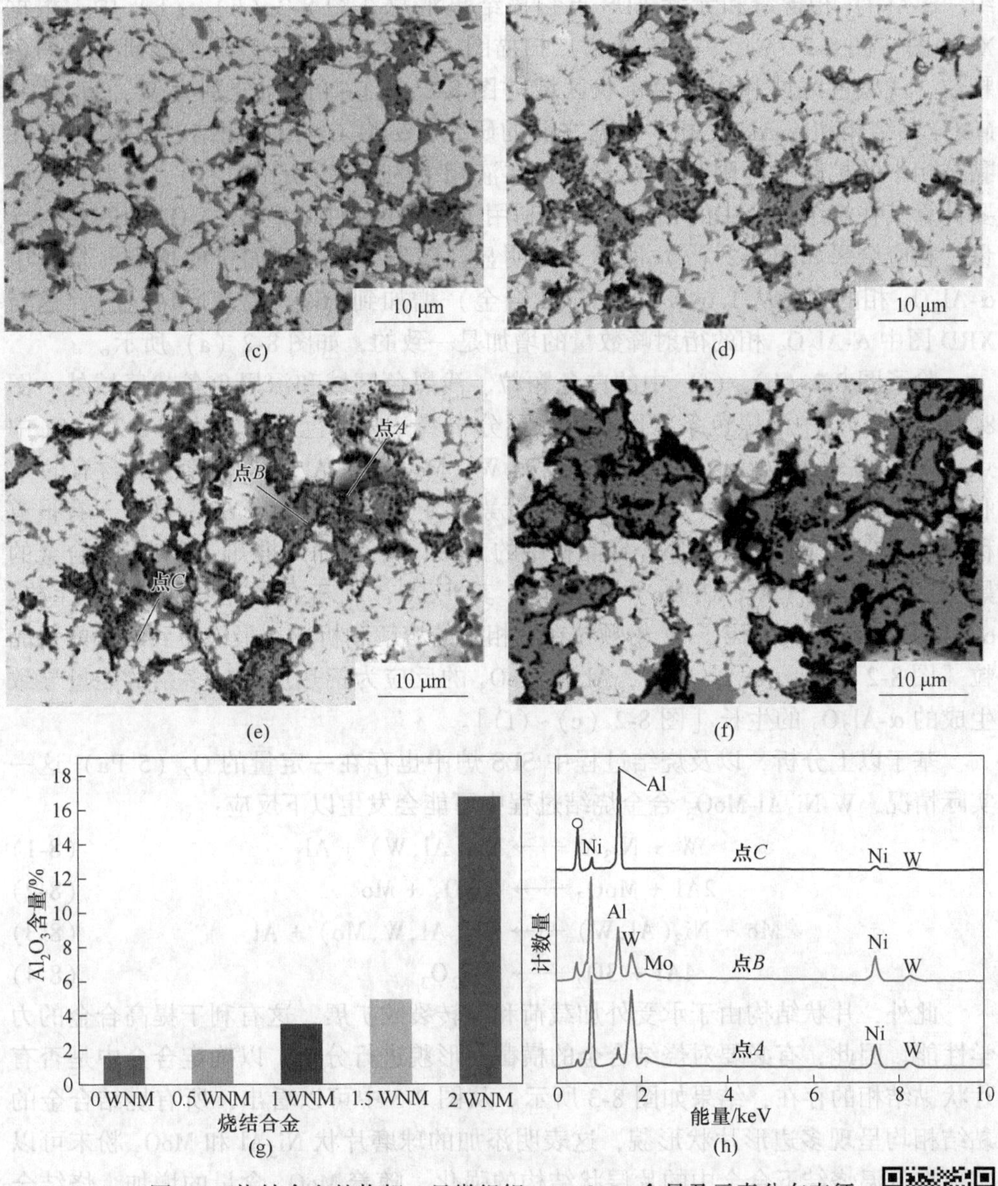

图 8-2 烧结合金的物相、显微组织、α-Al_2O_3 含量及元素分布表征
(a) 烧结合金的 XRD 图；(b) 0 WNM 合金的 BSE 图；(c) 0.5 WNM 合金的 BSE 图；(d) 1 WNM 合金的 BSE 图；(e) 1.5 WNM 合金的 BSE 图；(f) 2 WNM 合金的 BSE 图；(g) 烧结合金中 α-Al_2O_3 相含量；(h) 图 8-2 (e) 的 EDS 能谱点扫描图

扫一扫看更清楚

为了探究烧结合金的显微组织，进一步解释上述现象，将烧结合金的显微组

织、α-Al_2O_3 相含量和元素 EDS 点扫描结果汇总在图 8-2（b）~（h）中。根据 XRD 图［图 8-2（a）］、EDS 能谱点扫描图［图 8-2（h）］以及前述研究，白色颗粒、浅黑色区域和深黑色条状区域［图 8-2（b）~（f）］分别为 W、Ni_3Al 与 MoO_3 黏结相和 α-Al_2O_3 相。根据之前的研究，α-Al_2O_3 相在烧结时阻碍了 W 在黏结相中的扩散（即限制了 W 粉颗粒在液相中的溶解-析出过程），因此，有必要计算其在烧结合金中的相对含量。利用 Image J 软件测定 α-Al_2O_3 相的相对含量，相应结果如图 8-2（g）所示。很明显，随着 MoO_3 添加量的增加，合金中 α-Al_2O_3 相的含量从 1.64%（0 WNM 合金）增加到 16%（2 WNM合金），这与 XRD 图中 α-Al_2O_3 相的衍射峰数量的增加是一致的，如图 8-2（a）所示。

除了图 8-2（b）~（f）中的白色颗粒、浅黑色区域和深黑色条状区域外，图 8-2（c）~（f）中深黑色条状区域边缘还分布着一些黑色区域。从图 8-2（h）中点 *A* 的 EDS 谱可以看出，黑色区域含有 W、Mo、Ni、Al 和 O 元素，其含有的 W 和 Mo 元素高于黏结相（点 *B*），而 Al 元素低于其黏结相（点 *B*）。同时，有报道称 W 和 Mo 原子可以取代 Ni_3Al 晶格中的 Al 原子。因而可推知，含 MoO_3 合金的黑色区域为 $Ni_3(Al,W,Mo)$ 固溶体，其形成有利于提高合金的力学性能。α-Al_2O_3 相的形成阻碍了 W 粉颗粒在液相中的溶解和析出，最终得到细小的钨晶粒［图 8-2（c）~（f）］。此外，Al 和 MoO_3 的反应为铝热反应，多余的能量导致生成的 α-Al_2O_3 的生长［图 8-2（c）~（f）］。

基于以上分析，以及烧结过程中 SPS 炉中也存在一定量的 O_2（5 Pa）这一实际情况，W-Ni_3Al-MoO_3 合金烧结过程中可能会发生以下反应：

$$W + Ni_3Al \longrightarrow Ni_3(Al,W) + Al \tag{8-1}$$

$$2Al + MoO_3 \longrightarrow Al_2O_3 + Mo \tag{8-2}$$

$$Mo + Ni_3(Al,W) \longrightarrow Ni_3(Al,W,Mo) + Al \tag{8-3}$$

$$4Al + 3O_2 \longrightarrow 2Al_2O_3 \tag{8-4}$$

此外，片状结构由于承受外加载荷和偏转裂纹扩展，这有利于提高合金的力学性能。因此，有必要对烧结合金的横截面形貌进行分析，以确定合金中是否有片状黏结相的存在，结果如图 8-3 所示。从图 8-3 中可以看出，所有烧结合金的黏结相均呈现多边形片状形貌，这表明添加的球磨片状 Ni_3Al 和 MoO_3 粉末可以实现在低温烧结下合金中的片层状结构的强化。随着 MoO_3 含量的增加，烧结合金中的 Ni_3Al 薄片的厚度逐渐减小。由于添加的 MoO_3 越多，Al 和 MoO_3 之间发生铝热反应释放的额外热量就越多。因此，随着 MoO_3 含量的增加，片状 Ni_3Al 被额外释放的热量熔化，导致合金中片状黏结相的厚度减小。烧结合金中 Ni_3Al 薄片的排列方向首先平行于 SPS 系统的加载方向，然后逐渐垂直于 SPS 系统的加载方向。这种排列方向的演变过程与其自身重力、外加烧结压力及烧结过程中生成的液相量有关。

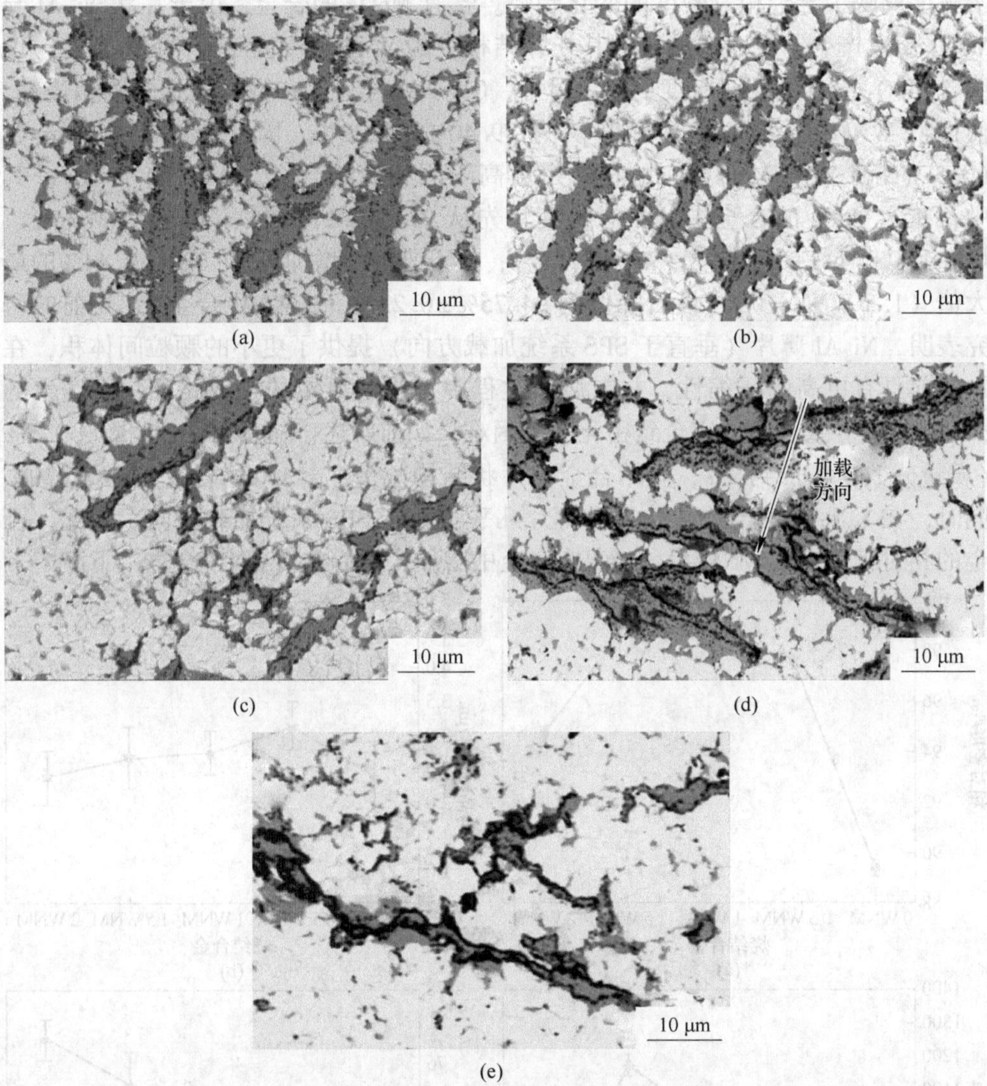

图 8-3 烧结合金横截面显微组织表征

(a) 0 WNM 合金；(b) 0.5 WNM 合金；(c) 1 WNM 合金；(d) 1.5 WNM 合金；(e) 2 WNM 合金

8.4 烧结合金的相对密度、钨晶粒尺寸及力学性能

图 8-4 所示分别为烧结合金的相对密度、钨晶粒尺寸、抗弯强度和硬度。在图 8-4 (a) 中，0.5 WNM~2 WNM 合金的相对密度远高于 0 WNM 合金。烧结合金的致密化过程总是伴随着 W 粉颗粒的溶解-析出过程。因此，黏结相中 W 的

溶解度反映了合金相对密度的变化趋势。含有 MoO_3 的合金，由于片状 Ni_3Al 与 MoO_3 熔化产生了更多的液相，其在黏结相中的 W 溶解度高于 0 WNM 合金，说明含 MoO_3 合金的相对密度更高。另外，0 WNM 合金存在微量液相的固相烧结，使得 0 WNM 合金的相对密度仅为 89.40%±0.22%。因此，液相烧结合金（0.5 WNM~2 WNM 合金）的相对密度高于固相烧结合金（0 WNM 合金）。其中，在含 MoO_3 的合金中，相对密度首先从 97.64%±0.35%（0.5 WNM 合金）增加到 98.76%±0.19%（1 WNM 合金），接下来继续增加到 99.02%±0.44% 的最大值（1.5 WNM）后，最后降低到 94.75%±0.23%（2 WNM 合金）。先前的研究表明，Ni_3Al 薄片（垂直于 SPS 系统加载方向）提供了更小的颗粒间体积，在加热前具有更高的压缩性，并在烧结过程中形成了更短的扩散路径，而产生的 α-Al_2O_3 则导致合金的完全致密化变得困难。如前所述，随着 MoO_3 含量从 0.5%（质量分数）增加到 2%，烧结合金中片状结构减少，α-Al_2O_3 含量又逐渐增加。同时，在 1.5 WNM 合金中，所有薄片几乎垂直于 SPS 系统加载方向。因此，合金的相对密度在 0 WNM~1.5 WNM 合金中增加，而后在 2 WNM 合金中下降。

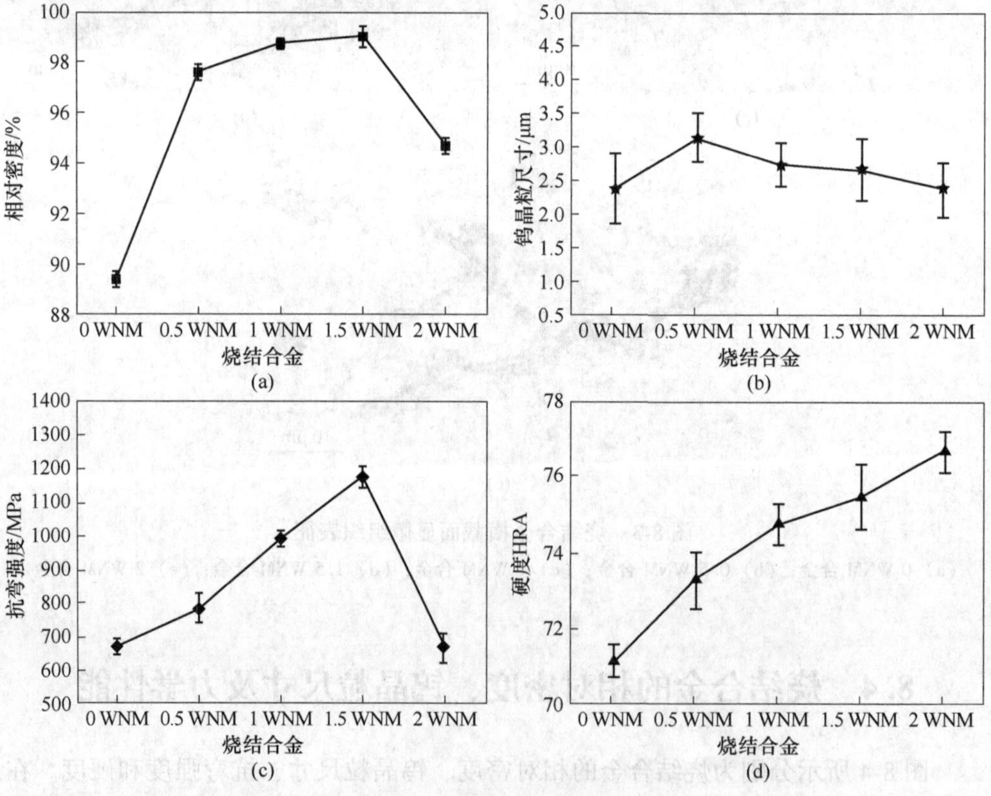

图 8-4　烧结合金的性能

（a）相对密度；（b）钨晶粒尺寸；（c）抗弯强度；（d）硬度

图 8-4（b）所示为 0 WNM~2 WNM 合金的平均钨晶粒尺寸。烧结合金的平均钨晶粒尺寸先增大后减小，其中 0.5 WNM 合金中的平均钨晶粒尺寸最大，但也仅仅稍稍大于 3 μm。钨晶粒的生长与烧结过程中 W 粉颗粒在液相中的溶解—沉淀—析出有关，但 α-Al_2O_3 相阻碍了这一过程，这有利于获得细小的钨晶粒。0 WNM 合金几乎为全固相烧结，α-Al_2O_3 相含量仅为 1.64%，导致其钨晶粒尺寸为（2.39±0.73）μm。在 0.5 WNM 合金中，仅含 2%的 α-Al_2O_3，但生成的较多液相促进了 W 粉颗粒在液相中的溶解和析出，使其钨晶粒尺寸最大。α-Al_2O_3 相在 1 WNM~2 WNM 合金中的含量急剧增加（4%~16%），强化了 α-Al_2O_3 相对 W 粉颗粒溶解和析出的阻碍作用，导致 1 WNM~2 WNM 合金的钨晶粒尺寸减小。此外，所有含 MoO_3 的烧结合金均呈现出细小的钨晶粒（平均钨晶粒尺寸小于 3.5 μm），这也说明 Al+MoO_3 铝热剂反应的热量只是促进了 α-Al_2O_3 相的形成，而没有加速钨晶粒的生长。

图 8-4（c）和（d）所示为烧结合金的抗弯强度和硬度。在图 8-4（c）中，烧结合金的抗弯强度从（673.57±25.4）MPa（0 WNM 合金）增加到（1173.11±31.6）MPa（1.5 WNM 合金），这与合金的相对密度逐渐提高，Ni_3Al 薄片定向排列，Ni_3(Al,W,Mo) 固溶体形成，钨晶粒细化有关。当 MoO_3 含量（质量分数）超过 1.5%时，大部分黏结相薄片熔化，相对密度降低，导致 2 WNM 合金的抗弯强度降低到（670.35±44.3）MPa。随着 MoO_3 含量的增加，烧结合金的硬度从 71.16 HRA（0 WNM 合金）一直增加到 76.7 HRA（2 WNM 合金）[图 8-4（d）]，这是由于烧结合金中高硬度 Al_2O_3 粒子的含量从 1.64%增加到 16%。其中，1.5 WNM 合金具有最好的综合力学性能，其抗弯强度和硬度分别为（1173.11±31.6）MPa 和（75.5±0.83）HRA，这与合金相对密度高、没有形成脆性相、Ni_3(Al,W,Mo) 固溶体生成、薄片垂直于加载方向、α-Al_2O_3 相累积位错、钨晶粒细小等因素有关。

8.5 烧结合金的断口形貌

0 WNM~2 WNM 合金的断口形貌，如图 8-5 所示。总体而言，所有烧结合金中均观察到片状 Ni_3Al 结构的存在。同时，随着 MoO_3 含量的增加，Ni_3Al 薄片呈定向排列，但 Al 和 MoO_3 铝热反应产生的额外热量使这种结构逐渐熔化，导致其厚度逐渐减小。在图 8-3 中也观察到同样的现象。

0 WNM 合金 [图 8-5（a）]，其断口表面上气孔较多，Ni_3Al 片呈随机分布态势。如前所述，该合金为固相烧结，液相生成较少，导致气孔未填充，Ni_3Al 片不呈定向排列。而且，这些孔隙会成为裂纹源，在变形过程中容易引发应力集中，导致 0 WNM 合金的抗弯强度较差。0.5 WNM 和 1 WNM 合金 [图 8-5（b）

和（c）]，大部分孔隙被更多生成的液相填充，裂纹扩展被 Ni_3Al 薄片阻碍和偏转，导致烧结合金的抗弯强度增强。在图 8-5（d）（1.5 WNM 合金）中，Ni_3Al 薄片垂直于SPS 系统外加载荷方向，所有孔隙几乎都被液相完全填充，因此 1.5 WNM 合金具有最佳的综合力学性能。当 MoO_3 含量达到 2%（质量分数）[图 8-5（e）] 时，片状 Ni_3Al 几乎完全熔化，大幅增加的 α-Al_2O_3（16%）阻碍了 2 WNM 合金的致密化，导致其抗弯强度下降。

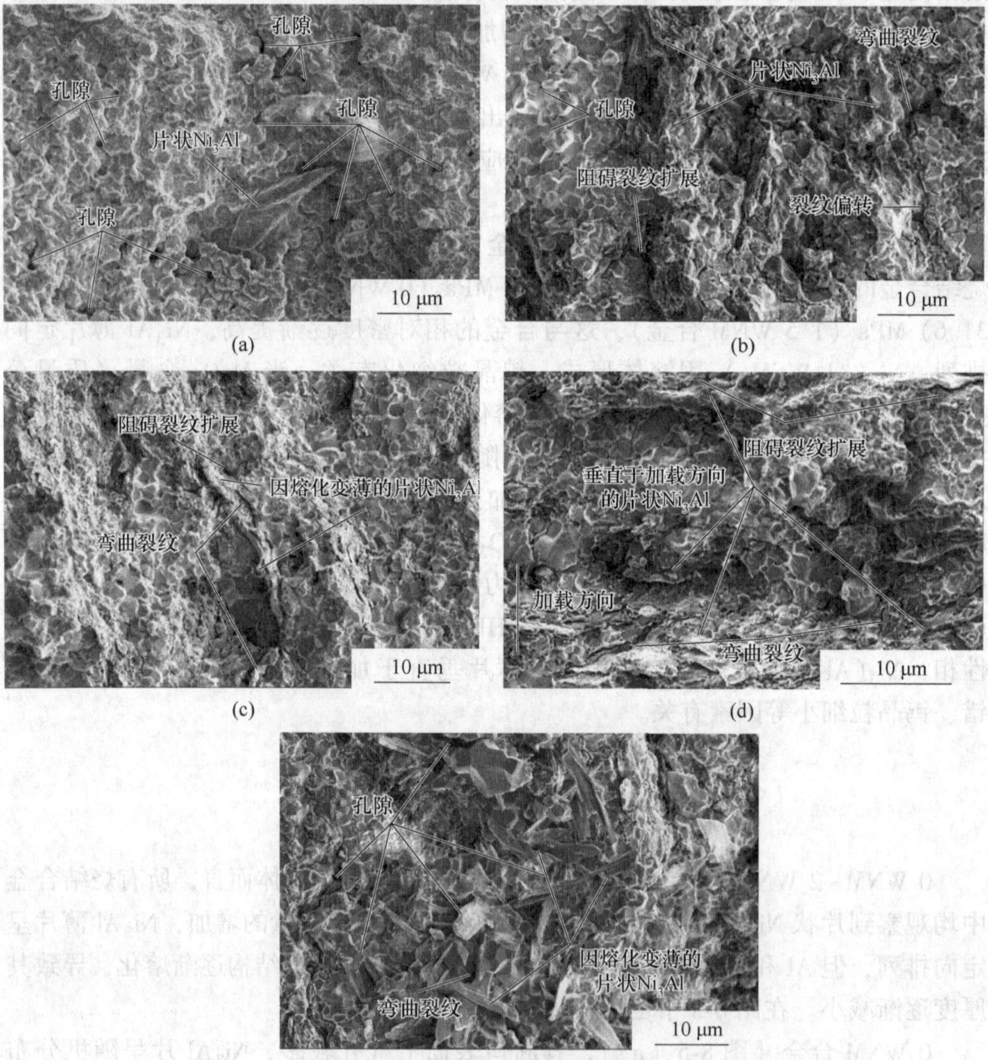

图 8-5　烧结合金的断口形貌

（a）0 WNM 合金；（b）0.5 WNM 合金；（c）1 WNM 合金；（d）1.5 WNM 合金；（e）2 WNM 合金

8.6 烧结合金的盐雾腐蚀

图 8-6 所示为烧结合金（0 WNM 与 1.5 WNM）在不同盐雾腐蚀时间后的 XRD 图。由图 8-6 可知，腐蚀合金中除了 W、Ni_3Al、MoO_3 和 α-Al_2O_3 相的存在，还发现了 γ-Al_2O_3、$AlCl_3$、$Al(OH)_3$、$AlWO_4$、NaCl、NiO、$Al_2(WO_4)_3$、WO_3 相。随着腐蚀时间的延长，这些相的衍射峰强度增加，表明生成的腐蚀产物更多。其中，形成的 γ-Al_2O_3、NiO 和 WO_3 与合金中 Ni_3Al 相、Ni_3(Al,W,Mo) 固溶体及 W 相的腐蚀相对应。形成的 NiO 和 WO_3 相，它们的存在有益于提高合金的耐腐蚀性，而 γ-Al_2O_3 总是容易被 NaCl 溶液腐蚀，并形成 $AlCl_3$ 和 $Al(OH)_3$ 相。不幸的是，MoO_3 会与 OH^- 反应，形成可溶性的 HMO_4^{2-} 和 MoO_4^{2-}。因此，在局部碱性环境中，1.5 WNM 合金黏结相中的 MoO_3 会溶解，XRD 图中 MoO_3 相衍射峰强度的降低以及 Na_2MoO_4 相的出现正好证明了这一点。

图 8-7 所示为 0 WNM 和 1.5 WNM 合金在 6~90 h 盐雾腐蚀后对应的材料表面腐蚀形貌。总体来看，0 WNM 合金中 W 相和黏结相的腐蚀程度小于 1.5 WNM 合金（图 8-7）。也就是说，0 WNM 合金比 1.5 WNM 合金更耐盐雾腐蚀。

具体而言，两种合金在盐雾环境中腐蚀 6 h 后［图 8-7（a）和（b）］，0 WNM合金基本为固相烧结，因而其未被填充的孔隙首先被腐蚀，而 1.5 WNM 合金的表面则没有显著变化。1.5 WNM 合金在 6 h 盐雾腐蚀后表面无明显变化与其高相对密度、生成的 α-Al_2O_3 相的良好耐腐蚀性以及形成的具有大电阻的 Ni_3(Al,W,Mo) 固溶体的抗电化学腐蚀有关。

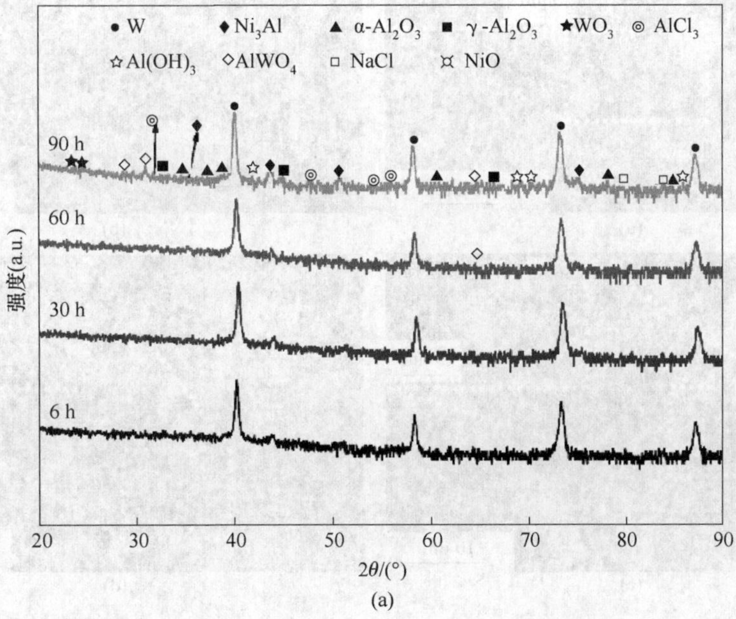

(a)

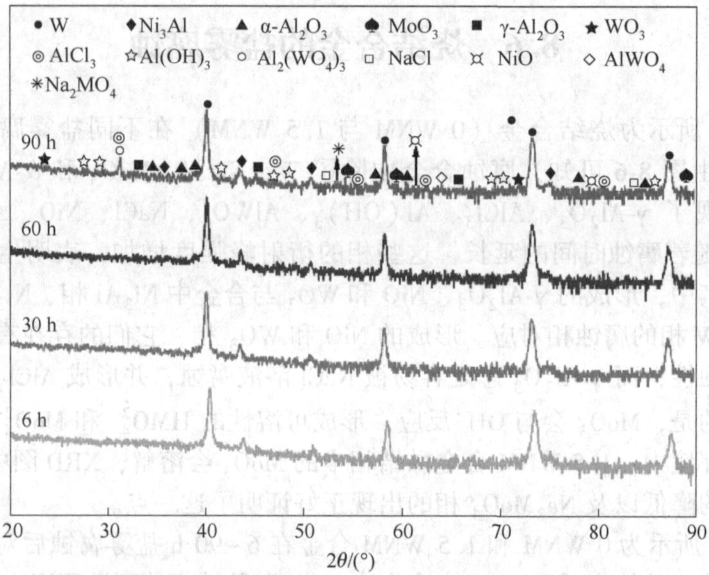

(b)

扫一扫看
更清楚

图 8-6　烧结合金不同盐雾腐蚀时间后的 XRD 图

(a) 0 WNM 合金；(b) 1.5 WNM 合金

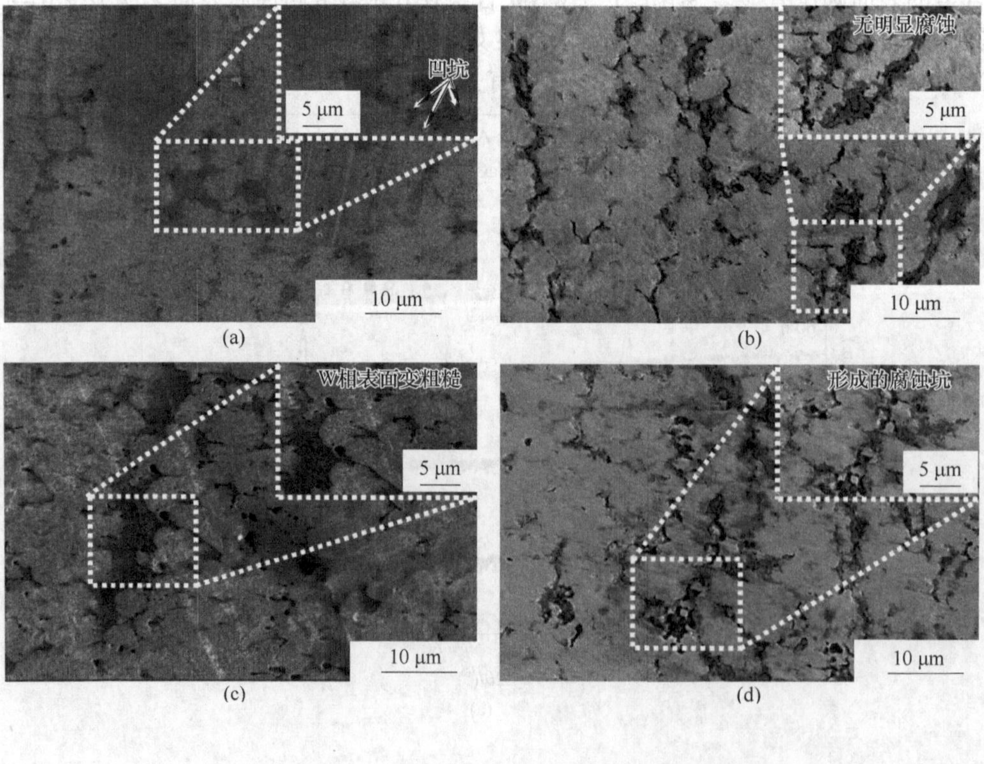

图 8-7 不同盐雾腐蚀时间后 0 WNM 和 1.5 WNM 合金的表面腐蚀形貌
(a) 0 WNM-6 h；(b) 1.5 WNM-6 h；(c) 0 WNM-30 h；(d) 1.5 WNM-30 h；
(e) 0 WNM-60 h；(f) 1.5 WNM-60 h；(g) 0 WNM-90 h；(h) 1.5 WNM-90 h

扫一扫看更清楚

随着盐雾腐蚀时间延长至 30 h［图 8-7（c）和（d）]，0 WNM 合金［图 8-7（d）］孔隙中生成大量腐蚀产物，这延缓了腐蚀溶液的扩散，提高了其耐腐蚀性；0 WNM 合金中的 W 相由于其与含 W 腐蚀产物之间的微电偶腐蚀而变得粗糙。众所周知，γ-Al_2O_3 相的耐腐蚀性低于 α-Al_2O_3 相，导致其在盐雾环境中与 H_2O 和 Cl^- 反应，最终生成 $Al(OH)_3$ 和 $AlCl_3$。该过程也导致烧结合金黏结相区域呈现出局部碱性。同时，MoO_3 将在碱性环境中转化为 $HMoO_4^{2-}$ 和 MoO_4^{2-}。因此，腐蚀 30 h 的 1.5 WNM 合金［图 8-7（d）]，黏结相中的 MoO_3 发生化学溶解，最终形成腐蚀坑。

当两种合金的盐雾腐蚀时间达到 60 h 时［图 8-7（e）和（f）]，Ni_3Al 开始腐蚀，并在 0 WNM 合金中形成 NiO；在 1.5 WNM 合金中，W 相高于黏结相，表明黏结相的腐蚀比 W 相快。此外，在 1.5 WNM 合金中，W 相也被严重腐蚀，并形成块状 γ-Al_2O_3，生成的 γ-Al_2O_3 将重复上述反应并导致 MoO_3 溶解。

图 8-7（g）和（h）中的 90 h 盐雾腐蚀的两种合金的表面都被腐蚀产物覆盖，基于图 8-8 中的元素分布情况和图 8-6 中的 XRD 结果，这些腐蚀产物是复杂的金属氧化物和氯化物［如 $AlWO_4$、$Al_2(WO_4)_3$、$AlCl_3$ 和 Na_2MoO_4］。

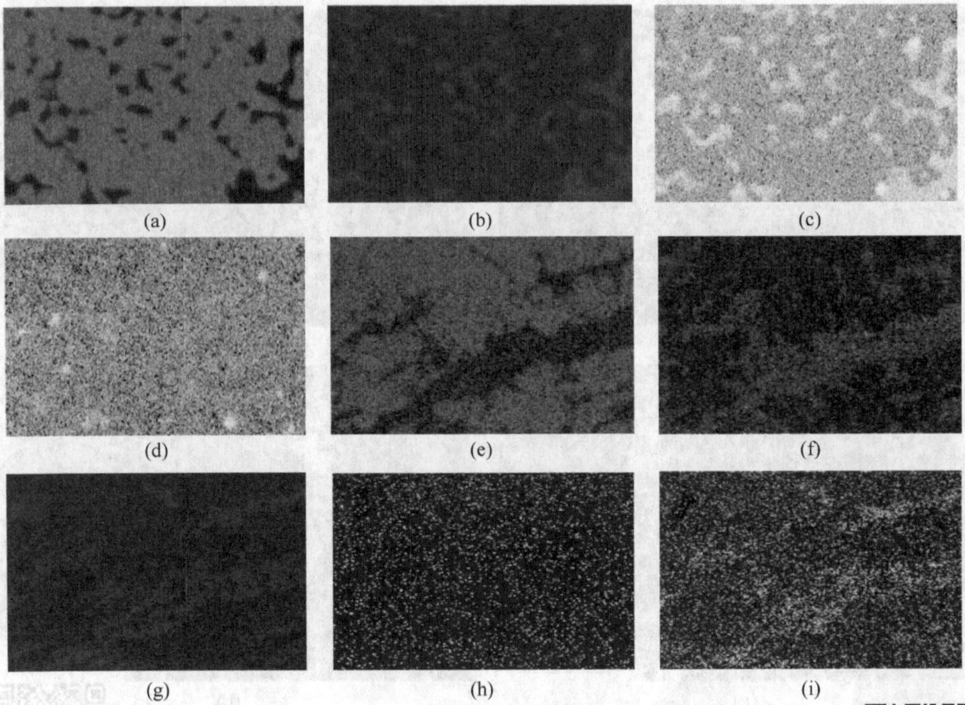

图 8-8　图 8-7（g）区域 1 中 W、Ni、Al 和 O 的 EDS mapping 图（a）~（d）和图 8-7（h）区域 2 中 W、Ni、Al、Mo 和 O 的 EDS mapping 图（e）~（i）

扫一扫看更清楚

为了进一步研究 0 WNM 和 1.5 WNM 合金在 5%浓度 NaCl 溶液环境中的长期耐腐蚀性，并确认两种合金在盐雾腐蚀过程中存在的局部碱性，进行了为期一个月的静态浸没腐蚀试验，相应结果如图 8-9 和图 8-10 所示。

经过一个月的全浸泡腐蚀试验后，0 WNM 和 1.5 WNM 合金在 NaCl 溶液中的 pH 值分别为 7.8 和 8.6，这表明在合金腐蚀过程中，1.5 WNM 中形成的 $Al(OH)_3$ 较多，即 γ-Al_2O_3 较多，这与上述盐雾腐蚀结果相符合。对图 8-9（a）和（b）与图 8-10（a）和（b）两种合金浸泡腐蚀后表面的 CLSM 结果进行比较，发现 1.5 WNM 合金的腐蚀产物高度为 39.527~115.855 μm，而 0 WNM 合金腐蚀产物高度为 43.242~78.286 μm，这表明在浸泡腐蚀过程中 1.5 WNM 合金表面形成的腐蚀产物更多。

在图 8-9（c）中，0 WNM 合金的腐蚀表面形貌以裂缝和凹坑为主。裂缝的形成源于其自身的孔隙及 W 相与黏结相之间的晶间腐蚀，而凹坑可能是由 Al_2O_3 的化学溶解所引起。此外，根据 0 WNM 合金相应的元素分布［图 8-9（d）~（h）］和 XRD 结果［图 8-6（a）］，0 WNM 合金的腐蚀产物包括少量 Al_2O_3 相和其他金属氧化物或氯化物，如 $AlWO_4$、$Al(OH)_3$、NiO、$Al_2(WO_4)_3$、WO_3 和 $AlCl_3$。然而，对于 1.5 WNM 合金，其腐蚀表面被松散的多孔腐蚀产物覆盖［图 8-10 (c)］。这种松散的多孔腐蚀层很容易被 Cl^- 侵入，因此不能够有效阻碍溶液对合金的腐蚀。同时，相应的元素分布［图 8-10 (d)~(i)］和 XRD 结果［图 8-6 (b)］表明，生成的 Al_2O_3、$AlWO_4$、$Al(OH)_3$、NiO、$Al_2(WO_4)_3$、WO_3、$AlCl_3$ 和 Na_2MoO_4 也更多。总之，从上述两种合金的浸泡腐蚀结果来看，0 WNM 合金的耐腐蚀性能优于 1.5 WNM 合金。

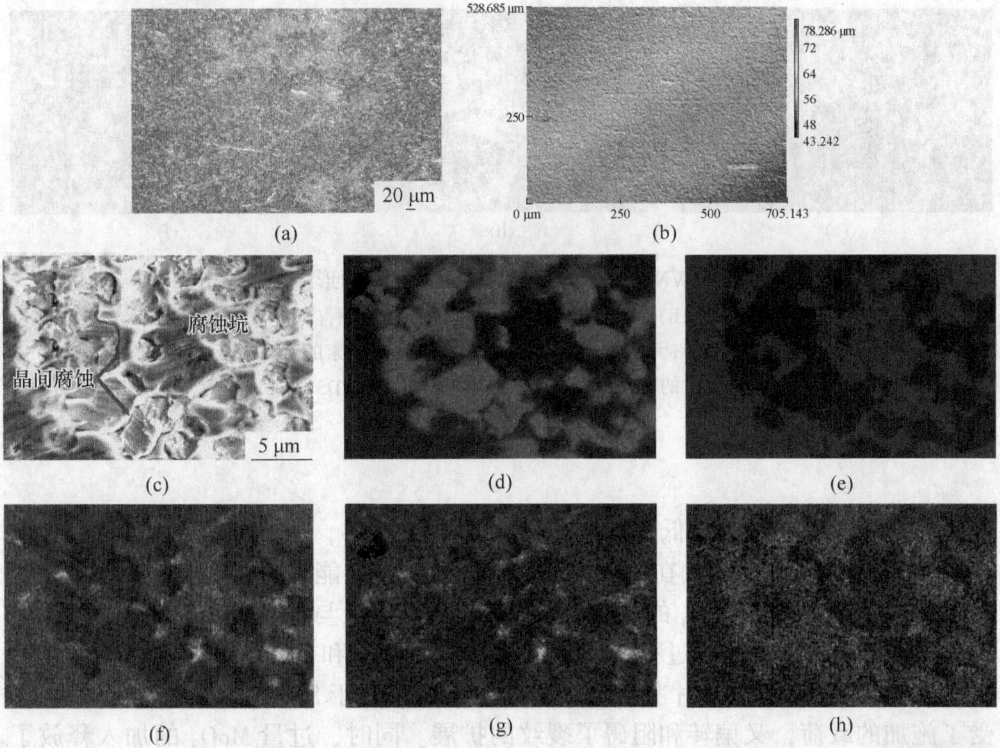

图 8-9 0 WNM 合金静态浸泡一个月后表面形貌及元素分布

(a) 合金 OM 图；(b) 合金 CLSM 图；(c) 合金 SEM 图；(d) W 元素的 EDS mapping 图；(e) Ni 元素的 EDS mapping 图；(f) Al 元素的 EDS mapping 图；(g) O 元素的 EDS mapping 图；(h) Na 元素的 EDS mapping 图

扫一扫看
更清楚

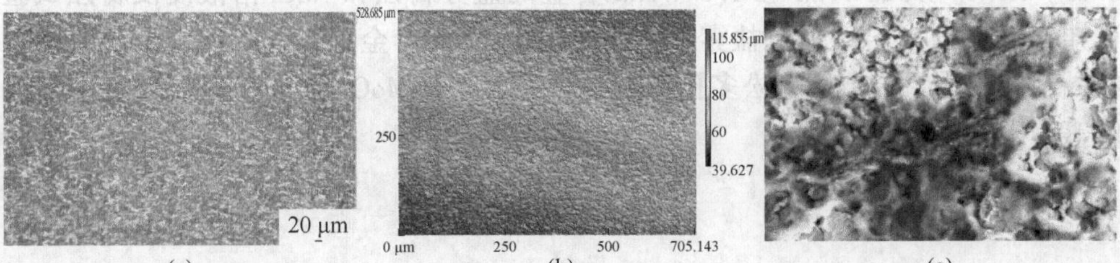

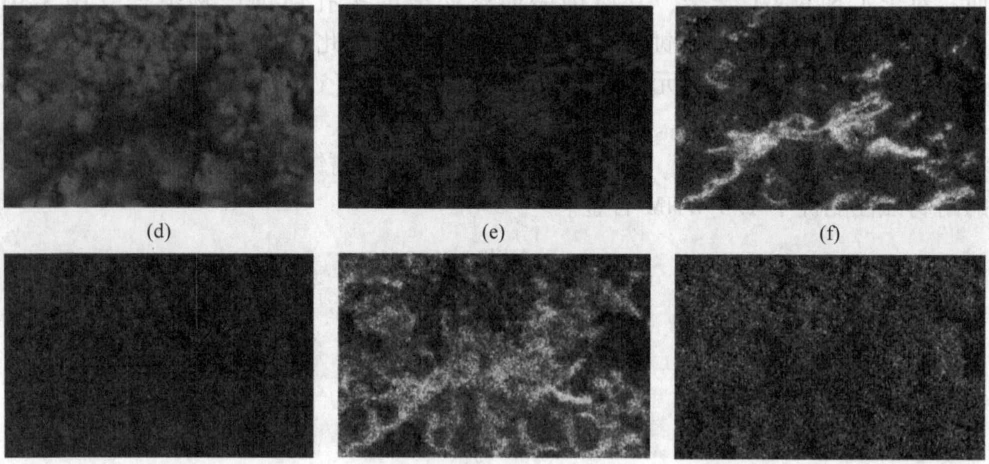

(d)　(e)　(f)　(g)　(h)　(i)

图 8-10　1.5 WNM 合金静态浸泡一个月后表面形貌及元素分布
(a) 合金 OM 图；(b) 合金 CLSM 图；(c) 合金 SEM 图；(d) W 元素的 EDS mapping 图；(e) Ni 元素的 EDS mapping 图；(f) Al 元素的 EDS mapping 图；(g) Mo 元素的 EDS mapping 图；(h) O 元素的 EDS mapping 图；(i) Na 元素的 EDS mapping 图

扫一扫看
更清楚

综上所述，通过添加低熔点氧化物 MoO_3（0~2%，质量分数）和片状 Ni_3Al（8%~10%，质量分数），在 1200 ℃烧结得到力学性能良好的 W-Ni_3Al-MoO_3 合金。在烧结过程中，MoO_3 的熔化提供了液相，MoO_3 与 Al 反应产生的额外热量熔化了 Ni_3Al 薄片。在此过程中还生成了 α-Al_2O_3 相和 Ni_3(Al,W,Mo) 固溶体。随着 MoO_3 含量的增加，片状 Ni_3Al 的排列逐渐垂直于 SPS 系统加载方向，既承受了施加的载荷，又偏转和阻碍了裂纹的扩展。同时，过量 MoO_3 的加入释放了更多的热量，形成了更多的 α-Al_2O_3 相，导致大部分片状 Ni_3Al 熔化。因此，随着 MoO_3 含量的增加，烧结合金的钨晶粒尺寸、相对密度和抗弯强度先增大后减小，而硬度则一直增大。综合力学性能最佳的合金为 W-8.5Ni_3Al-1.5MoO_3（1.5 WNM）合金，其抗弯强度和硬度分别为（1173.11±31.6）MPa 和（75.5±0.83）HRA。从 0 WNM 和 1.5 WNM 合金的盐雾腐蚀和 NaCl 溶液浸没腐蚀试验可知，1.5 WNM 合金的抗盐雾腐蚀性能比 0 WNM 合金差，这可能主要与钨晶粒在黏结相中均匀分布、疏松多孔腐蚀层的产生以及 MoO_3 在局部碱性环境中的溶解等因素相关。

9 ZrO_2相变强化和氧化物固溶强化 W-Ni_3Al 合金

Ni_3Al 金属间化合物具有优异的高温强度和耐腐蚀性，是一种很有前途的钨合金黏结相。然而，W-Ni_3Al 合金一般是在 1400 ℃高温下烧结而成，合金中钨晶粒较大，最终导致其力学性能较差。第 6 章的研究表明，向合金中添加少量 B 元素和利用机械球磨制备的活化片状 Ni_3Al 粉末可以一定程度降低合金烧结温度，减小钨晶粒尺寸，进而提高 W-Ni_3Al 合金的力学性能。然而，这种方法制备的钨合金也存在一些缺陷，如合金中形成了一些硬脆相（Al_xB_y 或 W_xB_y），合金的相对密度也有待进一步提高。因而，调整球磨工艺参数细化 Ni_3Al 粉末，同时利用其他不会导致合金中产生脆性相的元素替换 B 元素，进而改善 W-Ni_3Al 合金综合力学性能的研究就显得很有必要。

添加 Zr 元素有利于提高 Ni_3Al 金属间化合物的硬度、强度和韧性等力学性能。同时，W 和 Zr 原子可以取代 Ni_3Al 晶格中的部分 Al 原子，有利于形成 Ni_3(Al,W,Zr) 固溶体。另外，在前述 W-Ni_3Al 合金的烧结过程中，已经发现 Ni_3Al 黏结相中的部分 Al 元素会转变为 Al_2O_3 相，这种氧化相可以阻碍和积累位错，最终提高合金的力学性能。同样，添加的 Zr 元素也可能在烧结过程中部分转化为 ZrO_2。众所周知，ZrO_2 陶瓷包括单斜 ZrO_2(m-ZrO_2)、四方 ZrO_2(t-ZrO_2) 和立方 ZrO_2(c-ZrO_2) 三种晶型，具有熔点高、硬度高、温度稳定性高等优点，可以作为强化相对硬质金属进行强化。那么，在 W-Ni_3Al 合金中加入 Zr 元素是否也能产生强化相并带来额外强化效果呢？为了验证上述猜想的可行性，本章在 W-Ni_3Al 合金制备过程中同时加入 Zr 和更细片状 Ni_3Al 粉末，主要对合金微观组织与力学性能之间的关系进行了深入研究，并考察了具有最佳力学性能合金的耐盐雾腐蚀行为。

9.1 合金制备及表征

考虑到 SPS 技术制备钨合金过程中，炉内为非高真空状态，存在有少量的氧，因而本章向原料中添加一定数量 Zr 粉而不是直接添加 ZrO_2，以达到在 W-Ni_3Al 合金中引入 Zr 元素的目的。

9.1.1　材料制备

原料 W 粉和 Ni_3Al 粉的纯度和粒径与前述相同。原料 Zr 粉的纯度大于 99.9%（质量分数），平均粒径为 30 μm。采用粉末冶金法制备 W、Ni_3Al 和 Zr 质量比为 90：9.1：0.9 的新型 W-Ni_3Al-Zr 合金。采用两步球磨法得到 Ni_3Al 细片状粉末（200 r/min-5 h，400 r/min-2 h），其中球料比为 10：1，球磨介质为乙醇，保护气氛为氩气。接下来，将细 Ni_3Al 薄片与 W、Zr 粉末混合 24 h，最终得到均匀混合的 W-9.1Ni_3Al-0.9Zr 复合粉末。最后，将钨合金复合粉末装入内径为 30 mm 的圆柱形石墨模具中，在 SPS 炉中进行合金的快速烧结。具体烧结参数如下：真空度 25 Pa、烧结压力 50 MPa、烧结温度 1100~1300 ℃、升温速率 100 ℃/min 和保温时间 5 min。

9.1.2　材料表征

原料粉末、烧结合金及腐蚀合金的主要表征测试方法与前述章节相同。合金抗盐雾腐蚀能力考察方法与第 6 章相同。

9.2　原料粉末的形貌与物相组成

图 9-1 所示为原料粉末球磨前后的 SEM 图与 XRD 结果。由图 9-1（a）~（d）可知，原料 W 粉、Ni_3Al 粉以及 Zr 粉分别为细小的多边形颗粒，团聚的大颗粒以及分散的较大的不规则颗粒。经过二步球磨后，Ni_3Al 粉由较大的团聚颗粒状转变为细小的、厚薄比较均匀的片状粉末。球磨片状 Ni_3Al 粉末径向尺寸不大（2 μm 左右）且层片厚度较薄（小于 0.5 μm），因此其具有较大的烧结活性，这有利于其在后续烧结过程中的完全熔化。通过 24 h 混料后，W-9.1Ni_3Al-0.9Zr 复合粉末被均匀混合［图 9-1（e）］。

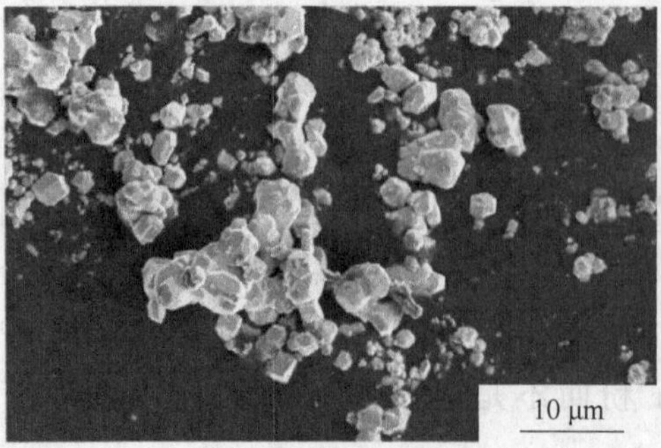

(a)

(b)

图 9-1 球磨前后原料粉末表征

（a）原料 W 粉；（b）原料 Ni_3Al 粉；（c）球磨片状 Ni_3Al 粉；（d）原料 Zr 粉；（e）混合 W-9.1Ni_3Al-0.9Zr 复合粉末；（f）球磨前后粉末 XRD 图

扫一扫看更清楚

此外，从图 9-1（f）中原料粉末的 XRD 图中可以看出，相较于 Ni_3Al 以及 Zr 原始粉末的衍射峰，W-9.1Ni_3Al-0.9Zr 复合粉末中 Ni_3Al 以及 Zr 相应的衍射峰强度明显降低且位置发生了轻微的偏移，这一方面与两种原料的较少添加量有关，另一方面也与球磨以及混料过程中两种原料粉末被进一步破碎且粉末粒子发生变形有关。

9.3 烧结合金的物相组成、显微结构及元素分布

图 9-2 所示为不同温度烧结 W-9.1Ni_3Al-0.9Zr 合金的物相组成、显微结构以及元素分布结果。由图 9-2（a）烧结合金的 XRD 图可知，相比于复合粉末的 XRD 图，烧结合金中除了 W 相与 Ni_3Al 相之外，还发现了两种新的相（Al_2O_3 和 t-ZrO_2）。其中 t-ZrO_2 为高温相，一般不应在室温下出现，因为在冷却过程中它会转变为 m-ZrO_2 相。然而，在室温下发现了 t-ZrO_2 相，说明高温 t-ZrO_2 相得到

了稳定，这与 SPS 的快速冷却速率和 Al_2O_3 相的存在有关。在受到外加载荷变形过程中 $t\text{-}ZrO_2$ 相将会转变为 $m\text{-}ZrO_2$ 相（t→m 相变），该过程会发生体积膨胀而消耗外加应力，而且相变的晶粒由于体积膨胀会对裂纹产生压应力来阻碍裂纹扩展，从而有利于提高合金的力学性能。同时，这两种原位生成的 Al_2O_3 和 $t\text{-}ZrO_2$ 相可以起到弥散强化的作用，也有利于提高烧结合金的力学性能。除上述之外，图 9-2（a）中 Ni_3Al 相在 $2\theta=43°$ 左右的衍射峰发生了偏移，这可能与烧结过程其他原子进入 Ni_3Al 晶格中形成固溶体有关。

图 9-2（b）~（h）所示为不同温度烧结 W-9.1Ni_3Al-0.9Zr 合金的显微组织及元素分布结果。合金中白色粒子为 W 相、深黑色粒子为 $\alpha\text{-}Al_2O_3$ 相、浅黑色区

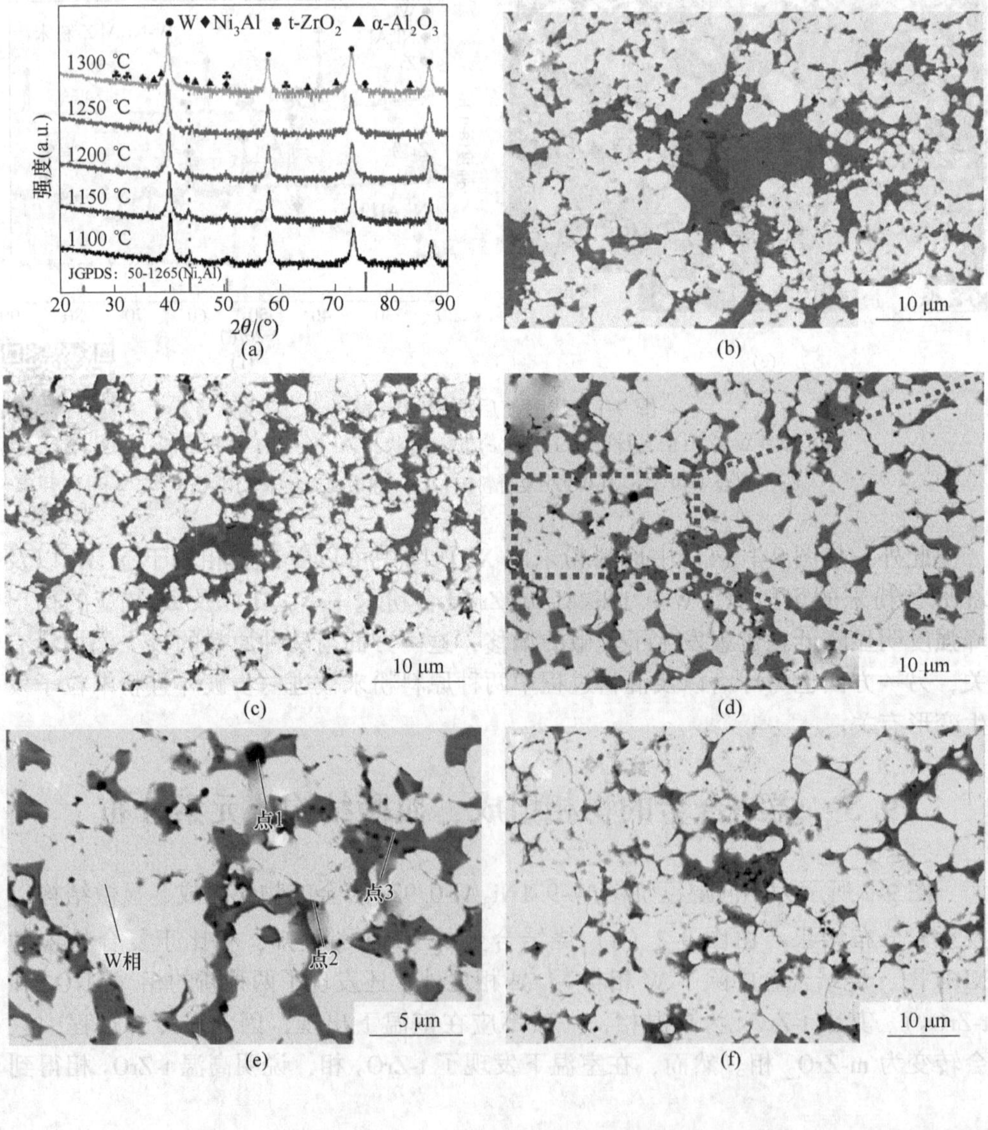

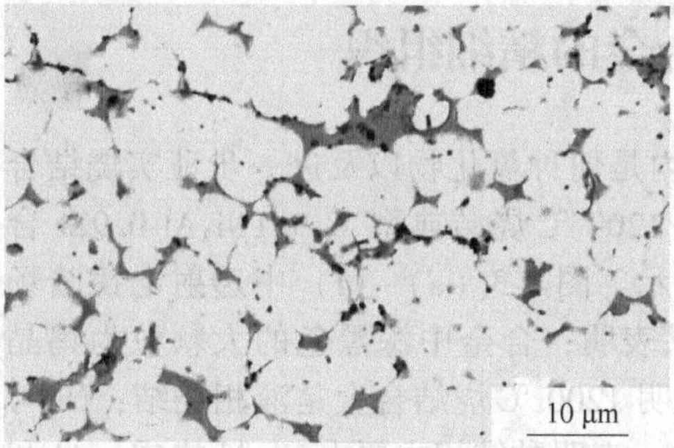

(g)

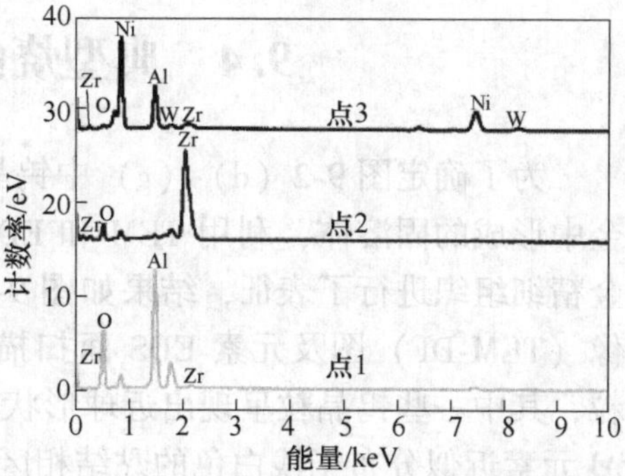

(h)

图 9-2 不同温度烧结 W-9.1Ni_3Al-0.9Zr 合金的表征

(a) 合金的 XRD 图；(b) 1100 ℃合金的 SEM 图；(c) 1150 ℃合金的 SEM 图；(d) 1200 ℃合金的 SEM 图；(e) 图 9-2 (d) 放大区域；(f) 1250 ℃合金的 SEM 图；(g) 1300 ℃合金的 SEM 图；(h) 基于图 9-2 (e) 中不同点的 EDS 能谱

扫一扫看更清楚

域为黏结相区域。由图 9-2 (b)~(g) 可知，随着烧结温度升高，钨晶粒在黏结相中的分布也逐渐均匀，这一方面与球磨预处理导致片状 Ni_3Al 的熔点大大降低有关；另一方面，在更高烧结温度下，更多片状 Ni_3Al 将被熔化产生大量液相，因而在更多液相生成以及外加 SPS 系统压力作用下钨晶粒分布得更均匀。在此过程中，更多的液相也促进了钨晶粒的溶解—沉淀—析出过程，因而随着烧结温度升高，钨晶粒不断长大且其形貌呈现为球形或近球形。同时，Zr 的熔点为1855 ℃，因此随着烧结温度升高产生的大量液相也促进了 Zr 在液相中的溶解—沉淀—析出。

除此之外，对于 1200~1300 ℃烧结 W-9.1Ni_3Al-0.9Zr 合金的显微结构来说，其 W 相的内部还存在着部分浅黑色的纳米粒子，这可能是烧结过程中 W 相内部形成的 α-Al_2O_3 相或者 t-ZrO_2 相。W 相内部形成的 t-ZrO_2 被其所包裹而受到一个约束力，这促进了 t-ZrO_2 冷却过程中的稳定性。烧结合金的显微组织除了上述白色粒子、深黑色粒子外，黏结相区域又呈现出黑色以及浅黑色区域，根据图 9-2 (h) 中不同点的 EDS 能谱结果，点 1（深黑色粒子）中主要元素为 Al 与 O，同时也存在微量 Zr 元素，这表明部分 α-Al_2O_3 相中可能存在着 t-ZrO_2 相，t-ZrO_2 相的存在有利于提高 α-Al_2O_3 的韧性，因此这对于提升烧结合金的力学性能是有益的；点 2（黑色区域）中主要元素为 Zr 和 O，表明合金中黑色区域为 t-ZrO_2 相，同时该相在室温的稳定存在是由于其在黏结相中分散分布且受到黏结相的约束；点 3（浅黑色区域）中主要元素为 Ni 与 Al 且存在少量的 Zr 与 W，这表明浅黑色黏结相区域为 Ni_3(Al,Zr,W) 固溶体相，该固溶体的形成与合金烧结过程中液相中的 Zr 以及 W 原子扩散进入 Ni_3Al 晶体同时取代 Al 原子有关。此外，该固溶体的形成也与合金 XRD 图［图 9-2 (a)］中 Ni_3Al 衍射峰的偏移相对应。

9.4　典型烧结合金的精细组织

为了确定图 9-2（d）~（g）中钨晶粒内是何种氧化物以及进一步证实烧结合金中形成的固溶体，利用 TEM 和 EDS 对 1200 ℃烧结典型 W-9.1Ni_3Al-0.9Zr 合金精细组织进行了表征，结果如图 9-3 所示。图 9-3（a）~（f）中透射电镜暗场像（TEM-DF）图及元素 EDS 面扫描结果表明，合金中深黑色的大颗粒为钨晶粒，其中一些钨晶粒呈现出近球形状，说明 1200 ℃烧结合金是液相烧结；Ni 与 Al 元素近似分布于浅白色的黏结相区域中，表明黏结相主要由 Ni_3Al 构成；Al 和 O 元素或 Zr 和 O 元素的分布相互重叠，表明在烧结过程中形成了 Al_2O_3 和 t-ZrO_2 相。很明显，一些纳米 Al_2O_3 或 t-ZrO_2 粒子分布在钨晶粒内部，这种晶内氧化物的弥散强化对于合金力学性能提升大有裨益。其中，部分纳米 t-ZrO_2 和 Al_2O_3 粒子被钨晶粒完全包裹。然而，部分纳米 Al_2O_3 粒子一半在钨晶粒内，另一半在黏结相中，就像“铆钉”一样将黏结相与 W 相连接起来，在钨晶粒与黏结相之间形成了互锁的“榫卯”结构。这种互锁组织可以阻止晶界在变形过程中的滑动，增加晶界的内聚力，从而提高合金的力学性能。

图 9-3（g）中的能谱结果，区域 1 除了有 Ni 与 Al 元素外，还存在着 W 与 Zr 元素，这证实了烧结合金中的黏结相实际为 $Ni_3(Al,Zr,W)$ 固溶体相。基于图 9-3（h）和（i）中氧化物粒子与位错的相互作用可知，钨晶粒内氧化物粒子［图 9-3（h）］能够让合金在变形过程中生成更为稳定的高密度位错缠结和位错壁，而黏结相内部的氧化物粒子［图 9-3（i）］则是形成较低密度的位错塞积，因此晶内氧化物弥散强化的效果要优于晶粒外部的氧化物弥散强化。总体说来，晶粒内部的氧化物加晶粒外部的氧化物可以使得合金产生叠加的弥散强化效果，因而有利于改善合金的力学性能。

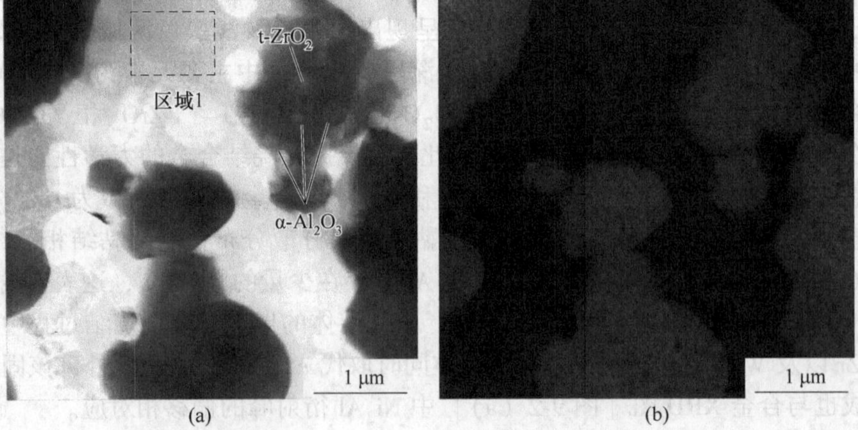

(a)　　(b)

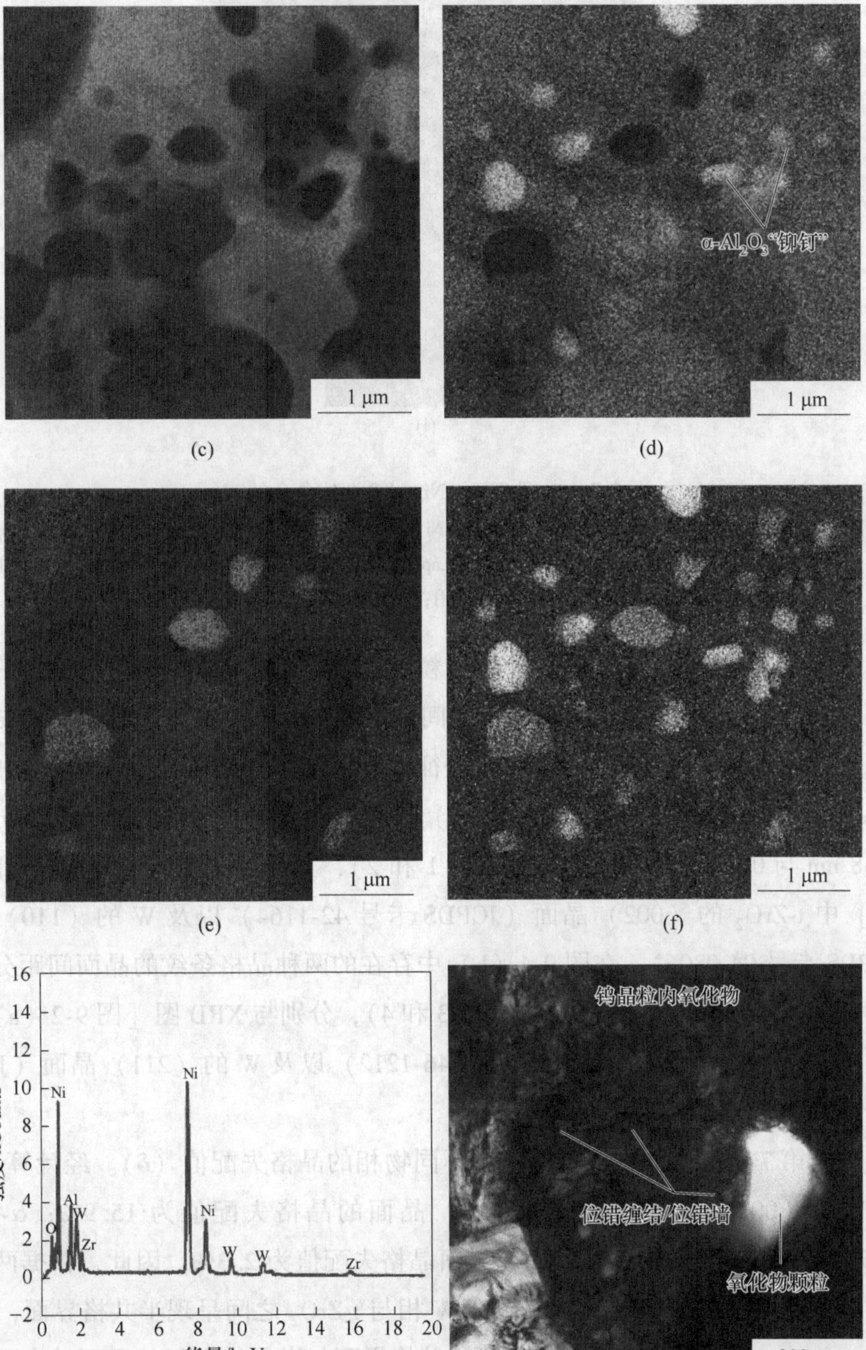
1 μm
(c)
α-Al2O3"铆钉"
1 μm
(d)
1 μm
(e)
1 μm
(f)
强度/kCounts
能量/keV
Ni
Al
W
O
Zr
Ni
Ni
W
W
Zr
(g)
钨晶粒内氧化物
位错缠结/位错墙
氧化物颗粒
200 nm
(h)

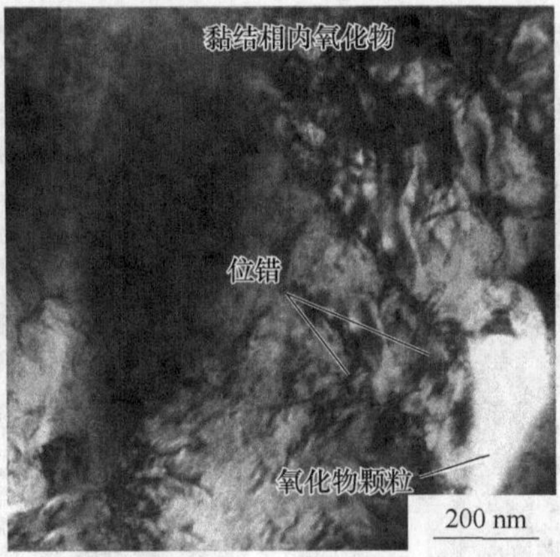

(i)

图 9-3　典型 W-9.1Ni3Al-0.9Zr 合金的表征

(a) TEM-DF 图；(b) W 元素的 EDS mapping 图；(c) Ni 元素的 EDS mapping 图；(d) Al 元素的 EDS mapping 图；(e) Zr 元素的 EDS mapping 图；(f) O 元素的 EDS mapping 图；(g) 基于图 9-3 (a) 中区域 1 的 EDS 能谱图；(h) 钨晶粒内氧化物粒子与位错的相互作用；(i) 黏结相中氧化物粒子与位错的相互作用

为了进一步说明烧结合金钨晶粒内部 W 相与氧化物粒子（t-ZrO_2 和 α-Al_2O_3）的界面特性，即不同物相之间的晶格失配（δ），对 1200 ℃烧结典型 W-9.1Ni_3Al-0.9Zr 合金进行 HRTEM 表征，相应结果如图 9-4 所示。利用 Digital Micrograph 软件测量和校准，图 9-4（a）中存在两种晶格条纹的晶面间距分别为 0.258 nm 与 0.220 nm（图 9-4 中区域 1 和 2），其分别对应于 XRD 图［图 9-2（a）］中 t-ZrO_2 的（002）晶面（JCPDS 卡号 42-1164）以及 W 的（110）晶面（JCPDS 卡号 04-0806）。在图 9-4（b）中存在的两种晶格条纹的晶面间距分别为 0.134 nm 与 0.131 nm（图 9-4 中区域 3 和 4），分别与 XRD 图［图 9-2（a）］中 α-Al_2O_3 的（125）晶面（JCPDS 卡号 46-1212）以及 W 的（211）晶面（JCPDS 卡号 04-0806）对应。

根据第 7 章提供的方法可以计算不同物相的晶格失配值（δ）。经计算得知，t-ZrO_2 的（002）晶面和 W 的（110）晶面的晶格失配值为 15.9%；α-Al_2O_3（125）晶面与 W 的（211）晶面的界面晶格失配值为 2.3%。因此，根据两相界面共格或非共格的分类，钨晶粒内部 W 相与 t-ZrO_2 之间呈现半共格界面，而 W 相与 α-Al_2O_3 之间的界面为共格界面。共格界面与半共格界面的界面结合强度均好于非共格界面，这有益于改善合金的力学性能。

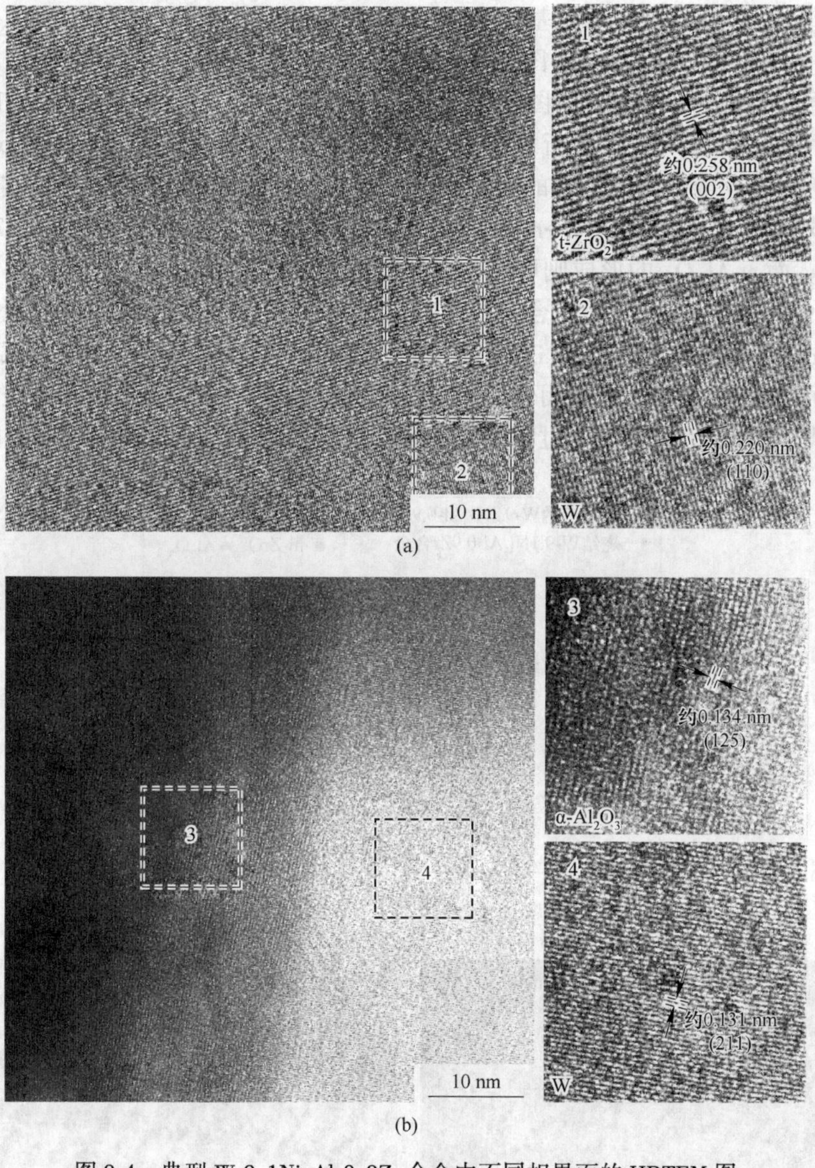

图 9-4　典型 W-9.1Ni_3Al-0.9Zr 合金中不同相界面的 HRTEM 图

(a) W 与 t-ZrO_2 相界面；(b) W 与 Al_2O_3 相界面

9.5　断裂前后 t-ZrO_2 相变及裂纹扩展

t-ZrO_2 相变强化是强化策略之一，因此，验证烧结合金在变形过程中是否发生了相变具有重要意义。氧化物粒子的生成也可在一定程度上缓解裂纹扩展等，起到减缓合金断裂的作用。基于以上考虑，对合金断裂前后进行 XRD、TEM、HRTEM、SEM 表征，结果如图 9-5（a）中烧结 W-9. 1Ni_3Al-0. 9Zr 合金断裂前后的 XRD 图，以及图 9-5（b）和（c）断裂合金的 TEM 和 HRTEM 结果可知，相比于断裂前合金中存在的物相（W、Ni_3Al 以及 α-Al_2O_3 相），断裂后合金中出现了新的 m-ZrO_2 与 γ-Al_2O_3 相，m-ZrO_2 的出现证实了烧结合金在外力作用下的 t-ZrO_2→m-ZrO_2 相变。也即是说，合金确实产生了 t-ZrO_2 相变强化。而 γ-Al_2O_3 的形成则可能与新鲜断口在空气中氧化有关。

图 9-5（d）~（i）所示为合金受力断裂后的表面 SEM 图及其相应的元素 EDS mapping 图。从图 9-5（d）~（i）中可清楚地看到，裂纹扩展过程中遇到氧化物粒子，其可使扩展的裂纹有所闭合，或者引起裂纹偏转，甚至阻碍裂纹的进一步扩展，这均可以避免合金受力过程中发生突然的脆性断裂。对于其中的裂纹闭合来

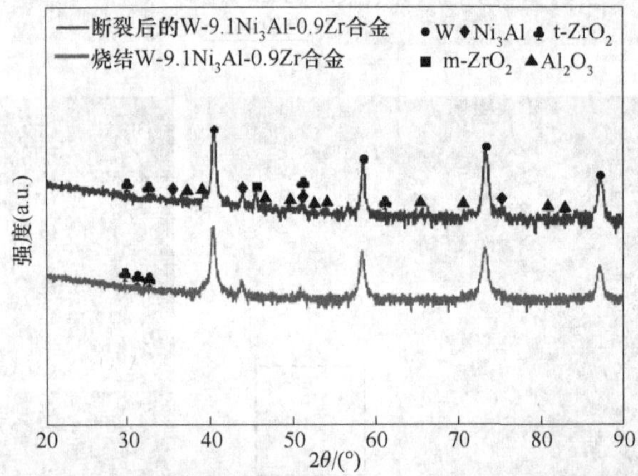

(a)

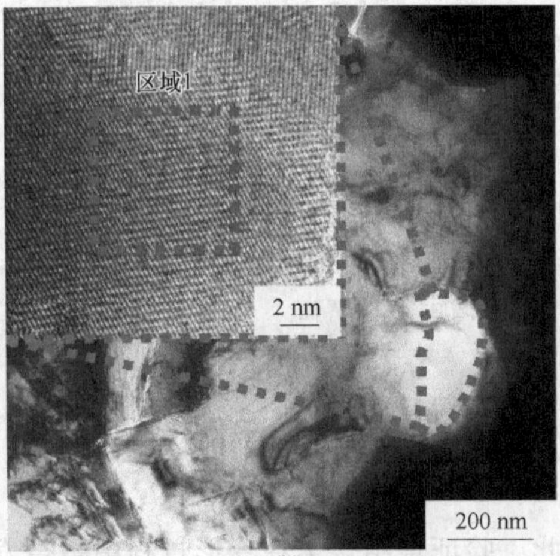

(b)

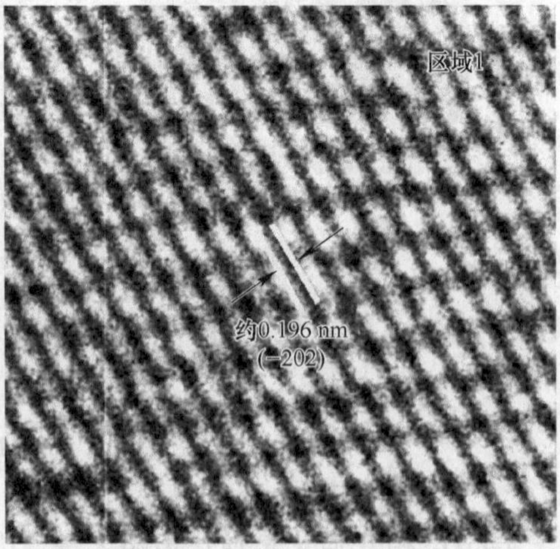

(c)

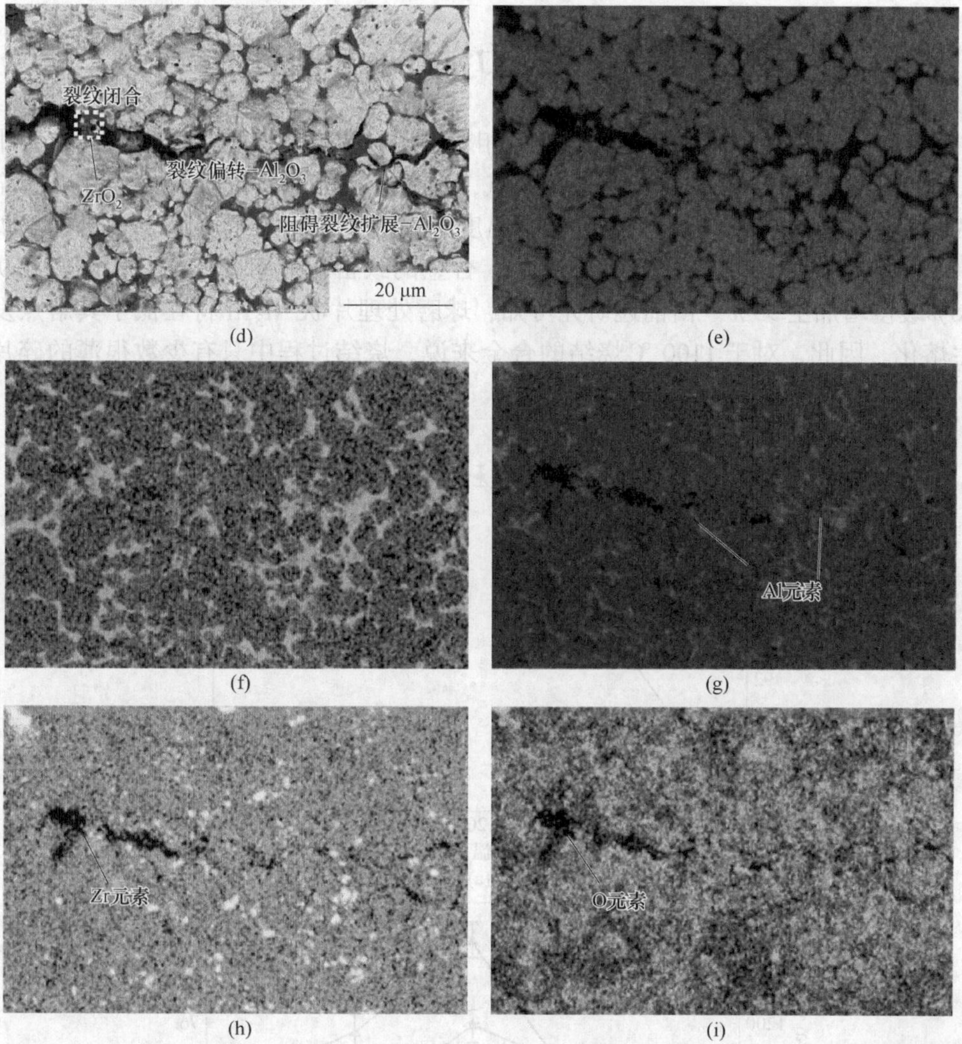

图 9-5 典型 W-9.1Ni_3Al-0.9Zr 合金断裂前后的表征

(a) 合金断裂前后的 XRD 图；(b) 断裂合金的 TEM 和 HRTEM 图；(c) 基于图 9-4 (b) 中区域 1 的 HRTEM 图；(d) 裂纹扩展的 SEM 图；(e) W 元素的 EDS mapping 图；(f) Ni 元素的 EDS mapping 图；(g) Al 元素的 EDS mapping 图；(h) Zr 的 EDS mapping 图；(i) O 元素的 EDS mapping 图

扫一扫看更清楚

说，这是向烧结合金施加外部应力时，裂纹尖端附近出现应力集中，导致 t-ZrO_2 转变为 m-ZrO_2。该相变过程产生的体积膨胀导致产生较多微裂纹，进而引起裂纹尖端周围的应力松弛，最终阻碍了裂纹的扩展。此外，相变引起的体积膨胀使周围基体受到压缩，这也有利于裂纹的闭合。如图 9-5 (d)~(i) 所示，可观察到裂纹闭合，存在 Al_2O_3 粒子偏转裂纹及阻碍裂纹扩展现象。

9.6　烧结合金的力学性能和断口形貌

图 9-6 所示为不同温度烧结合金的相对密度以及力学性能。从图 9-6（a）中可以看出，如将 1200 ℃作为一个分界点，则在低于 1200 ℃的烧结合金中，合金的致密化速率在 1100~1200 ℃的烧结温度下很高，其相对密度从 89%迅速增加到 98%；而在烧结温度超过 1200 ℃后，合金的致密化速率变低，其相对密度从 98%缓慢增加至 99%。由前述研究可知，球磨处理片状 Ni_3Al 将在低于其熔点发生熔化。因此，对于 1100 ℃烧结的合金来说，烧结过程中只有少数很薄的碎片

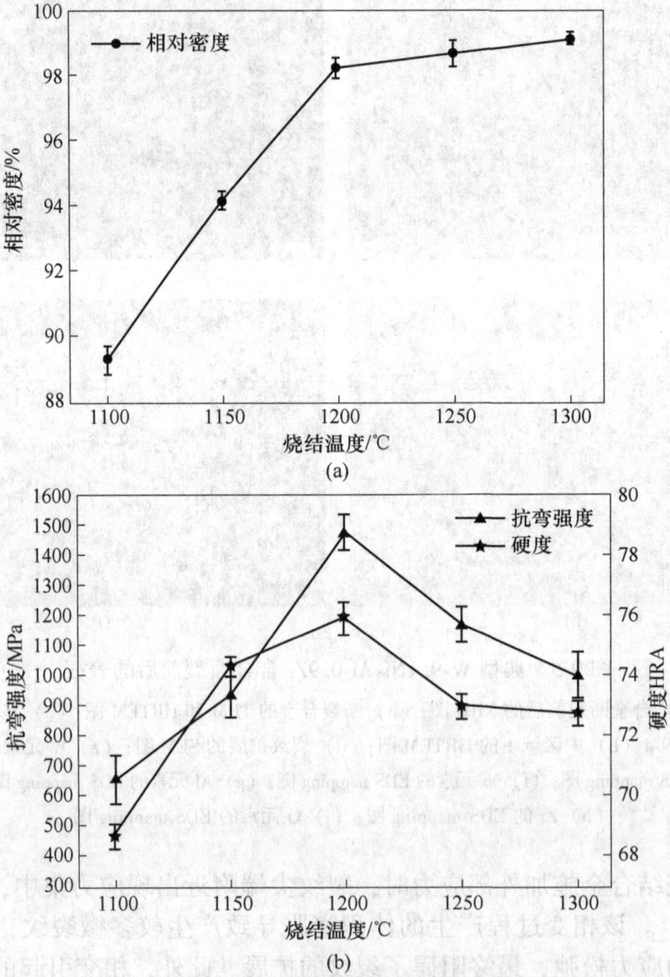

图 9-6　烧结合金的性能

（a）烧结合金的相对密度；（b）烧结合金的抗弯强度与硬度

发生了熔化而大多数尺寸较大的层片只是发生了软化，这使得该温度下烧结合金内部仅仅产生了很少的液相（可将其视为固相烧结），且 t-ZrO_2 和 α-Al_2O_3 又对合金的致密化有阻碍作用，最终导致 1100 ℃烧结合金表现出较低的相对密度。当烧结温度逐渐升高时（1150~1200 ℃），生成的液相逐渐增加，在 SPS 系统压力以及毛细管力的作用下，大量液相迅速填充粉末粒子间的孔隙。同时，由于材料成分决定了生成的 t-ZrO_2 和 α-Al_2O_3 相数量有限，这就是说其对合金致密化过程的阻碍也是有限的。

综上所述，在 1150~1200 ℃的烧结过程中，合金的相对密度迅速增加至98%左右。随着合金烧结温度的不断增加（1200~1300 ℃），合金中大部分孔隙已被生成的液相填充，导致毛细管梯度力减小，合金相对密度的增加减慢。

图 9-6（b）所示为烧结合金的抗弯强度以及硬度随着烧结温度的变化图，由图 9-6 可知，烧结合金的抗弯强度与硬度均在 1100~1200 ℃的烧结温度范围内增加，而后当烧结温度超过 1200 ℃时逐渐降低。由于在 1100~1200 ℃的烧结温度范围内，合金的相对密度逐渐增加，平均钨晶粒较为细小（小于 3 μm），因而力学性能逐步增加；而当烧结温度超过 1200 ℃时，钨晶粒不断长大，使得合金的抗弯强度与硬度逐步恶化。在这其中，1200 ℃烧结的 W-9.1Ni_3Al-0.9Zr 合金表现出最佳的力学性能，其抗弯强度为（1472.56±61.90）MPa，硬度为（75.90±0.57）HRA。

根据上述 1200 ℃烧结合金的物相以及显微结构分析，该合金表现出良好力学性能是由于以下几个原因。

（1）1200 ℃烧结的合金相对密度较高、钨晶粒尺寸较细、没有脆性相的生成。

（2）在该合金的黏结相中生成了 Ni_3(Al,Zr,W) 固溶体，对合金的黏结相起到固溶强化的效果。

（3）钨晶粒内部的氧化物（t-ZrO_2 和 α-Al_2O_3）外加钨晶粒外部的氧化物（t-ZrO_2 和 α-Al_2O_3）可以使得合金产生叠加的弥散强化效果，进而得到较高的力学性能，而且部分 α-Al_2O_3 形成的特殊的“铆钉”互锁结构同时连接黏结相与 W 相，增加了晶界内聚力。

（4）钨晶粒内部的氧化物粒子与 W 相之间形成了共格与半共格的界面。

（5）受力过程中，合金中 t-ZrO_2 在外力作用下会发生相变（t-ZrO_2→m-ZrO_2），这种相变阻碍了裂纹的快速扩展，且晶型转变带来的体积膨胀导致产生压应力从而有利于促进裂纹的闭合。

图 9-7 所示为不同温度烧结 W-9.1Ni_3Al-0.9Zr 合金的断口形貌图。在图 9-7（a）中，可以看到存在大量未填充的孔隙（1100 ℃接近固相烧结），在外力作用

下这些孔隙可作为裂纹源而导致合金表现出较低的力学性能。对于 1150 ℃烧结的合金来说［图 9-7（b）］，此时的黏结相开始熔化，大量孔隙得到填充，但仍然存在微量的未填充孔隙，使得该烧结温度下的合金表现出一般的力学性能。同时，1150 ℃烧结合金的断口中主要以 W-W 界面断裂（W-W）为主，并存在着钨-黏结相界面断裂（W-M）、钨穿晶解理断裂（W）以及黏结相的韧性撕裂（M）。

随着烧结温度升高到 1200 ℃，合金内部的孔隙基本被填充，因而在 1200 ℃烧结合金的断口中未发现明显孔隙［图 9-7（c）］。还可以看到断口中存在着由于氧化物粒子脱落而留下的韧窝；同时，该烧结温度下合金断口主要断裂模式为钨-黏结相界面断裂（W-M）与黏结相的韧性撕裂（M）。因而，该烧结温度下合金表现出良好的力学性能。此外，由 1200 ℃烧结合金钨晶粒的变形情况可知［图 9-7（d）］，其裂纹两侧存在着烧结态的钨晶粒与受力的钨晶粒。很明显，在外力作用下钨晶粒被拉长，这表现出了良好的塑性变形能力，这可能与添加 Zr 元素提升 Ni_3Al 黏结相塑性以及钨晶粒被该黏结相很好包裹所致。在图 9-7（e）和（f）中，断裂模式以氧化物粒子脱落、W-W 界面断裂（W-W）、钨-黏结相界面断裂（W-M）为主，但过高的烧结温度使得钨晶粒不断长大，因此其力学性能降低。

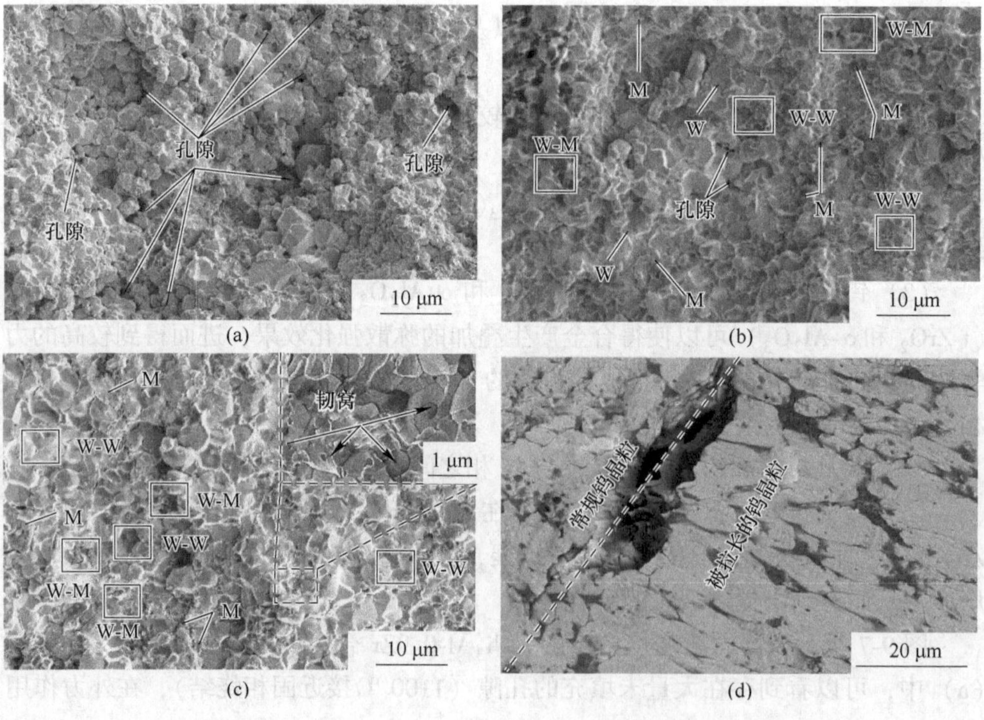

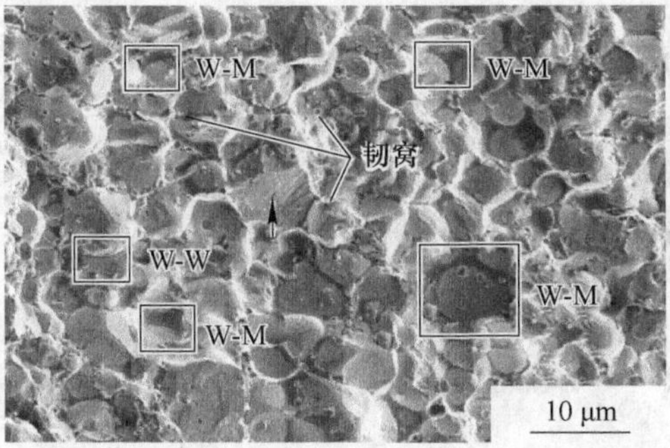

(e)

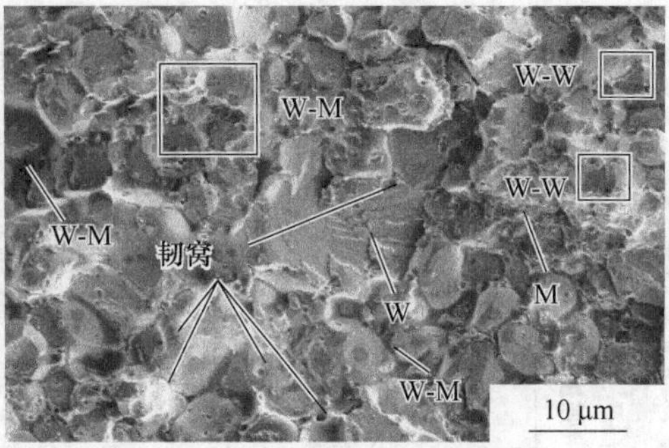

(f)

图 9-7 不同温度烧结 W-9.1Ni_3Al-0.9Zr 合金的断口形貌

(a) 1100 ℃；(b) 1150 ℃；(c) 1200 ℃；(d) 1200 ℃ 烧结合金中钨晶粒的变形；(e) 1250 ℃；(f) 1300 ℃

9.7 典型烧结合金的盐雾腐蚀

图 9-8 所示为 1200 ℃烧结典型 W-9.1Ni_3Al-0.9Zr 合金不同盐雾腐蚀时间后的表面 XRD 图，由图可知，该合金在不同盐雾腐蚀时间后表面生成了 γ-Al_2O_3，$AlCl_3$，ZrO_2（腐蚀过程形成），$ZrO_{0.35}$，ZrW_2O_8，$Al_2(WO_4)_3$，$Al(OH)_3$，NiO，WO_3 相。此外合金表面还存在着 NaCl，这可能与腐蚀后形成的粗糙腐蚀层的盐分残留有关。同时，由上述合金的物相 EDS 结果可知，该合金中的黏结相实际为 $Ni_3(Al,Zr,W)$ 固溶体相，且烧结形成的 t-ZrO_2 可能为富 Zr 的氧化物。因而，合金在盐雾腐蚀过程中，富 Zr 氧化物与含 Zr 固溶体中 Zr 溶出进一步形成了 ZrO_2 与 $ZrO_{0.35}$。此外，$Ni_3(Al,Zr,W)$ 固溶体相一般具有较大的电阻，导致其发生电化学腐蚀的概率降低。因此，经过化学溶解，其中较为活泼的元素溶出且形成氧化物，如 ZrW_2O_8，$Al_2(WO_4)_3$，γ-Al_2O_3，NiO，WO_3 相，而 WO_3 相也有可能来源于 W 相的腐蚀。$AlCl_3$ 以及 $Al(OH)_3$ 的形成在前述研究中已经予以说明。

图 9-9 所示为烧结典型 W-9.1Ni_3Al-0.9Zr 合金 6 h 盐雾腐蚀后的表面 SEM 图及 EDS 面扫描结果。经过 6 h 盐雾腐蚀后，合金表面未发生明显腐蚀，如腐蚀坑、腐蚀裂纹。而且，该合金的腐蚀是在表面存在较多划痕的情况下进行的，相较于前述合金 6 h 的腐蚀形貌，可以看出加入 Zr 元素可以大大提高烧结合金的耐腐蚀性能。基于其对应的元素分布图 9-9（b）~（f）可知，盐雾腐蚀后合金表面上 W 元素周围分布着 Ni 与 Al 元素，部分区域 Al 与 O 元素的分布存在着重合，这表明其为生成的新的 γ-Al_2O_3 相。此外，Zr 元素的分布也与 O 元素分布一致，说明其中生成了含 Zr 的氧化物。一般来说含 Zr 氧化物均具有良好的耐腐蚀性

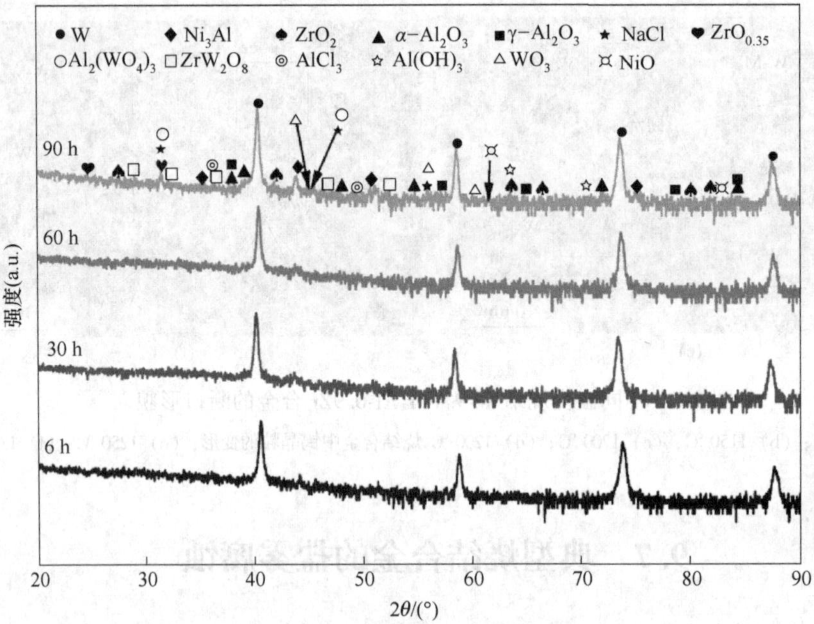

扫一扫看
更清楚

图 9-8　典型 W-9.1Ni_3Al-0.9Zr 合金不同盐雾腐蚀时间后的表面 XRD 图

能，因此，这可能是尽管该合金 6 h 盐雾腐蚀后其表面形貌存在划痕却未发生明显腐蚀的主要原因。

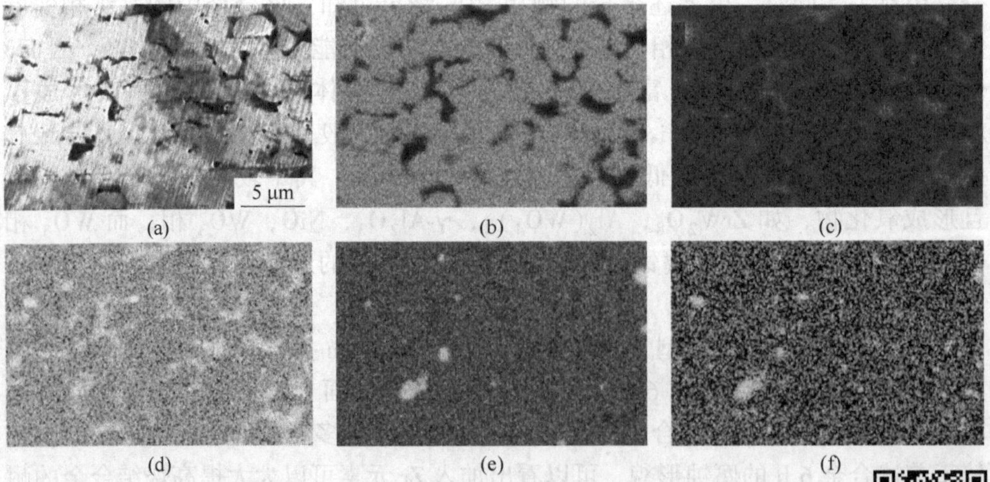

图 9-9　典型 W-9.1Ni_3Al-0.9Zr 合金 6 h 盐雾腐蚀后的表征

（a）合金表面 SEM 图；（b）W 元素的 EDS mapping 图；（c）Ni 元素的 EDS mapping 图；（d）Al 元素的 EDS mapping 图；（e）Zr 元素的 EDS mapping 图；（f）O 元素的 EDS mapping 图

扫一扫看
更清楚

图 9-10 所示为烧结典型 W-9. $1Ni_3Al$-0. 9Zr 合金 30 h 盐雾腐蚀后的表面 SEM 图及其 EDS mapping 结果。由图 9-10（a）可知，经过 30 h 的盐雾腐蚀后，合金表面黏结相与 W 相界面处出现了白色的点状腐蚀凹坑。该合金在烧结后最终得到沿 W-黏结相界面分布的氧化物粒子，因而在盐雾腐蚀环境中导致界面处发生微电偶腐蚀，导致出现小的凹坑。但是，随着该电化学腐蚀的进行以及黏结相的化学腐蚀，合金中金属阳离子溶出并进一步形成氧化物，氧化物在凹坑沉积，并最终阻碍了其长大。根据其相应的元素分布图图 9-10（b）~（f）可知，靠近两相边界处的腐蚀凹坑周围存在 W、Ni、Al 及少量 Zr 和大量氧元素，这也证实了上述氧化物在凹坑沉积的推断。同时，在黏结相中也生成了更多的含 Zr 氧化物。此外，相比于 6 h 以及 14 h 的盐雾腐蚀，30 h 盐雾腐蚀后合金中 Zr 氧化物的数量也增加。

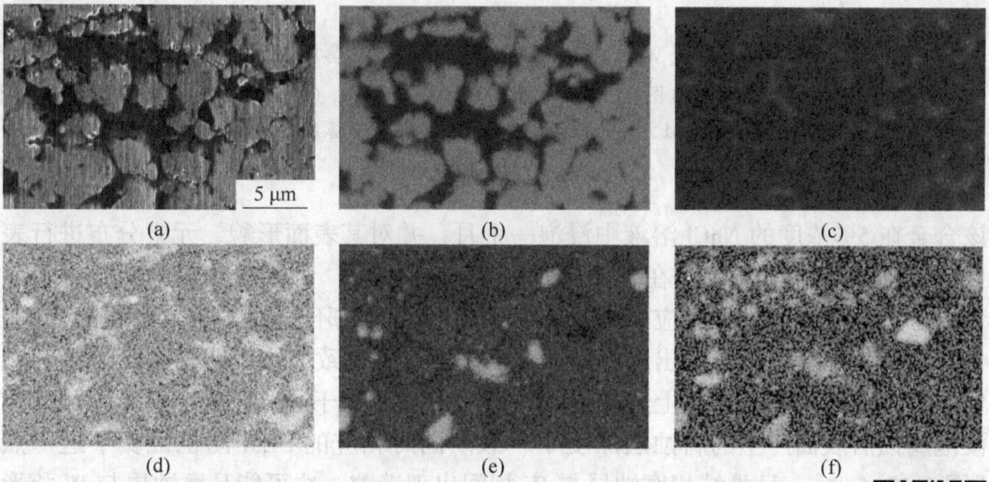

图 9-10 典型 W-9. $1Ni_3Al$-0. 9Zr 合金 30 h 盐雾腐蚀后的表征
（a）合金表面 SEM 图；（b）W 元素的 EDS mapping 图；（c）Ni 元素的 EDS mapping 图；（d）Al 元素的 EDS mapping 图；（e）Zr 元素的 EDS mapping 图；（f）O 元素的 EDS mapping 图

扫一扫看更清楚

图 9-11 所示为烧结典型 W-9. $1Ni_3Al$-0. 9Zr 合金 60 h 盐雾腐蚀后的表面 SEM 图及其 EDS mapping 结果。经过 60 h 长时间腐蚀后，合金表面 W 相变得粗糙而黏结相未发生明显变化。随着腐蚀时间延长，W 相被腐蚀，凹坑区内腐蚀产物不断累积，导致应力增加，最终使得部分区域腐蚀层脱落，在 W 相区域形成粗糙的形貌［图 9-11（a）］。根据元素分布图图 9-11（b）~（f），黏结相中生成了更多的含 Zr 氧化物，同时部分区域出现多种金属元素与 O 元素的富集，由 XRD 结果可知其主要为 ZrW_2O_8 及 $Al_2(WO_4)_3$。

为了测试 W-9. $1Ni_3Al$-0. 9Zr 合金在 5%浓度 NaCl 溶液中的长期耐腐蚀性，将

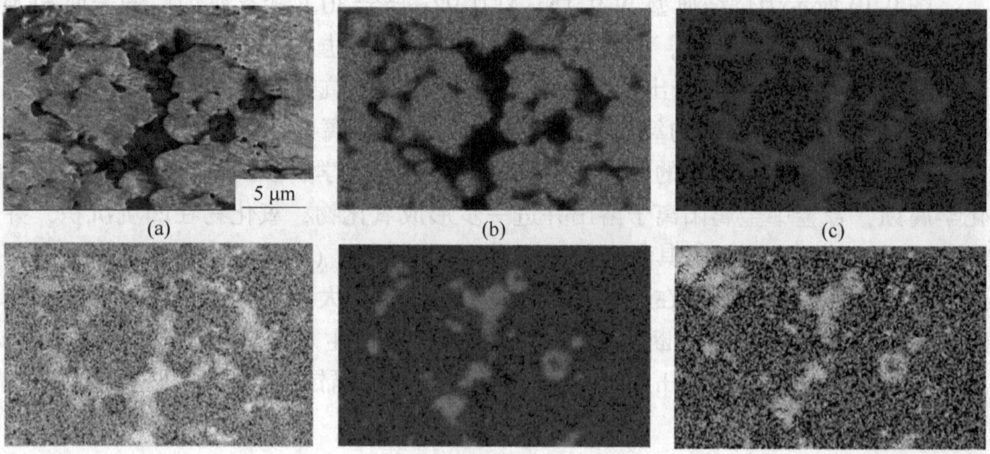

图 9-11 典型 W-9.1Ni_3Al-0.9Zr 合金 30 h 盐雾腐蚀后的表征

（a）合金表面 SEM 图；（b）W 元素的 EDS mapping 图；（c）Ni 元素的 EDS mapping 图；（d）Al 元素的 EDS mapping 图；（e）Zr 元素的 EDS mapping 图；（f）Na 元素的 EDS mapping 图

扫一扫看
更清楚

该合金在 5%浓度的 NaCl 溶液中浸泡一个月，并对其表面形貌、元素分布进行表征，结果如图 9-12 所示。在图 9-12（a）和（b）中，可以看到腐蚀后合金表面形成了不同颜色区域，这应该是浸泡腐蚀后表面形成不同种类的氧化腐蚀产物，并且从其三维形貌可以看出这些腐蚀产物的厚度不一致，这表明合金不同相的腐蚀先后顺序不一致。根据上述盐雾腐蚀可知，W 相先于黏结相发生腐蚀，因而在浸泡腐蚀后表面产生的腐蚀层厚度不一致。同时相应的 SEM 图也证实了这一点［图 9-12（c）］，且黏结相腐蚀层与 W 相间出现缝隙，这可能是腐蚀层与 W 相形成电偶腐蚀，外加 Cl^-作用，最终形成腐蚀缝隙。结合元素 EDS mapping 分布结果［图 9-12（d）~（i）］可知，凹坑处为 W 相，黏结相处覆盖着腐蚀层，腐蚀层元素由多种金属元素与 O 元素构成，因而其为复杂氧化物腐蚀层。

综上所述，通过调整机械球磨工艺进一步细化片状 Ni_3Al 粉，同时添加适量 Zr 粉，利用多种强化方式，在低于 Ni_3Al 熔点的烧结温度制备出了力学性能优良的 W-9.1Ni_3Al-0.9Zr 合金。烧结合金中生成的物相有 W、Ni_3(Al, Zr, W) 固溶体、t-ZrO_2 和 α-Al_2O_3 相。随着烧结温度的升高，合金的相对密度不断增大，但是其抗弯强度和硬度均是先增大后降低。其中具有最佳综合力学性能的合金是在 1200 ℃烧结获得的，其相对密度、钨晶粒尺寸、抗弯强度以及硬度分别为 98.26%±0.31%，(3.06±0.65) μm，(1472.56±61.90) MPa 与 (75.90±0.57) HRA。该烧结合金优异的力学性能源于多种强化方式的叠加效应。如 Ni_3(Al,Zr,W) 固溶体的形成

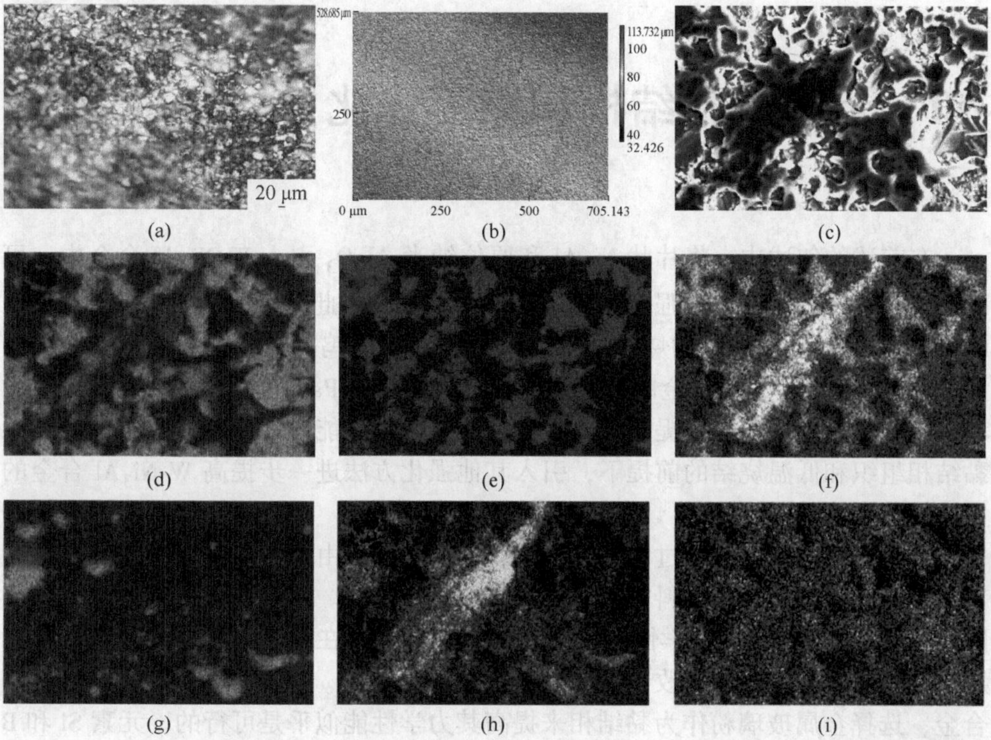

图 9-12 典型 W-9.1Ni$_3$Al-0.9Zr 合金静态浸泡一个月后表面形貌及元素分布
(a) 合金 OM 图；(b) 合金 CLSM 图；(c) 合金 SEM 图；(d) W 元素的 EDS mapping 图；(e) Ni 元素的 EDS mapping 图；(f) Al 元素的 EDS mapping 图；(g) Zr 元素的 EDS mapping 图；(h) O 元素的 EDS mapping 图；(i) Na 元素的 EDS mapping 图

扫一扫看
更清楚

产生固溶强化、氧化物（t-ZrO_2 和 α-Al_2O_3）的弥散强化、部分 α-Al_2O_3 形成特殊的“铆钉”互锁结构、钨晶粒内部氧化物与 W 的共格及半共格界面、t-ZrO_2 在外力作用下的相变强化（t-ZrO_2→m-ZrO_2）等。合金盐雾腐蚀研究表明，随着腐蚀时间的延长，合金中 W 相优先被腐蚀，黏结相随后发生腐蚀但腐蚀程度小。W 相容易腐蚀与其内部的氧化物颗粒（t-ZrO_2 和 α-Al_2O_3）有关，W 相与它们之间容易发生微电偶腐蚀；而黏结相良好的耐腐蚀性能与该黏结相为含 Zr 固溶体且腐蚀过程中形成耐腐蚀性较好的含 Zr 氧化物腐蚀层有关。

10 无序显微结构和固溶强化 $W\text{-}Ni_3Al$ 合金

在前述的叙述中，将片状 Ni_3Al 和原位纳米 Al_2O_3 引入 $W\text{-}Ni_3Al$ 合金中，可以使 $W\text{-}Ni_3Al$ 合金的抗弯强度达到 700 MPa 以上。在此基础上，加入微量低熔点 B_2O_3 降低 $W\text{-}Ni_3Al$ 合金的烧结温度，获得了细小的钨晶粒，并保持了其组织中大量的 Ni_3Al 薄片，使合金的抗弯强度提升到 1450 MPa。显然，片状黏结相组织和较低的烧结温度有利于提高 $W\text{-}Ni_3Al$ 的合金力学性能。因此，能否在保证片状黏结相组织和低温烧结的前提下，引入其他强化方法进一步提高 $W\text{-}Ni_3Al$ 合金的力学性能呢?

在粉末冶金材料制备过程中加入金属玻璃粉末，由于其非晶态粉末特性，有利于降低烧结温度，且材料容易获得较高的相对密度。一般认为，烧结合金的孔隙率降低 2%~3%，其力学性能可提高 20%。此外，在合金组织中设计纳米级无序界面和非晶纳米颗粒是改善合金力学性能的新策略。这样看来，对于 $W\text{-}Ni_3Al$ 合金，选择金属玻璃粉作为黏结相来提高其力学性能似乎是可行的。元素 Si 和 B 可以固溶强化 W 相，而 Fe 元素也有利于与 Ni 或 Ni_3Al 形成固溶体。因此，基于以上考虑，本章选择低成本 FeSiB 金属玻璃粉和球磨片状 Ni_3Al 粉制备 $W\text{-}Ni_3Al\text{-}FeSiB$ 合金，主要探讨其显微结构与力学性能之间的关系，并考察了最佳力学性能烧结合金的盐雾腐蚀行为。

10.1 合金制备及表征

为探讨 FeSiB 金属玻璃和片状 Ni_3Al 黏结相对 $W\text{-}Ni_3Al$ 合金力学性能的协同影响，需要预先通过机械球磨将 Ni_3Al 粉磨成较大片状，以确保烧结后的合金中保留有片状黏结相。

10.1.1 材料制备

原料 W 粉和 Ni_3Al 粉的纯度和粒径与前述相同。原料 FeSiB 粉的纯度大于 99.5%（质量分数），平均粒径为 7 μm。FeSiB 非晶粉末中的 Fe、Si、B 元素的含量分别为 82%、10%、8%。采用粉末冶金法制备 W、Ni_3Al 和 FeSiB 质量比为 80：10：10 的新型 $W\text{-}Ni_3Al\text{-}FeSiB$ 合金。制备片状 Ni_3Al 粉末和混合 $W\text{-}Ni_3Al\text{-}FeSiB$ 复合粉末的详细球磨参数与第 7 章相同。将混合均匀的 $W\text{-}Ni_3Al\text{-}FeSiB$ 粉

末放入内径为 30 mm 的圆柱形石墨模具中，在 SPS 炉中进行合金的快速烧结。具体烧结参数如下：真空度 25 Pa，烧结压力 40 MPa，烧结温度 1200 ℃，升温速率 100 ℃/min，保温时间 4 min。

10.1.2 材料表征

使用同步热分析仪分析 FeSiB 非晶粉末及其复合粉末的熔化过程。原料粉末、烧结合金及腐蚀合金的其他主要表征测试方法与前述章节相同。合金抗盐雾腐蚀能力考察方法与第 6 章相同。

10.2 机械球磨前后原料粉末的变化

球磨前后粉末的 SEM、EDS、DSC 和 XRD 结果如图 10-1 所示。从图 10-1 (a)~(c) 看出，原料 W、Ni_3Al 和 FeSiB 粉的形貌分别为小多边形颗粒、大团聚颗粒和球形颗粒。经过两步球磨后，团聚的 Ni_3Al 原料粉被磨成片状形貌 [图 10-1 (b)右上角插图]。从图 10-1 (d) 可知，FeSiB 粉末中各元素分布均匀。如图 10-1 (e) 所示，FeSiB 粉末的 XRD 图在 $2\theta=45°$处有一个宽衍射峰，且其强度很低，表明该粉末为非晶结构。

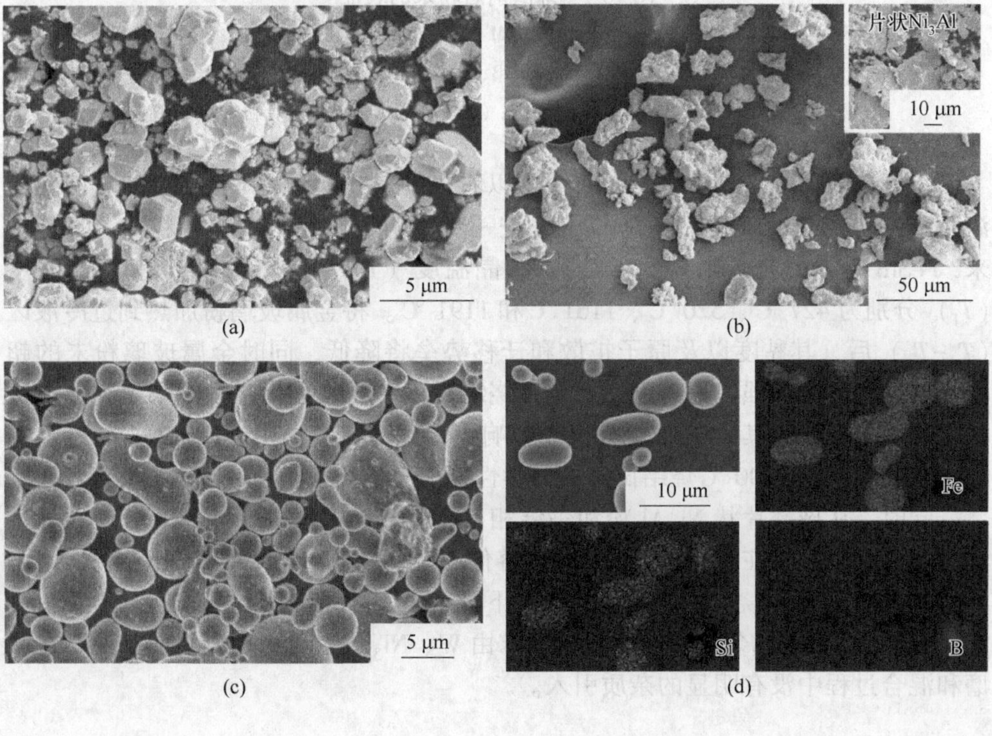

(a) (b)
(c) (d)

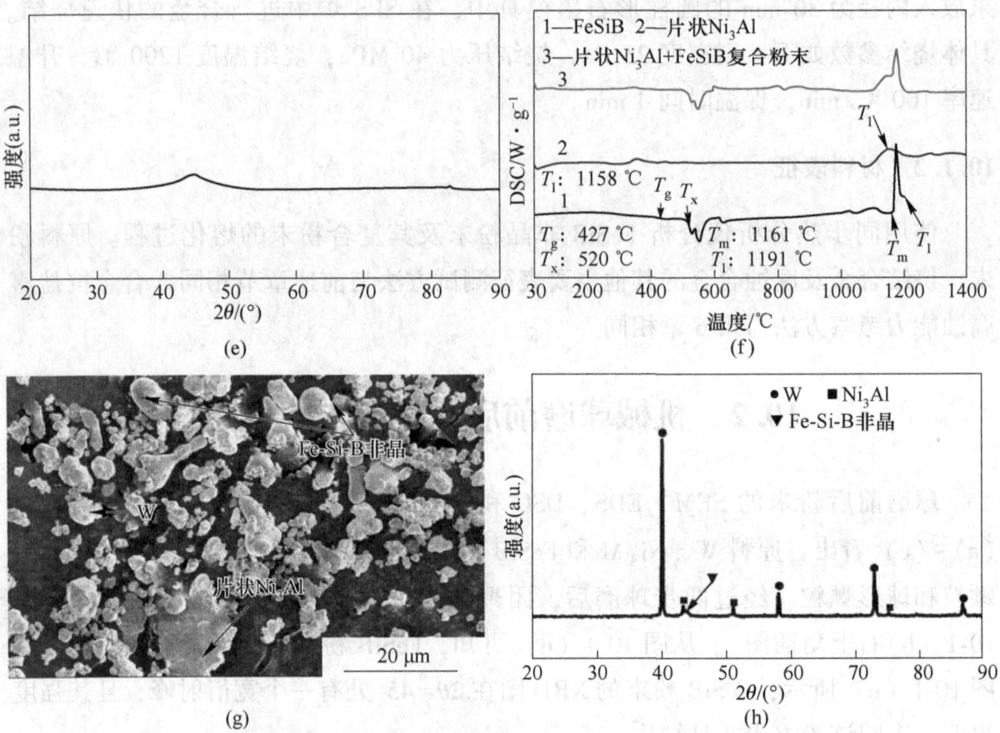

图 10-1　球磨前后粉末的表征

（a）W 粉的 SEM 图；（b）球磨前后 Ni_3Al 粉的 SEM 图；（c）FeSiB 粉的 SEM 图；（d）FeSiB 粉的元素 EDS mapping 图；（e）FeSiB 粉的 XRD 图；（f）FeSiB、片状 Ni_3Al 和 FeSiB+Ni_3Al 复合粉末的 DSC 曲线；（g）W-Ni_3Al-FeSiB 复合粉末的 SEM 图；（h）W-Ni_3Al-FeSiB 复合粉末的 XRD 图

从图 10-1（f）的 DSC 曲线可以看出，FeSiB 粉末具有明显的玻璃转变温度（T_g）与过冷液相区（T_g-T_x），进一步说明了该粉末为非晶粉末。具体说来，FeSiB 粉末的玻璃化温度（T_g）、结晶温度（T_x）、熔点（T_m）和液相温度（T_l）分别为 427 ℃、520 ℃、1161 ℃和 1191 ℃。将金属玻璃粉加热到过冷液区（T_g-T_x）后，其黏度以及原子扩散和迁移势垒将降低，同时金属玻璃粉末的超塑性变形也得到加强，这有助于合金在烧结过程中的致密化。一般来说，合金致密化程度的提高对其力学性能有积极影响。因此，在本书中，FeSiB 非晶粉末的加入有利于改善 1200 ℃烧结试样的力学性能。

同时，从球磨片状 Ni_3Al 粉和黏结相复合粉末（FeSiB+片状 Ni_3Al）的 DSC 曲线可以看出，其在 1200 ℃以下均会熔化，说明 1200 ℃烧结 FeSiB-片状 Ni_3Al 黏结钨合金为液相烧结。Ni_3Al 熔点的下降与其片状形貌有关。在图 10-1（g）和（h）中，混合均匀的钨合金复合粉末由 W、Ni_3Al 和 FeSiB 相组成，说明在球磨和混合过程中没有明显的杂质引入。

10.3 烧结合金的物相组成、显微组织演变及元素分布

W-Ni_3Al-FeSiB 合金烧结后的物相组成和显微组织演变，如图 10-2 所示。在图 10-2（a）中，除了 W 和 Ni_3Al 相外，还有新形成的（Ni, Fe），W_5Si_3 和 Al_2O_3 相。这些新生成的相与 1200 ℃ 烧结时形成的液相（包括部分熔化的 Ni_3Al、熔化的 FeSiB 和扩散的 W 原子）有关。首先，扩散后的 W 原子与 Si 原子反应形成 W_5Si_3 相。对于 Ni_3Al 金属间化合物，W 原子可以取代 Al 原子，而 Ni 和 Al 原子可被 Fe 原子取代。因此，取代的 Ni 原子倾向于在液相中形成（Ni, Fe）相；由于 SPS 炉中存在约 5Pa 的 O_2，取代的 Al 原子与 O 反应生成 Al_2O_3 相。同时，在 XRD 图中，W、（Ni, Fe）和 Ni_3Al 的衍射峰相比其分别在 2θ = 41°、43°和 44°左右的标准特征衍射峰均发生了偏移，发生这种现象与其他原子进入 W、（Ni, Fe）、Ni_3Al 相晶格形成固溶体有关。

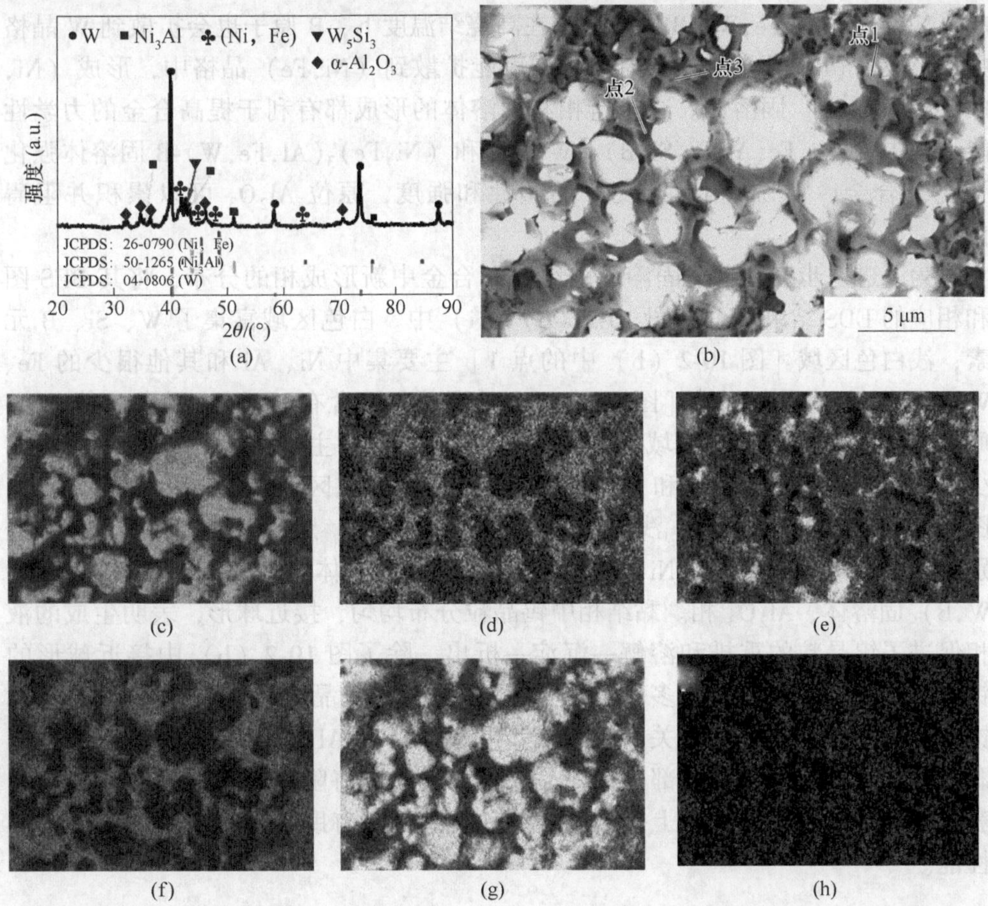

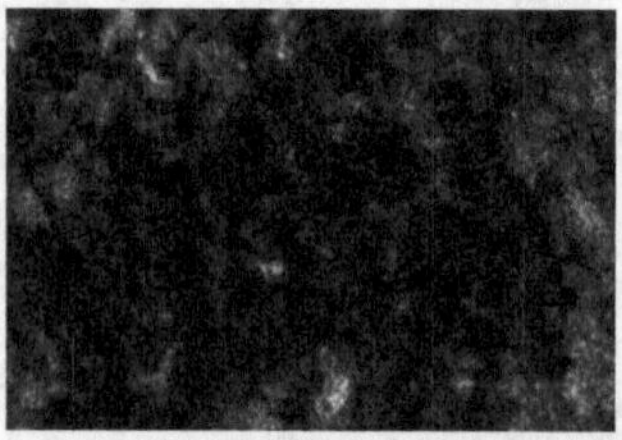

(i)

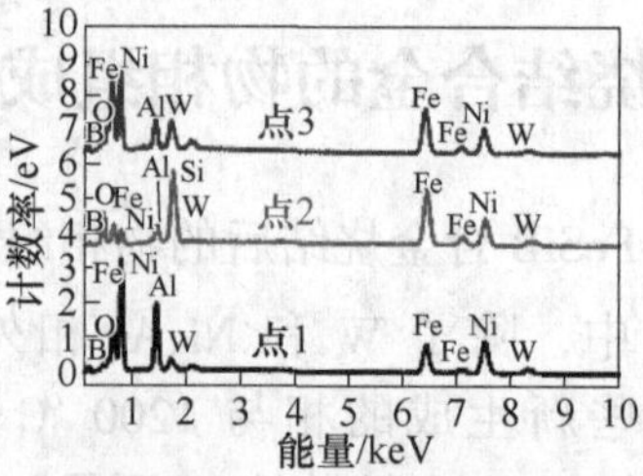

(j)

扫一扫看更清楚

图 10-2 烧结 W-Ni_3Al-FeSiB 合金的表征

(a) XRD 图；(b) BSE 图；(c) W 元素的 EDS mapping 图；(d) Ni 元素的 EDS mapping 图；(e) Al 元素的 EDS mapping 图；(f) Fe 元素的 EDS mapping 图；(g) Si 元素的 EDS mapping 图；(h) B 元素的 EDS mapping 图；(i) O 元素的 EDS mapping 图；(j) 基于图 10-2 (b) 的 EDS 点扫描结果

综上所述，在 1200 ℃的烧结温度下，液相中存在多种元素和物相，导致不同物相之间发生元素取代和扩散。W、Fe 和小原子半径 B 进入 Ni_3Al 相晶格，形成 $(Ni,Fe)_3(Al,Fe,W)$-B 固溶体。在高烧结温度下，B 原子也会扩散到 W 晶格中，形成 W(B) 固溶体。所有原子均可能扩散到 (Ni,Fe) 晶格中，形成 (Ni,Fe,Al,W,Si,B) 固溶体。这些新相和固溶体的形成都有利于提高合金的力学性能。其中；(Ni,Fe,Al,W,Si,B)、W(B) 和 $(Ni,Fe)_3(Al,Fe,W)$-B 固溶体强化了烧结合金，W_5Si_3 相具有良好的塑性和强度，原位 Al_2O_3 可以累积并阻碍位错。

为了进一步鉴别上述固溶体的组成和合金中新形成相的分布，将其 BES 图和相应的 EDS 结果汇总在图 10-2 (b)~(i) 中。白色区域富集了 W、Si、B 元素；浅白色区域 [图 10-2 (b) 中的点 1] 主要集中 Ni、Al 和其他很少的 Fe、W、B 元素；浅黑色区域 [图 10-2 (b) 中的点 2] 含有 W 和 Si 元素 (其 Si/W 原子比接近 0.6)；黑色区域 [图 10-2 (b) 中点 3] 主要为 Ni、Fe 元素，另有少量 Al、W、B 元素；Al 和 O 元素均匀分布在深黑色区域。综合以上结果可知，图 10-2 (b) 中白色区域、浅白色区域、浅黑色区域、黑色区域、深黑色区域分别为 W(Si,B) 固溶体、$(Ni,Fe)_3(Al,Fe,W)$-B 固溶体、W_5Si_3 相、(Ni,Fe,Al,W,B) 固溶体、Al_2O_3 相。黏结相中钨晶粒分布均匀，接近球形，表明生成的液相促进了钨晶粒的重排和溶解—沉淀—析出。除了图 10-2 (b) 中接近球形的钨晶粒外，合金中还有许多尺寸小于 1 μm 的超细钨晶粒，这与 W 粉粒子从过饱和固溶体中不断析出有关。盘状或带状 W_5Si_3 和 Al_2O_3 相位于 W(Si,B) 与黏结相的界面或黏结相内部，在钨晶粒生长过程中将阻碍晶界的迁移，有利于获得细小钨晶粒尺寸。以上提到的这些独特结构都有助于提高烧结合金的力学性能。

10.4 烧结合金的精细结构

图 10-3 所示为 TEM 亮场（BF）图像、高角度环形暗场（HAADF）图像和放大区域 1 的元素分布。在图 10-3（a）中，片状或条形纳米 Al_2O_3 相位于钨相界面或黏结相内部，阻碍了钨晶粒的合并和粗化。同时，近球形的钨固溶相被软黏结相包裹，有利于硬质 W(Si,B) 晶粒在外力作用下的延伸和塑性变形。在图 10-3（b）的 W(Si,B) 边界附近存在一块超细条带状区域。结合其相应的 EDS 元素分布［图 10-3（c）~(i)］发现，该细长条带中富集了 Ni 和 Al 元素，表明其为片状超细晶 Ni_3Al。这可以归因于两步球磨后的一些厚 Ni_3Al 薄片在烧结过程中不能完全熔化。同时，超细 Ni_3Al 晶粒具有较高的位错存储能力，有利于提高合金的力学性能。特别的是，在 EDS mapping 图中发现一个宽度约为60 nm的多元素富集区，其中包括 W、Ni、Fe、Si、B 和 O 元素，且靠近 W(Si,B) 相的边缘。根据前人研究，多元素共偏析可以形成无序界面，这种界面无序增强位错迁移率，因而可以提高合金的强度和延展性。那么，这种元素共偏聚是否也形成了无序界面？

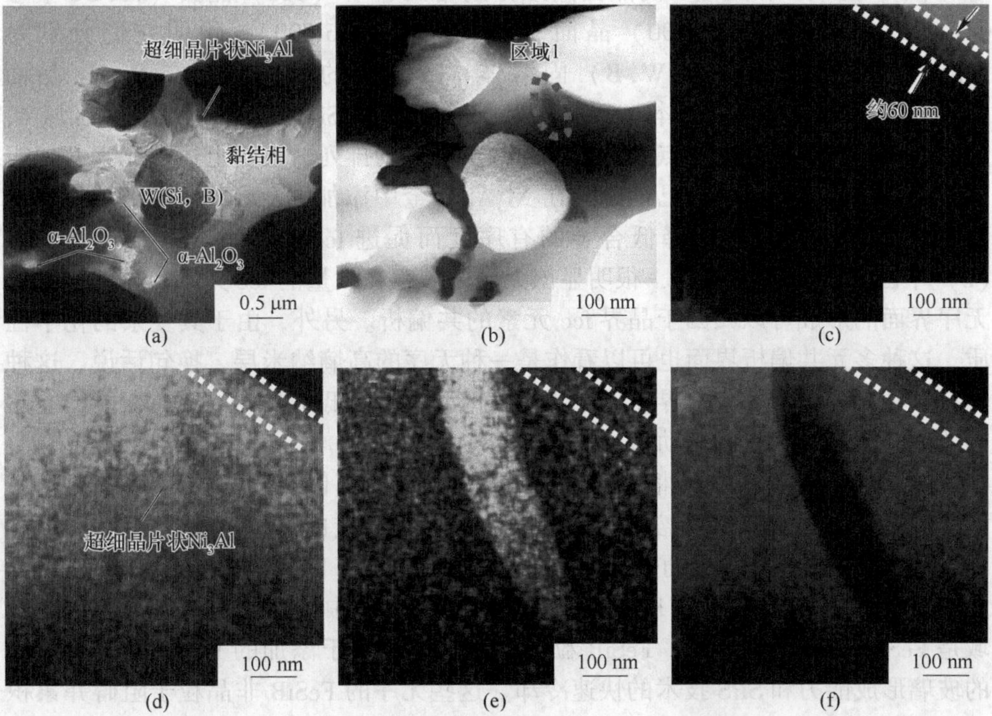

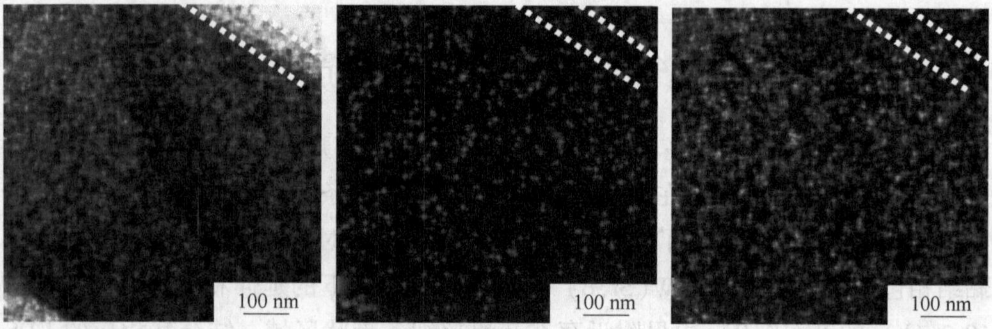

(g) (h) (i)

图 10-3 烧结 W-Ni_3Al-FeSiB 合金的 TEM 表征

(a) TEM-BF 图；(b) TEM-HAADF 图；(c) 放大区域 1 中 W 元素的 EDS mapping 图；(d) 放大区域 1 中 Ni 元素的 EDS mapping 图；(e) 放大区域 1 中 Al 元素的 EDS mapping 图；(f) 放大区域 1 中 Fe 元素的 EDS mapping 图；(g) 放大区域 1 中 Si 元素的 EDS mapping 图；(h) 放大区域 1 中 B 元素的 EDS mapping 图；(i) 放大区域 1 中 O 元素的 EDS mapping 图

扫一扫看
更清楚

为了验证上述特殊界面是否为无序结构和进一步鉴定烧结合金的物相，对该合金进行了 HRTEM 和 EDS 表征，结果如图 10-4 所示。如图 10-4（a）（区域 1~3）所示，区域 1 和区域 3 的晶面间距分别略大于 W（110）晶面（JCPDS 卡号 04-0806）和（Ni, Fe)(100）晶面（JCPDS 卡号 26-790），说明它们分别是 W(Si,B) 和（Ni, Fe, Al, W, B）固溶体。区域 2 的晶面间距与 W_5Si_3 晶面（JCPDS 卡号 51-0941）基本一致，其为新形成的 W_5Si_3 相。特别是对于区域 4，其衍射斑呈现出晕环的特点，且相应的原子不规则排列，表明上述多元素共偏析区确实是非晶结构。前人已证明，在 Ni_3Al 合金中添加 fcc 元素倾向于替代其中的 Ni 亚晶格，这样可以降低合金的有序度而促进 fcc 型无序化。结合图 10-4（b）中区域 4 的 EDS 结果，很明显该无序区域存在大量的 fcc 元素。显然，这种无序界面的形成可以归因于晶界 fcc 元素的共偏析。另外，由于其复杂的化学性质，这种多元共偏析界面也可以看作是一种无序的高熵纳米层。换句话说，这种具有多种元素混合的特殊界面显著增加了构型熵，降低了晶界的吉布斯能，能够有效地降低晶粒生长的驱动力。

在图 10-4（c）中，根据 HRTEM 图中的晶面间距也确认了 Ni_3Al 相、$(Ni,Fe)_3(Al,Fe,W)$-B 固溶体相和 W 相。其中，确定的 W 相与从过饱和固溶体中连续沉淀-析出的 W 原子有关，其尺寸与图 10-2（b）中的超细钨晶粒一致。此外，通过 EDS 结果［图 10-4（e）］，图 10-4（c）中尺寸约为 2. 7nm 的无序区域是 FeSiB 非晶粒子。无序 FeSiB 粒子的存在可归因于添加的 FeSiB 非晶粉末强的玻璃形成能力和 SPS 技术的快速冷却。这些无序的 FeSiB 非晶粒子阻碍并累积了位错［图 10-4（f）］，最终形成了比随机位错更稳定的位错环，这有利于提升合金的力学性能。

在图 10-4（g）中，多元素共偏析无序界面附近出现了大量位错缠结或位错壁，并且相邻的 W 相和黏结相之间没有明显裂纹。结合图 10-4（h）的示意图，纳米尺度无序界面增强了无序纳米层内和跨无序纳米层的位错迁移率。具体而言，随着晶界的无序化，位错成核的高反相边界势垒在该无序区域被移除，这导

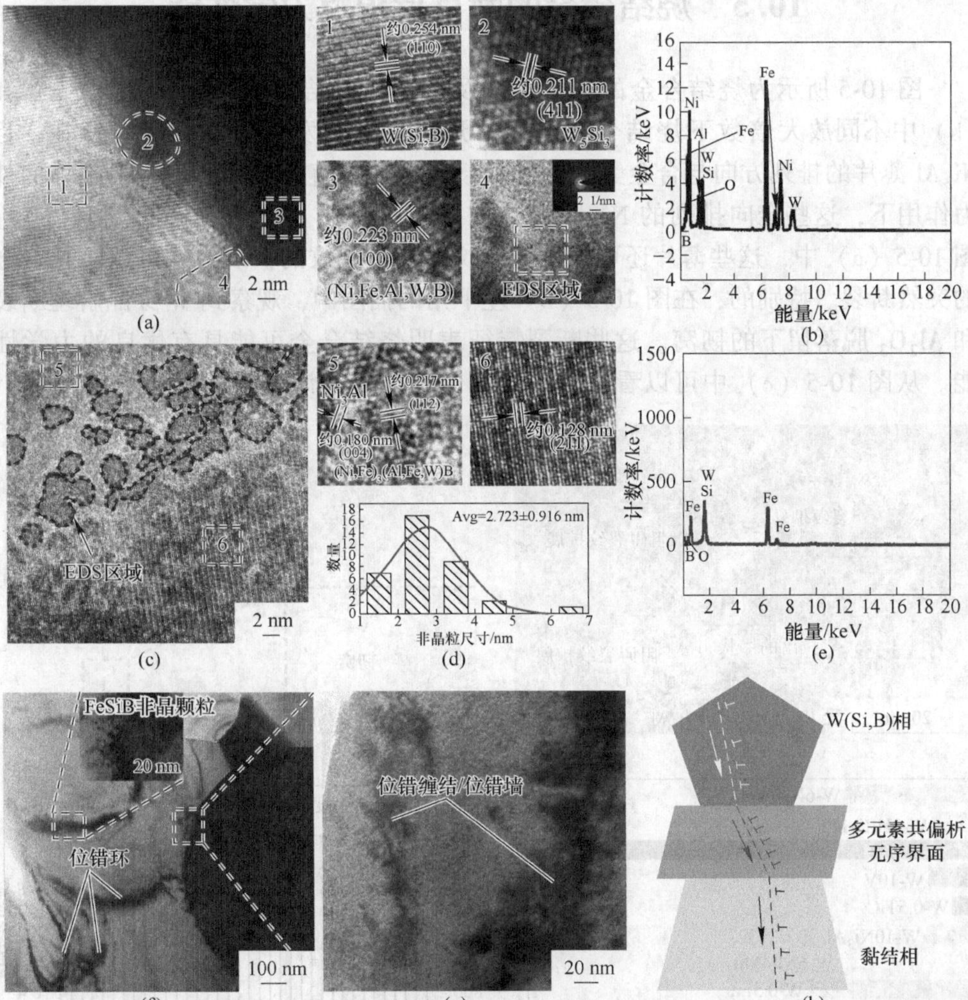

图 10-4 烧结 $W-Ni_3Al-FeSiB$ 合金的 HRTEM 表征

（a）不同物相间的无序界面；（b）图 10-4（a）中区域 4 的 EDS 能谱图；（c）FeSiB 非晶颗粒；（d）FeSiB 非晶颗粒的晶粒尺寸；（e）FeSiB 非晶颗粒的 EDS 能谱图；（f）位错环；（g）无序界面处的典型位错；（h）变形过程中位错和无序晶界之间相互作用示意图

扫一扫看更清楚

致位错生成和传输的临界应力显著降低到低于晶间开裂所需的应力水平。同时，界面处施加的局部应力也从无序晶界源得到释放。在变形过程中，界面处大量的位错受到动态调节。因此，随着该无序界面的形成，两个有序晶粒之间的变形显著改善，并且沿着该界面的裂纹萌生也得到了抑制。

10.5　烧结合金的断口形貌及力学性能

图 10-5 所示为烧结合金的断口表征及性能测试结果。观察图 10-5（a）和（b）中不同放大倍数下烧结合金的断口形貌，没有发现明显的气孔存在，且 Ni_3Al 薄片的排列方向与合金受到的外加载荷方向垂直。在变形过程中施加的外力作用下，这些定向排列的 Ni_3Al 薄片被拉出或弯曲［图 10-5（a）和（b）］。图 10-5（a）中，这些薄片还可以偏转裂纹并阻止裂纹的扩展，这可以防止合金的突然断裂。特别的，在图 10-5（b）左下角的插图中，观察到 W 穿晶解理断裂和 Al_2O_3 脱落留下的韧窝。这些断裂特征表明烧结合金可能具有优良的力学性能。从图 10-5（c）中可以看出，相对其他钨合金，该合金的钨晶粒比较细小

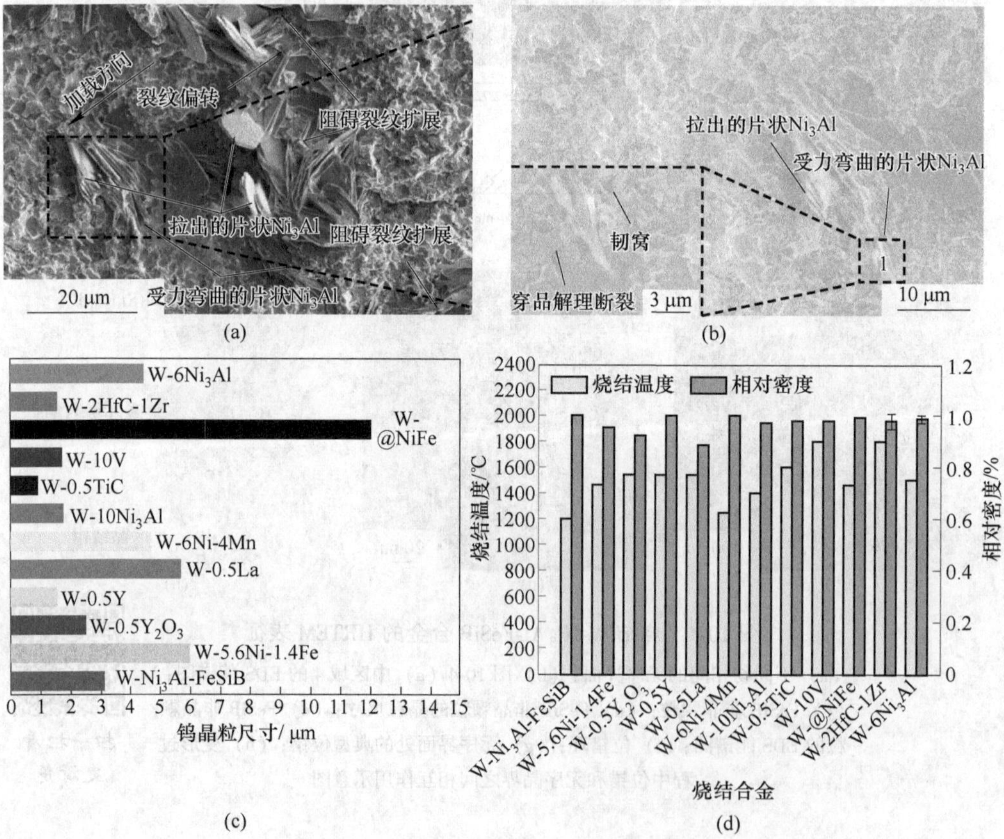

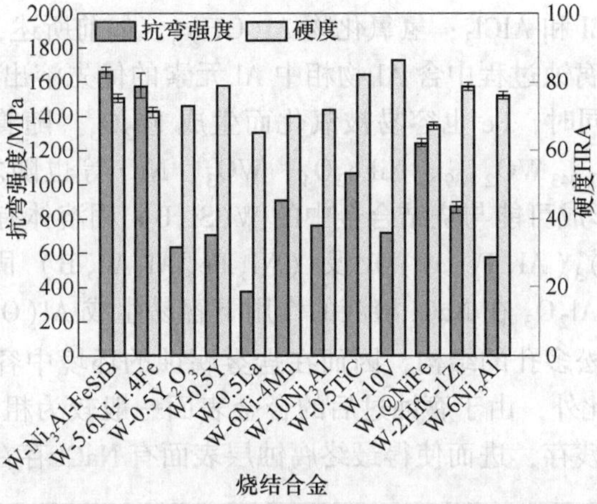

(e)

扫一扫看
更清楚

图 10-5 烧结合金的断口形貌及其性能比较

(a)(b)不同放大倍数烧结合金的断口形貌；(c)与其他钨合金的钨晶粒尺寸比较；（d）与其他钨合金的烧结温度和相对密度比较；(e)与其他钨合金的抗弯强度和硬度比较

(3.09±0.67) μm，这主要与烧结温度较低、原位 Al_2O_3 粒子对钨晶粒的溶解—沉淀—析出有阻碍作用、多元素共偏析无序界面具有降低晶粒生长驱动力的作用等有关。

从图 10-5（d）可以看出，其他 11 种钨合金相比，本研究制备的合金的另一个优点是烧结温度低和相对密度高。从图 10-5（e）可看出，该合金具有优良的综合力学性能，其抗弯强度和硬度分别为（1654.50±31.2）MPa 和（74.70±0.54）HRA。特别地，本研究烧结合金的抗弯强度比其他钨合金高 194.50~1282.40 MPa。基于对烧结合金的以上分析和表征，烧结 W-Ni_3Al-FeSiB 合金具有优秀的力学性能可归因于以下因素。

（1）该合金具有高相对密度和较细的钨晶粒尺寸。

（2）黏结相和 W 相均被固溶体强化。

（3）Al_2O_3 相和超细 Ni_3Al 薄片具有较高的位错存储能力。

（4）片状 Ni_3Al 使裂纹偏转，阻碍裂纹扩展。

（5）在合金中形成了多元素共偏析无序界面和纳米 FeSiB 非晶粒子。

10.6 烧结合金的盐雾腐蚀

图 10-6 所示为 W-Ni_3Al-FeSiB 烧结合金不同盐雾腐蚀时间后的表面 XRD 图。除了烧结合金中已有的物相外，经过不同时间的盐雾腐蚀后，合金表面生成的物相可以分为氧化物，如 γ-Al_2O_3、$Si_{0.043}WO_{2.839}$、$NiFe_2O_4$、WO_3、NiO 以及

Fe_2O_3；氯化物 NaCl 和 $AlCl_3$；氢氧化物 $Al(OH)_3$。如前所述，由于 Al 元素较为活泼，因而在盐雾腐蚀过程中含 Al 物相中 Al 元素的优先溶出导致在室温环境下生成 γ-Al_2O_3 相。同时，Fe 也容易被氧化而生成 Fe_2O_3。随着腐蚀时间的增长，其他氧化物，如 $Si_{0.043}WO_{2.839}$、$NiFe_2O_4$、WO_3、NiO 等也随之形成。其中复杂氧化物 Si-W-O 的形成可能与烧结合金中的 W(Si,B) 固溶体有关，而 Ni-Fe-O 的形成则与（Ni, Fe)$_3$(Al, Fe, W)-B 及（Ni, Fe, Al, W, B）固溶体有关。对于 $Al(OH)_3$ 来说，γ-Al_2O_3 在 NaCl 溶液的作用下容易生成 $Al(OH)_3$ 相，而该晶型的 Al_2O_3 通常为疏松多孔的结构，因而在盐雾腐蚀的环境中容易遭到 Cl^- 的侵蚀而形成 $AlCl_3$ 相。此外，由于腐蚀过后的合金表面一般较为粗糙，这将导致盐雾腐蚀过程中盐分的残存，进而使得最终腐蚀层表面有 NaCl 存在。

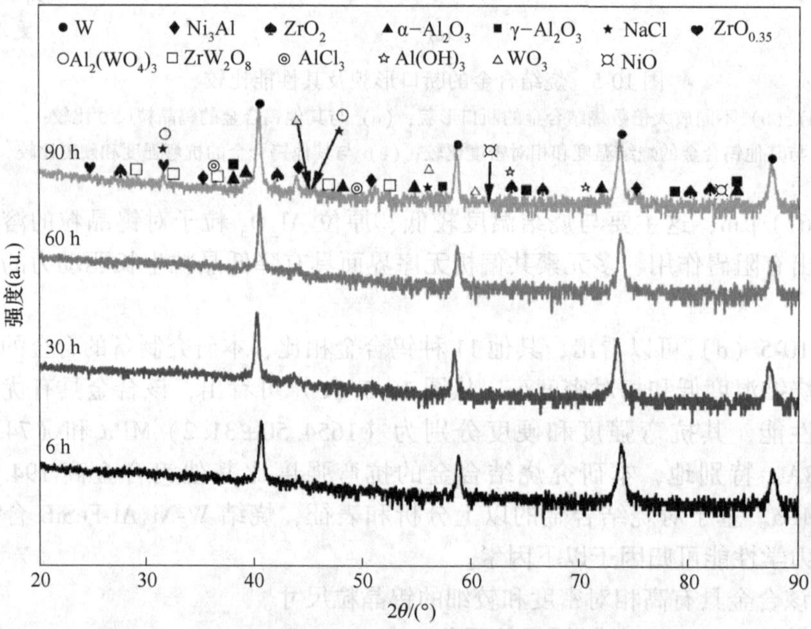

扫一扫看
更清楚

图 10-6 W-Ni_3Al-FeSiB 烧结合金不同盐雾腐蚀时间后的表面 XRD 图

图 10-7 所示为 W-Ni_3Al-FeSiB 烧结合金 6 h 盐雾腐蚀后的表面 SEM 图及 EDS 元素面扫描结果。与前述 W-Ni_3Al-B/B_2O_3/MoO_3/Zr 合金的盐雾腐蚀形貌相比，W-Ni_3Al-FeSiB 合金在盐雾腐蚀环境中最大的特点就是在其表面快速形成一层腐蚀层。这可能是由于该合金中包含的活性较大的 FeSiB 非晶粒子以及多元共偏析的非晶界面在腐蚀过程中优先产生腐蚀产物。由图 10-7（a）和（b）可知，6 h 腐蚀后合金表面可以明显观察到腐蚀层的区域与没有腐蚀层覆盖的区域。生成的黑灰色腐蚀层均发生龟裂，这可能与氧化层局部的膨胀、分层及断裂有关，但该区域的腐蚀层整体较为光滑致密；同时在该腐蚀层的部分区域出现白色的疏松多

孔腐蚀层，而在白色多孔腐蚀区域的周围存在黑色的颗粒状腐蚀产物。结合相应的元素分布结果［图 10-7（c）~（i）］可知，黑灰色区域致密光滑的腐蚀层包含 W、Ni、Al、Fe、Si、B 以及 O 元素，这证实了黑灰色腐蚀层是由多元共偏析的非晶界面腐蚀及腐蚀产物的积累引起。在白色多孔的疏松腐蚀层区域，W、Si、O 三种元素分布大致一样，而 Ni、Fe、O 的分布也大致相同，结合图 10-6 的 XRD 结果，可以推断该区域可能主要由 $Si_{0.043}WO_{2.839}$ 与 $NiFe_2O_4$ 这两种氧化物组成。黑色的颗粒状腐蚀产物区域主要由 Al 与 O 元素构成，因此黑色颗粒状腐蚀产物应该是 γ-Al_2O_3。

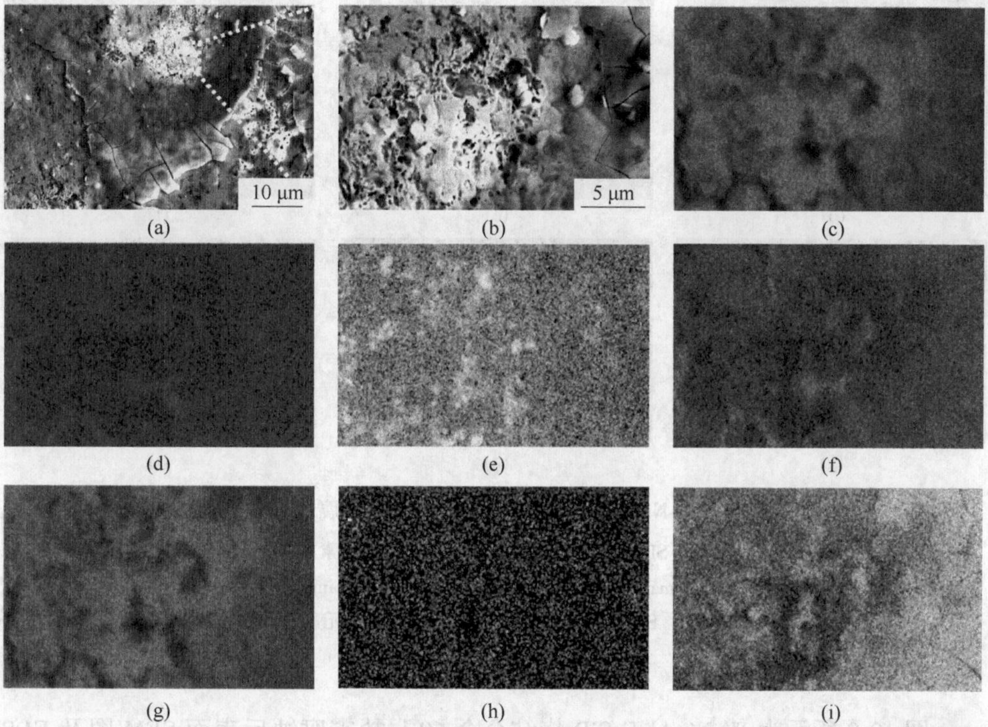

图 10-7　W-Ni_3Al-FeSiB 烧结合金 6 h 盐雾腐蚀后的表征

（a）（b）合金表面 SEM 图及其局部放大图；（c）W 元素的 EDS mapping 图；（d）Ni 元素的 EDS mapping 图；（e）Al 元素的 EDS mapping 图；（f）Fe 元素的 EDS mapping 图；（g）Si 元素的 EDS mapping 图；（h）B 元素的 EDS mapping 图；（i）O 元素的 EDS mapping 图

扫一扫看
更清楚

图 10-8 所示为 W-Ni_3Al-FeSiB 烧结合金 30 h 盐雾腐蚀后表面 SEM 图及 EDS 元素面扫描结果。通过与前述 W-Ni_3Al-B/B_2O_3/MoO_3/Zr 合金盐雾腐蚀形貌比较后发现，W-Ni_3Al-FeSiB 合金经过 30 h 盐雾腐蚀后表面腐蚀形貌最大的特点是其光滑致密的腐蚀层上面生长出一些颗粒状的腐蚀产物，且在腐蚀层上面分布少量

的裂纹［图 10-8（a）和（b）］。图 10-8（c）~（i）中的 EDS 元素面扫描结果显示该腐蚀层的构成可能是由多层不同种类的金属氧化物所构成。

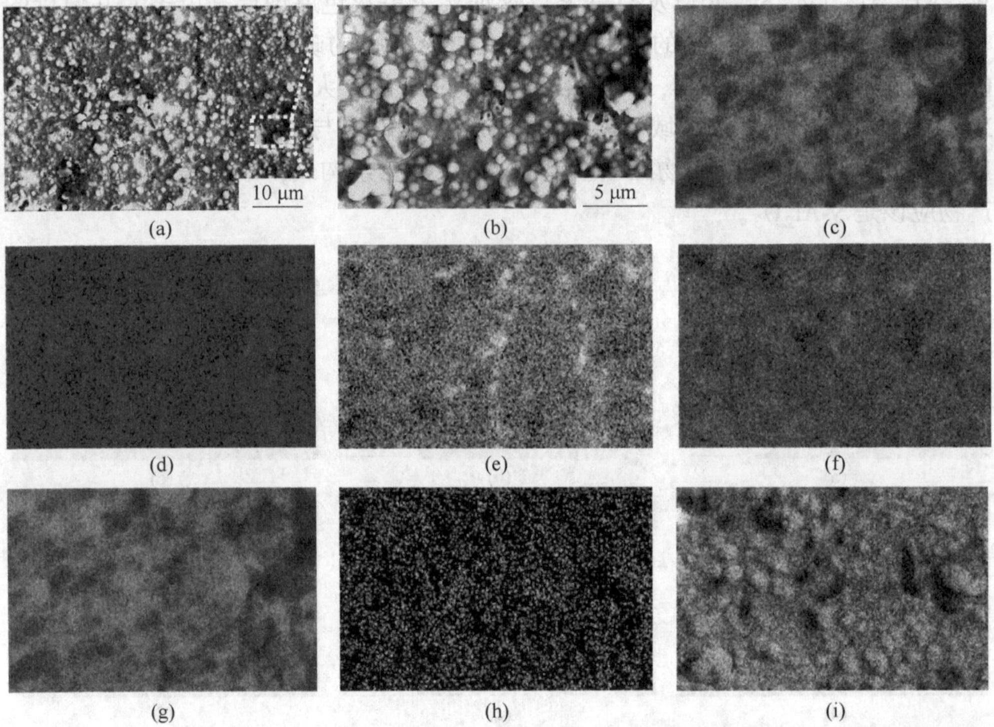

图 10-8　W-Ni_3Al-FeSiB 烧结合金 30 h 盐雾腐蚀后的表征

（a）（b）合金表面 SEM 图及其局部放大图；（c）W 元素的 EDS mapping 图；（d）Ni 元素的 EDS mapping 图；（e）Al 元素的 EDS mapping 图；（f）Fe 元素的 EDS mapping 图；（g）Si 元素的 EDS mapping 图；（h）B 元素的 EDS mapping 图；（i）O 元素的 EDS mapping 图

扫一扫看
更清楚

图 10-9 所示为 W-Ni_3Al-FeSiB 烧结合金 60 h 盐雾腐蚀后表面 SEM 图及 EDS 元素面扫描结果。从图 10-9（a）和（b）可知，W-Ni_3Al-FeSiB 烧结合金表面颗粒状腐蚀产物明显增多且长大，这是由于前期表面形成的较小的颗粒状腐蚀相充当“晶核”导致腐蚀产物以该“晶核”进行生长，进而得到了明显长大的颗粒状的腐蚀形貌。此外，腐蚀产物的不断积累，使得腐蚀层应力增加，从而导致部分区域腐蚀层的脱落。结合相应的元素分布结果［图 10-9（c）~（i）］可知，形成的腐蚀层为多元素的复杂氧化物腐蚀层，且在腐蚀层脱落区发现 W、Si 相的富集，说明该区域是由 W(Si,B) 固溶体的腐蚀形成。从上述可知，W(Si,B) 固溶体相区域优先被腐蚀，进而随着腐蚀时间的增加，腐蚀层堆积得越厚，在 60 h 的腐蚀时间下发生脱落，同时也说明 W(Si,B) 固溶体相区形成的腐蚀层与其基

体的结合力较弱。因而，该腐蚀层的形成是一个动态的脱落—形成的过程。

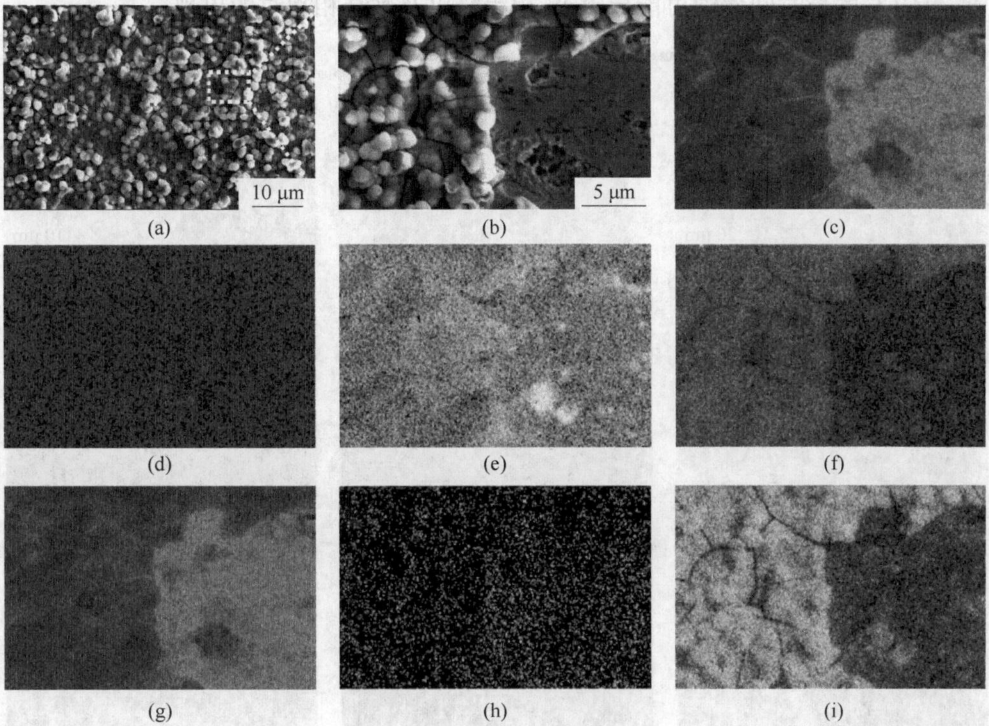

图 10-9　W-Ni_3Al-FeSiB 烧结合金 60 h 盐雾腐蚀后的表征

（a）（b）合金表面 SEM 图及其局部放大图；（c）W 元素的 EDS mapping 图；（d）Ni 元素的 EDS mapping 图；（e）Al 元素的 EDS mapping 图；（f）Fe 元素的 EDS mapping 图；（g）Si 元素的 EDS mapping 图；（h）B 元素的 EDS mapping 图；（i）O 元素的 EDS mapping 图

扫一扫看
更清楚

图 10-10 所示为 W-Ni_3Al-FeSiB 合金在 5%浓度的 NaCl 溶液浸泡一个月后的表面 CLSM、SEM 图以及 EDS 元素面扫描结果。由图 10-10（a）和（b）可知，浸泡一个月后合金表面的腐蚀区域分为黄色区域与黑色条带状区域，同时根据 CLSM 三维轮廓图可以看出合金表面的腐蚀区域由三种不同高度的腐蚀层构成，分别为 40~50 μm，60~70 μm 以及 90 μm 以上。进一步的，由图 10-10（c）和（d）中 SEM 图可以看出，浸泡一个月后合金表面的 W 相变得粗糙，且在黏结相区域形成了黑色的腐蚀层，但在腐蚀层上存在少量裂纹。同时，也可以明显地看到合金表面 W 相高于黏结相，这表明在浸泡腐蚀过程中，合金的黏结相腐蚀速度比 W 相快，即黏结相的腐蚀先于 W 相。此外，SEM 图中不同高度的物相分布正好与 CLSM 图中不同高度的三维图像相对应。相较于盐雾腐蚀合金表面腐蚀层的颗粒状形貌，在浸泡一个月后其表面腐蚀层并未生成大量颗粒状腐蚀物，这说明颗粒状腐蚀物可能比较松散，在溶液环境中容易脱落。根据其相应的元素分布

[图 10-10（e）~(l)] 可知，黏结相黑色腐蚀层主要由 Ni-Fe-O 的复杂氧化物构成，且 Cl^- 的长时间侵蚀可能导致 W 相粗糙以及黏结相裂纹的出现。

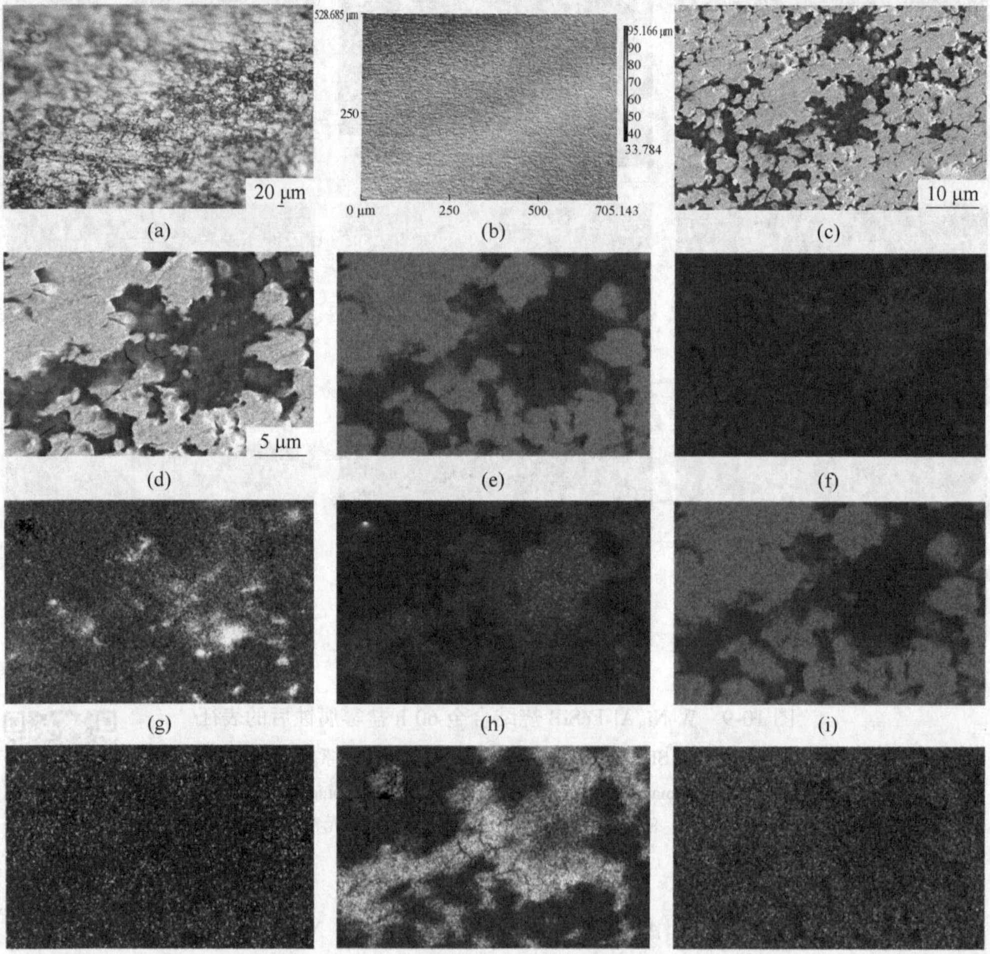

图 10-10　W-Ni_3Al-FeSiB 合金静态浸泡一个月后表面形貌及元素分布
（a）（b）合金 OM 图及其 CLSM 图；（c）（d）合金 SEM 图及局部放大图；
（e）W 元素的 EDS mapping 图；（f）Ni 元素的 EDS mapping 图；（g）Al 元素的 EDS mapping 图；（h）Fe 元素的 EDS mapping 图；（i）Si 元素的 EDS mapping 图；（j）B 元素的 EDS mapping 图；（k）O 元素的 EDS mapping 图；（l）Na 元素的 EDS mapping 图

扫一扫看
更清楚

综上所述，向 W 粉和 Ni_3Al 粉中加入 FeSiB 金属玻璃粉，在 1200 ℃的烧结温度下，制备出综合性能优异的新型 W-Ni_3Al-FeSiB 合金。其中，合金的抗弯强度为（1654.50±31.2）MPa，硬度为（74.70±0.54）HRA，钨晶粒尺寸为（3.09±0.67）μm，相对密度为99.78%±0.21%。具有独特性能的金属玻璃粉末使烧结合金具有几乎全致密的相对密度。除了Al_2O_3相与片状Ni_3Al的协同作用外，高相对密度和细小钨晶粒，W相和黏结相的固溶强化，W、Ni、Fe、B、Si、O多元素共偏析无序界面的形成以及纳米无序FeSiB粒子的形成是合金拥有优秀力学性能的主要原因。从1200 ℃烧结合金的盐雾腐蚀与盐水浸泡实验可知，在盐雾环境中该合金表面可以迅速形成一层光滑的复杂氧化物腐蚀层。随着腐蚀时间延长，该腐蚀层表面生长出颗粒状复杂氧化物/氯化物，最终在合金表面形成一层颗粒状的多孔腐蚀层。

11 固溶强化和细晶强化 W-Ni_3Al-Co合金

Ni_3Al 是一种具有 LI_2 型结构的化合物，由于其独特的物理和力学性能使其对绝热剪切有很好的敏感性，在用作黏结相制备自锐型钨合金动能穿透器方面有巨大潜力。但在过去的研究中，研究者制备的 W-Ni_3Al 合金的力学性能较低。如通过先固相烧结后液相烧结方式制备的 W-Ni_3Al 合金的抗弯强度不到 600 MPa。在前述章节中，提出通过合金微观结构设计策略来制备 W-Ni_3Al 合金，这为探索高性能 W-Ni_3Al 合金制备指明了一个方向。因此，在微观结构设计的基础上辅助其他手段制备具有优良综合力学性能的细晶 W-Ni_3Al 合金是一个重要课题。

目前，提升钨合金性能研究主要集中在添加合金化元素、强化烧结以及后续热处理等。其中添加合金化元素是一种简单有效的方法，特别是微量合金元素的添加。目前研究较多的是添加稀土元素 Re 提高钨合金的性能，添加 Re 能够提高 Ni_3Al 滑移系统中的不稳定层错能量提升强度，但是稀土元素的高成本限制了它的应用。因此，选用其他合金元素微量添加于 W-Ni_3Al 合金之中产生多种协同强化效果，不经过后续热处理即可大幅提高钨合金力学性能，这对降低原料成本和能源消耗是十分有必要的。其中，添加 Co 元素是一种有效的措施，它的存在能导致黏结相的固溶强化，增强黏结相对钨的润湿性。

细晶钨合金材料表现出来的优良性能越来越受到重视，粉末冶金是制备该材料最常用的方法之一。其中，钨合金的烧结是十分重要的环节，烧结工艺对合金的致密度、晶粒大小、偏析、组织形貌有很大的影响。传统钨合金一般采用液相烧结达到全致密，但是液相烧结时，由于钨颗粒与黏结相密度相差较大，会发生钨晶粒偏析和长大而导致合金坍陷和变形。为了改善这些问题，人们研究了活化烧结法，其中 SPS 是一种较为有效的技术。该烧结技术能够在比其他烧结方法更低的温度和更短的时间内烧结促进合金完成致密化，而由表面扩散引起的粗化被最小化，从而使晶粒的生长被抑制。基于此，本章选用低热导率的 Ni_3Al 作为钨合金黏结相，同时加入微量 Co 粉作为添加剂，并结合高能球磨和 SPS 技术制备了 W-Ni_3Al-Co 合金，研究了 W-Ni_3Al-Co 合金的显微组织和力学性能之间的关系。

11.1 合金制备及表征

与前述章节一样，在 W-Ni_3Al-Co 合金烧结前，预先对 Ni_3Al 粉进行机械激活处理后，再与其他原料均匀混合。

11.1.1　材料制备

原料 W 粉和 Ni_3Al 粉的纯度和粒径与前述相同。原料 Co 粉的纯度大于 99.0%（质量分数），平均粒径为 0.5 μm。以无水乙醇为球磨助剂，取 20∶1 的球料比，通过两步球磨对 Ni_3Al 原料进行预处理，具体工艺如下：先以 200 r/min 转速球磨 10 h 后，再将转速调为 310 r/min 球磨 2 h。接下来，将质量比为 90∶9∶1 的 W 粉、球磨 Ni_3Al 粉与 Co 粉依次装入球磨罐中，以球料比 5∶1，转速 300 r/min，在氩气保护气氛下干混 24 h 后得到原料复合粉末。最后，将均匀混合的钨合金复合粉末装入直径为 30 mm 的石墨模具中后，将模具放入 SPS 炉中，抽真空至约 25Pa 后，以 100 ℃/min 的升温速率升高到指定温度（1150 ℃、1200 ℃、1250 ℃、1300 ℃、1350 ℃）进行合金的快速烧结，烧结过程中的系统压力为 40 MPa，保温时间为 5 min。

11.1.2　材料表征

原料粉末和烧结合金的主要表征测试方法与前述章节相同。

11.2　原料粉末及其球磨预处理

图 11-1 所示为原料及其球磨预处理后的 SEM 图和 XRD 表征。其中，图 11-1（a）~（c）是原料粉末的显微形貌，从其可见 W 粉和 Co 粉均呈细小多棱的颗粒状，Ni_3Al 粉为尺寸较大的团聚颗粒状。图 11-1（d）为原料 Ni_3Al 粉末经湿法两步球磨后的显微形貌，与球磨前粉体相比，粉末形貌发生了明显的变化，大部分颗粒为分散性较好的片状，这主要是因为无水乙醇黏度较低，磨球可以较好地将球磨能量传递到 Ni_3Al 表面，使得 Ni_3Al 在机械冲击和剪切作用下产生塑性变形，颗粒相互冷焊黏结而构成。通过湿法球磨后，Ni_3Al 粉末从较大近球状逐步变成薄片状，获得更高的比面积有利于压制过程中合金的致密化的同时，也可向粉末中引入大量空位和位错等缺陷，有利于降低 W-Ni_3Al 合金的烧结温度以及烧结过程固溶相的形成。图 11-1（e）为片状 Ni_3Al 粉末、W 粉以及 Co 粉经球磨混料后所得混合粉末的 SEM 图，可以看出获得了较均匀的复合粉末。

图 11-1（f）是各种原料粉末及机械球磨粉末的 XRD 图。可以发现，经高能球磨后，所有 Ni_3Al 相的衍射峰强度降低，明显变宽，低角度的衍射峰因宽化而消失，这是因为球磨机高速旋转，磨球的巨大冲击使 Ni_3Al 粉的粒径变小。而 Co

粉因添加量较少且其主峰与 Ni_3Al 粉衍射峰位置相近，故难以从 W-Ni_3Al-Co 复合粉末的 XRD 图中进行辨别。复合粉末中 W 相的特征衍射峰最强，这与原料粉末中 W 粉质量占比高达 90%有关。此外，原料粉末球磨混合过程中的球料比较低，这不会导致 W 粉的明显细化，因而 W 相的衍射峰较窄。

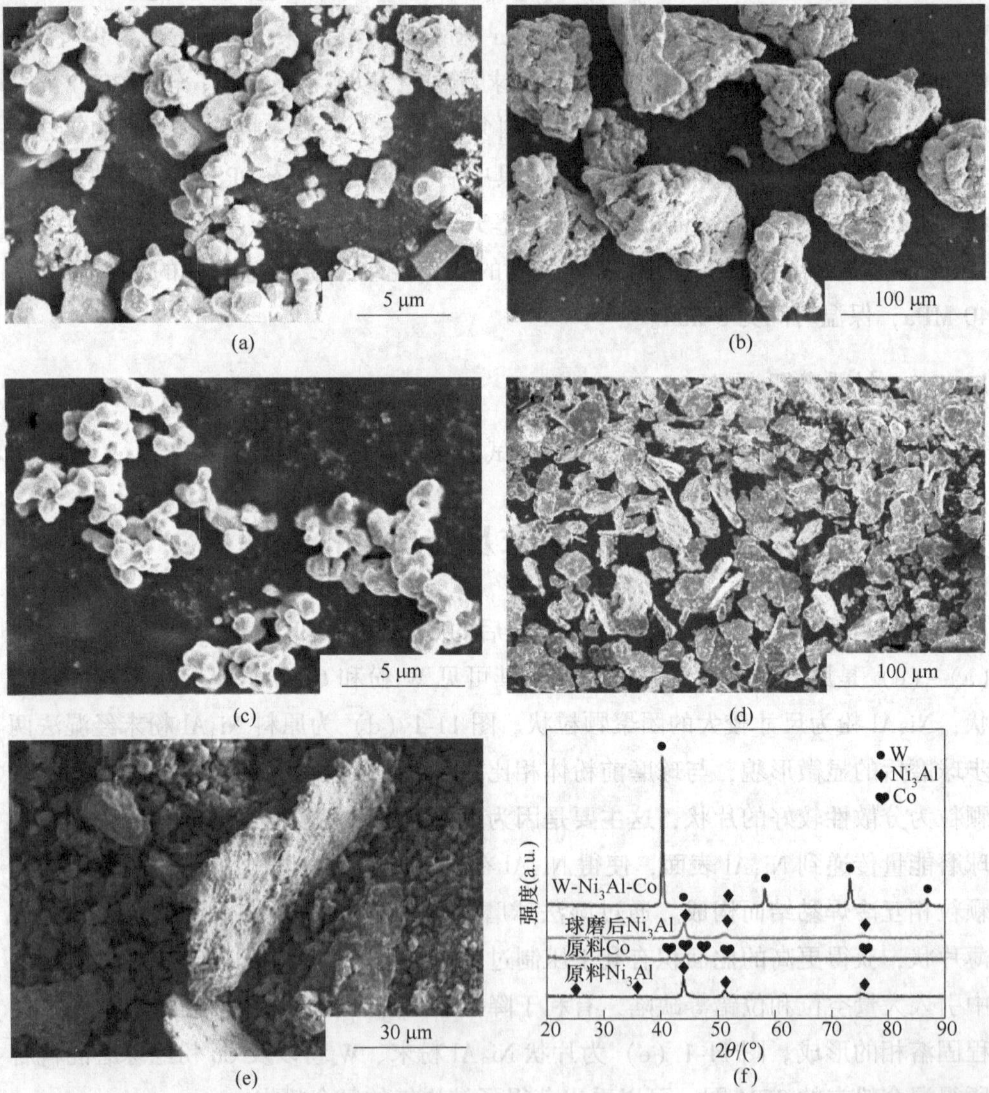

图 11-1　原料及球磨粉末的表征

（a）W 粉的 SEM 图；（b）Ni_3Al 粉的 SEM 图；（c）Co 粉的 SEM 图；
（d）两步球磨 Ni_3Al 粉的 SEM 图；（e）W-9Ni_3Al-1Co 混合粉末的 SEM 图；
（f）原料和混合粉末的 XRD 图

扫一扫看
更清楚

11.3 典型烧结合金的物相、微观结构和元素分布

1250 ℃烧结典型合金的物相组成和微观结构，如图 11-2 所示。从图 11-2（a）中的 XRD 图可知，除了新出现的 Al_2O_3 相衍射峰，各温度烧结合金的衍射峰和图 11-1（f）中球磨混合原料复合粉末物相类似。观察到 W 相的（110）、（200）、（211）、（220）晶面所对应的衍射峰最强，这与 W 相为合金的主相有关。对于 Ni_3Al 黏结相，其在 $2\theta=44°$附近的衍射峰相对图 11-1（f）中球磨混合复合粉末衍射峰出现了向左偏移的现象（从 44.15°到 43.68°），根据布拉格方程 $2d\sin\theta=n\lambda$，衍射峰峰位的左移，即 θ 减小，说明晶面间距 d 增大。而对于 Ni_3Al 金属间化合物而言，高温烧结下扩散的 W 原子和 Co 原子分别容易取代其 Al 和 Ni 的晶格位置，由于 W 原子和 Co 原子的原子半径较大，当 W 原子和 Co 原子固溶进入 Ni_3Al 晶格，会使得晶面间距增大，因此导致 Ni_3Al 相衍射峰向低角度偏移。另外，较弱 Al_2O_3 相衍射峰出现可能是因为 Ni_3Al 粉末在以酒精为球磨介质的高能球磨和后续烧结过程中容易吸附 O 导致 Al 原位氧化而形成。

为了进一步分析合金中各相的分布，对所制备的 W-9Ni_3Al-1Co 合金进行 SEM 及 EDS 表征，结果如图 11-2（b）~（d）所示。由 SEM 图图 11-2（b）可以看出，合金由浅白色晶粒、浅黑色黏结相以及一些深黑色相所组成。结合图 11-2（d）中 EDS 点元素扫描可知 W 元素主要富集在浅白色晶粒上（如点 *A*），这与 W 元素的 EDS mapping 图相一致。浅黑色黏结相（如点 *B*）中主要集中了 Ni、Co 元素，以及少量的 Al 元素同时还有部分扩散进入黏结相的 W 元素。而在深黑色相区域中 O 元素的分布和 Al 元素的分布区域一致。因此，可认为浅白色晶粒为钨晶粒，浅黑色黏结相为 Ni_3Al 和（Ni，Co）$_3$（Al，W）固溶体，而深黑色相为 Al_2O_3 粒子。总体上，1250 ℃烧结所制备合金的黏结相分布比较均匀，钨晶粒球化比较明显，形成网络状结构，没有发现明显的孔洞和杂质。这主要与两步球磨获得的薄片状 Ni_3Al 发生熔化形成液相有关，同时表明 1250 ℃烧结时 W-9Ni_3Al-1Co 合金可获得足够的烧结驱动力进行液相形成和颗粒重排。

在合金显微结构［图 11-2（b）］中也可以观察到不同尺寸大小的钨晶粒的存在，这是由于 W 粉颗粒溶解在液相中，会优先从高能量区域溶解，溶解的 W 粉颗粒在液相中扩散，并在较大 W 粉颗粒上沉淀，导致钨晶粒的尺寸长大，而另外有一些 W 粉颗粒很难通过长距离内迁移到大 W 粉颗粒的表面，因此只能从过饱和固溶体中原位沉淀形成小尺寸钨晶粒。另外，从图 11-2（b）和（c）中可以发现原位氧化生成的深黑色 Al_2O_3 粒子主要富集在浅白色钨晶粒和浅黑色黏结相的边界处，这些分布在 W-黏结相界面处的 Al_2O_3 粒子能够阻碍 W 粉颗粒的溶解—析出过程，降低钨晶界的迁移速率，抑制钨晶粒的长大，进而有利于提高合金的力学性能。

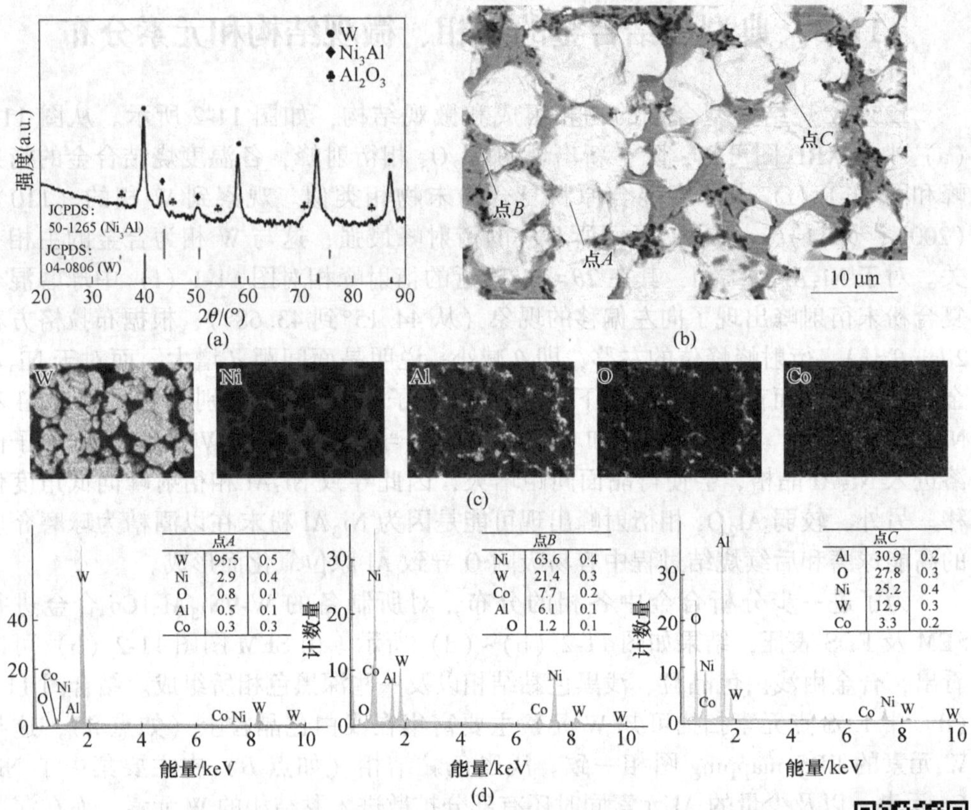

图 11-2　典型 W-9Ni_3Al-1Co 合金的 XRD 和 SEM 表征

（a）XRD 图；（b）SEM 图；（c）不同元素的 EDS mapping 图；

（d）图 11-2（b）中点 A～点 C 的 EDS 点扫描结果

扫一扫看
更清楚

11.4　典型烧结合金的精细结构

1250 ℃烧结典型合金的 TEM 表征结果，如图 11-3 所示。基于图 11-3（a）中 W-9Ni_3Al-1Co 合金 TEM 图及对应合金元素分布的 EDS mapping 图，浅白色区域主要为富 W 元素分布的区域，浅黑色区域主要是富 Ni 元素分布的区域，而深黑色区域主要为 O 元素和富 Al 元素分布，则其分别对应 W 相、黏结相和 Al_2O_3 相。对黏结相区域点 A 进行 EDS 点扫描，发现 Ni、Co 原子与 Al、W 原子和的比值接近 3：1；同时，根据图 11-3（b）的 HRTEM 图中所测的晶面间距略大于 Ni_3Al（112）晶面间距（JCPDS 卡号 50-1265）。这些结果都表明在烧结过程中部分 Co 和 W 元素扩散进入 Ni_3Al 晶格中形成（Ni, Co$)_3$(Al, W）固溶体，与图

11-2（a）的 XRD 图中 Ni_3Al 相衍射峰整体向低 2θ 角度偏移相吻合。这是由于在 SPS 过程中，原始 W 粉多面体棱边处因具有尖锐的角部和较小的接触面积而更利于产生更大的焦耳热，容易引起局部高温使得部分 W 粉颗粒溶解于黏结相中并部分进入 Ni_3Al 晶格，W 元素在 Ni_3Al 中优先占据 Al 的亚点阵位置，同时 Co 粉在高温烧结过程中，Co 原子也会扩散到 Ni_3Al 晶格中，倾向于占据 Ni 原子的位置。

对图 11-3（a）中深黑色区域点 B 进行的 EDS 点扫描结果进一步证明了其为 Al_2O_3 相。结合图 11-3（e），白色的 Al_2O_3 晶粒主要分布于 W 相和黏结相之间，这种特殊结构有利于使合金中的钨晶粒细化，提高合金的室温强度。图 11-3（c）和（d）为 W 和 Al_2O_3 之间的界面以及黏结相和 Al_2O_3 之间的界面的 HRTEM 图，显示了 Al_2O_3 和 W 相/黏结相之间良好的界面结合。而在图 11-3（c）中可以看

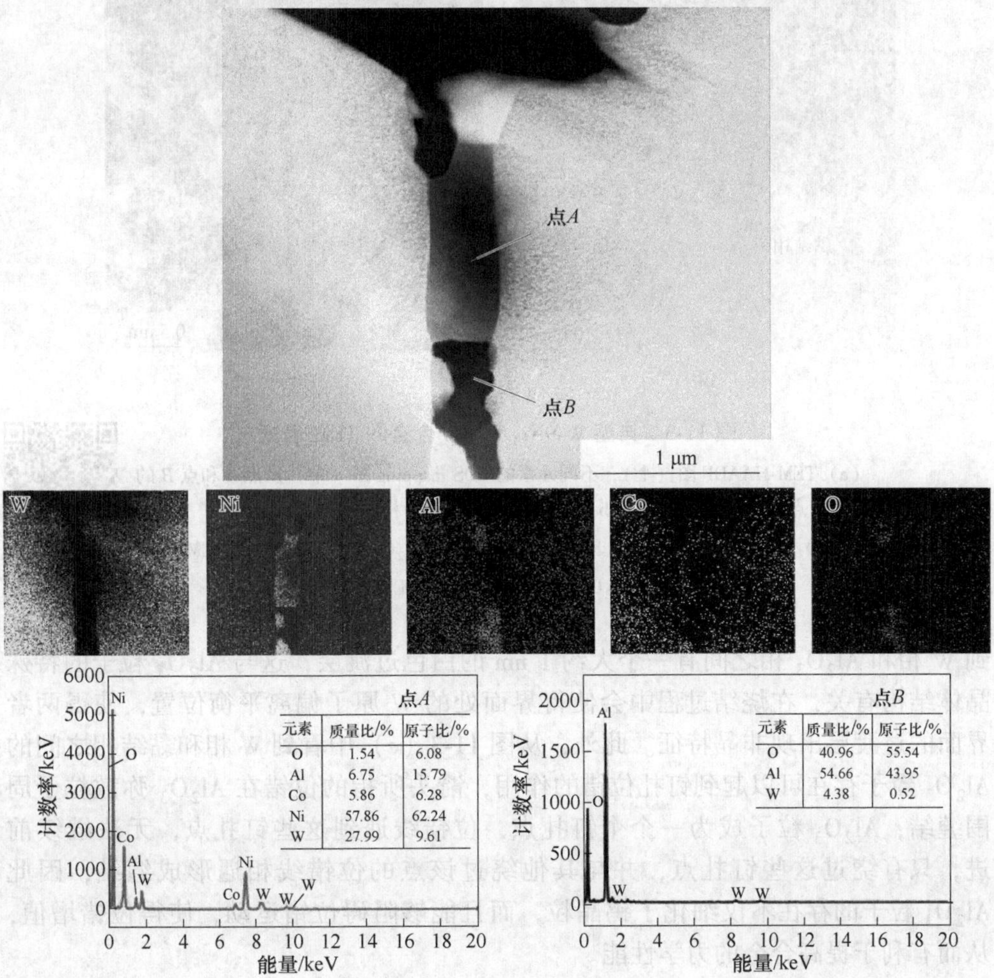

(a)

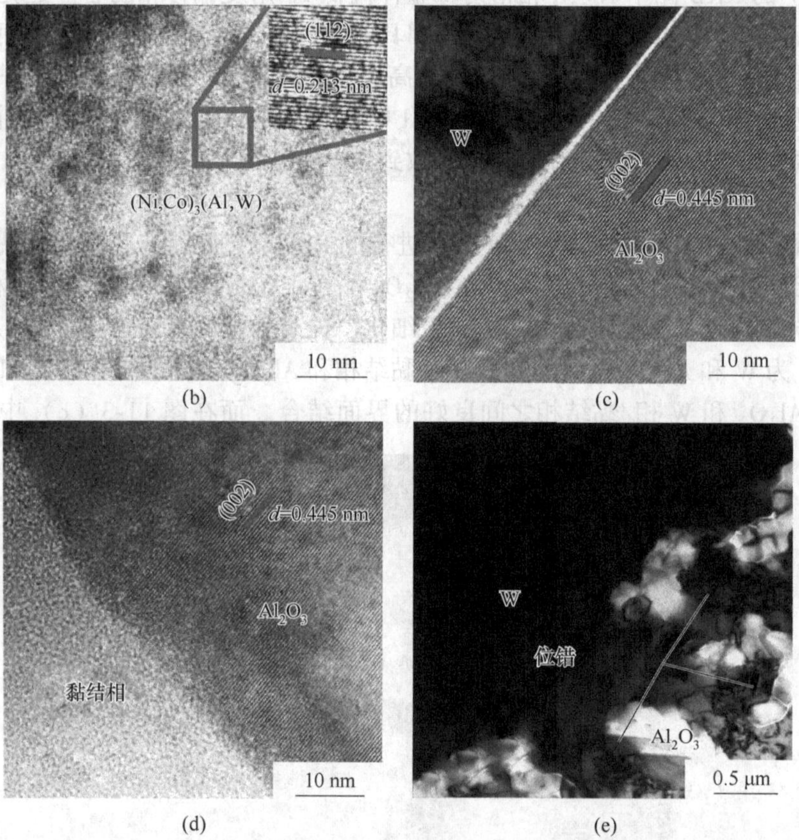

图 11-3　典型 W-9Ni_3Al-1Co 合金的 TEM 表征

(a) TEM-HAADF 图（上），不同元素的 EDS mapping 图（中）及点 *A* 和点 *B* 的 EDS 点扫描结果（下）；(b) $(Ni,Co)_3(Al,W)$ 相的 HRTEM 图；(c) W 和 Al_2O_3 之间界面的 HRTEM 图；(d) 黏结相和 Al_2O_3 之间界面的 HRTEM 图；(e) Al_2O_3 粒子阻碍位错的 TEM-BF 图

扫一扫看
更清楚

到 W 相和 Al_2O_3 相之间有一个大约 1 nm 的白色过渡层，这与 Al_2O_3 粒子的特殊晶体结构有关，在烧结过程中会使得界面处的 W 原子偏离平衡位置，使得两者界面的过渡层出现非晶特征。此外，从图 11-3（e）中看到 W 相和黏结相之间的 Al_2O_3 粒子存在可以起到钉扎位错的作用，箭头所指的位错在 Al_2O_3 弥散粒子周围缠结，Al_2O_3 粒子成为一个个钉扎点，位错线遇到这些钉扎点，无法继续前进，只有绕过这些钉扎点，并与其他绕过该点的位错线相遇形成缠结，因此 Al_2O_3 粒子的存在不仅细化了钨晶粒，而且能够阻碍位错运动，使得位错增值，从而有利于提高合金的力学性能。

11.5 不同温度烧结合金的力学性能

不同烧结温度制备 W-9Ni_3Al-1Co 合金的性能变化，如图 11-4 所示。从图 11-4（a）可知，所有温度烧结合金的相对密度均大于 95%，说明这些合金都具有良好致密性。在 SPS 过程中，原料粉末颗粒会受到温度场、电场以及系统压力的共同作用，烧结坯体可以迅速越过低温区，快速消除粉末之间的孔隙而达到致密化。另外，机械球磨预处理可给原料粉末引入大量位错和空位，有利于降低粉末的熔点和烧结过程中物质的传递，使粉末在较低的温度达到致密化。同时，原料中添加的 Co 元素能够降低黏结相对 W 粉颗粒的润湿角，使得在毛细管力作用下黏结相更容易填充到 W-W 界面之间，从而降低合金内部的残余孔隙率，导致合金致密度较高。另外，从图 11-4 中也可发现 W-9Ni_3Al-1Co 合金的相对密度随烧结温度的升高一直上升。这是因为高温能够提供足够的驱动力，以促进质量传输、体积和表面扩散。但是，随着烧结温度进一步上升至 1350 ℃时，样品的密度大幅超过了合金的理论密度，这与高温烧结会使得部分黏结相挥发，以及熔化黏结相在系统压力下从模具中部分溢出，从而导致合金中 W 相实际质量分数大于配料值有关。

图 11-4（b）所示为不同烧结温度制备的 W-9Ni_3Al-1Co 合金的力学性能。从图 11-4（b）可知，随着烧结温度的提高，合金抗弯强度和硬度的变化趋势都呈先增加后减小的趋势，不同的是在 1200 ℃时合金硬度值达到（74.32±0.27）HRA 的最高值，而抗弯强度则在 1250 ℃达到（1519.48±37.47）MPa 的最高值。在较低的烧结温度时，烧结驱动力相对不足，而且经过机械球磨预处理的原料粉末粒

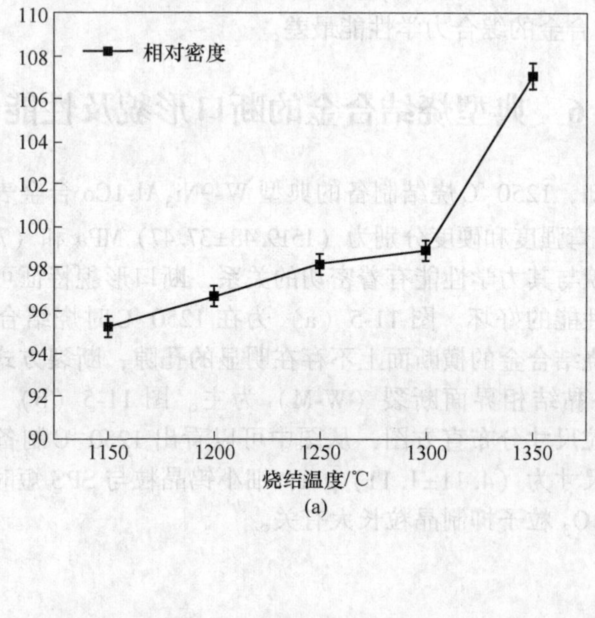

(a)

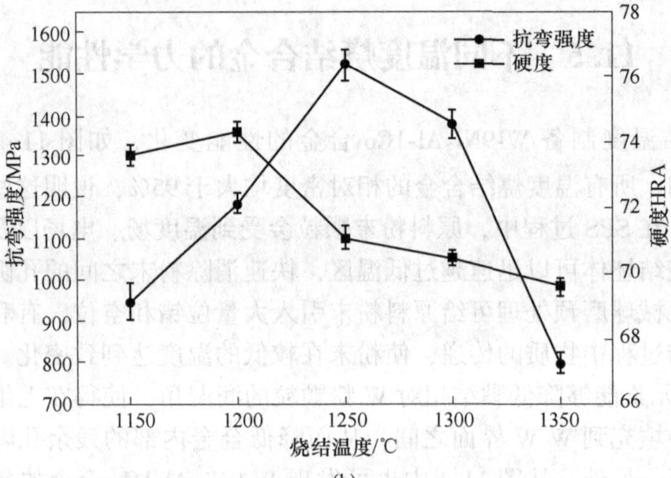

(b)

图 11-4　不同温度烧结 W-9Ni_3Al-1Co 合金的性能

(a) 相对密度；(b) 抗弯强度和硬度

径较细小，细小的晶粒意味着更多的晶界，可以通过晶界阻碍位错的运动进而提升合金抵抗变形的能力，因而，1200 ℃制备合金的硬度最高。当烧结温度超过 1200 ℃后，粉末颗粒间的距离进一步缩小，合金中的钨晶粒尺寸也开始明显长大，随着晶粒不断粗化，合金硬度呈现逐渐下降的趋势。1250 ℃的烧结合金，虽然其钨晶粒相较于低温时明显长大，但还是属于细晶钨合金范畴，重要的是合金中的黏结相分布比较均匀［图 11-2（b）］，因而该温度的制备合金具有最好的抗弯强度。当温度超过 1250 ℃时，由于合金中的钨晶粒会继续长大，而且黏结相会部分挥发甚至被挤出模具，因而合金的抗弯强度和硬度都会下降，其中 1350 ℃ 的烧结合金的综合力学性能最差。

11.6　典型烧结合金的断口形貌及性能比较

从前述可知，1250 ℃烧结制备的典型 W-9Ni_3Al-1Co 合金表现出最好的综合力学性能，其抗弯强度和硬度分别为（1519.48±37.47）MPa 和（71.08±0.33）HRA。合金的断口形貌与其力学性能有着密切的关系，断口形貌特征可以在一定程度上直接反映力学性能的好坏。图 11-5（a）为在 1250 ℃时烧结合金的抗弯断口形貌。在该温度烧结合金的横断面上不存在明显的孔隙，断裂方式以钨穿晶解理断裂（W）和钨-黏结相界面断裂（W-M）为主。图 11-5（b）为从图 11-5（a）中统计的钨晶粒尺寸分布直方图，从图中可以看出 1250 ℃制备的 W-9Ni_3Al-1Co 合金的钨晶粒尺寸为（4.11±1.11）μm，细小钨晶粒与 SPS 短时烧结的特点以及原位生成的 Al_2O_3 粒子抑制晶粒长大有关。

图 11-5（c）为本章制备的钨合金（W-9Ni_3Al-1Co）与其他钨合金的抗弯强度和硬度的比较散点图，可以看出 W-9Ni_3Al-1Co 合金硬度能够保持在 70HRA 以

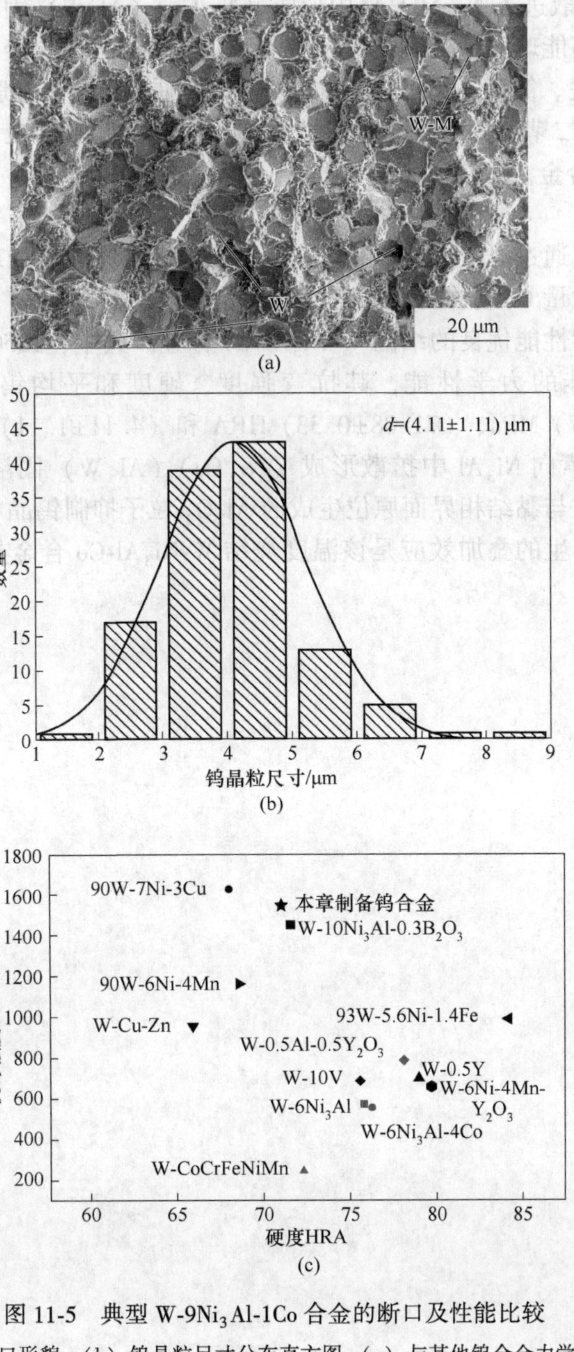

图 11-5　典型 W-9Ni_3Al-1Co 合金的断口及性能比较

（a）抗弯断口形貌；（b）钨晶粒尺寸分布直方图；（c）与其他钨合金力学性能比较

上的同时，与其他钨合金相比具有更高的抗弯强度。特别的是，与 W-6Ni_3Al 合金和 W-6Ni_3Al-4Co 合金相比，材料抗弯强度提高了 2.5 倍以上，这主要与部分 Co 和 W 元素扩散进入 Ni_3Al 晶格中形成（Ni,Co)$_3$(Al,W）固溶体导致的固溶强化，以及通过高能球磨预处理结合 SPS 低温烧结制备的钨合金的钨晶粒较细引起的细晶强化有关。简而言之，通过向原料中添加微量的 Co 粉，通过固溶强化、细晶强化及其二者的协同效应，最终制备出了具有优良力学性能的细晶 W-9Ni_3Al-1Co 合金。

综上所述，通过对 Ni_3Al 粉末预先进行两步机械球磨预处理，并向钨合金复合粉末中加入微量 Co 粉作为添加剂，利用机械合金化和后续 SPS 快速烧结，成功制备出了力学性能优良的细晶 W-Ni_3Al-Co 合金。其中，1250 ℃烧结制备出的钨合金具有最佳的力学性能，其抗弯强度、硬度和平均钨晶粒尺寸分别为（1519.48±37.47）MPa、（71.08±0.33）HRA 和（4.11±1.11）μm。高温烧结过程中 Co、W 元素向 Ni_3Al 中扩散形成（Ni,Co)$_3$(Al,W）固溶体产生的固溶强化，以及钨晶粒与黏结相界面原位生成的 Al_2O_3 粒子抑制钨晶粒生长产生的细晶强化，及二者产生的叠加效应是该温度烧结 W-Ni_3Al-Co 合金具有优良综合力学性能的主要原因。

12 微量 Y_2O_3 改性 W-Ni_3Al-Co 合金

长期以来，制备具有更好综合力学性能的钨合金一直是高密度合金领域的重要研究目标之一。提升钨合金力学性能的主要途径包括：生成纳米晶或超细晶粒钨、热机械手段、加入添加剂和黏结相的新设计等。其中，新型黏结相的设计是钨合金性能增强的关键，近年来日益受到研究者的重视。Ni_3Al 具有优良的高温强度和耐腐蚀性，作为钨合金的新型黏结相前景可期。然而，遗憾的是，目前一些研究制备的 W-Ni_3Al 合金的综合力学性能，尤其是强度均比较低。在第 11 章中，向 W-Ni_3Al 合金中添加微量的 Co 粉，通过固溶强化和细晶强化的协同作用，在不降低其硬度情况下，制备出了抗弯强度为（1519.48 ± 37.47）MPa 的细晶 W-Ni_3Al-Co 合金。在此研究基础上，可否设法进一步提高 W-Ni_3Al 合金的综合力学性能，尤其是抗弯强度呢?

稀土元素具有非常多的独特性质，因此被认为是工业“维生素”，在金属材料及其合金中具有巨大的应用潜力。稀土元素 Y、Ce 和 La 及其氧化物对于细化钨晶粒尺寸和减少晶界中的杂质聚集非常有用。烧结钨合金中的稀土氧化物颗粒可能存在于晶粒和晶界中。存在于钨晶粒中的氧化物颗粒可以钉扎并积聚位错，从而有助于提高材料的力学性能。此外，分散在晶界的氧化物颗粒可以通过延缓晶界迁移来抑制晶粒生长，导致晶粒细化。然而，目前还未见通过添加微量稀土氧化物 Y_2O_3 提升含 Co 的 W-Ni_3Al 合金力学性能的相关研究。

因此，在第 11 章有关 W-Ni_3Al-Co 合金的研究基础上，本章尝试引入微量的稀土氧化物 Y_2O_3，在不降低合金硬度的情况下显著提升其抗弯强度。主要研究了不同稀土氧化物含量对 W-Ni_3Al-Co 合金显微组织和力学性能的影响，并分析了稀土氧化物对 W-Ni_3Al-Co 合金的强化机制，最后也对 W-Ni_3Al 系合金的抗盐雾腐蚀性能进行了比较。

12.1 合金制备及表征

除了在原料粉末中额外添加少量稀土氧化物 Y_2O_3 外，本章中的材料主要制备方法与第 11 章相同。

12.1.1 材料制备

原料 W 粉、Ni_3Al 粉和 Co 粉的纯度和粒径与前述相同。原料 Y_2O_3 粉的纯度大于 99.5%（质量分数）。基于第 11 章研究结果，1250 ℃ 较低温烧结的 W-9Ni_3Al-1Co 合金具有最佳的室温力学性能，因此选择在该温度点烧结 4 种不同的 Y_2O_3 质量分数（0.05%、0.10%、0.15% 和 0.20%）的 W-9Ni_3Al-1Co 合金（分别标记为 0.05Y、0.1Y、0.15Y 和 0.2Y 钨合金）。预先采用与第 11 章相同的两步球磨工艺参数对 Ni_3Al 原料进行活化处理。接下来，将 W 粉末、Ni_3Al 活化粉、Co 粉、Y_2O_3 粉按照设计合金成分依次装入球磨罐中，在氩气气氛保护下，以 5∶1 球料比和 300 r/min 的球磨机转速，干混 6 h 后得到均匀混合的 W-Ni_3Al-Co-Y_2O_3 复合粉末。将混合均匀的复合粉末装入直径为 30 mm 的石墨模具里后，再将其放入 SPS 炉中，在 30 Pa 的初始真空度和 40 MPa 的恒定单轴压力下，以 100 ℃/min 的升温速率升高到 1250 ℃ 进行合金的快速烧结，其中保温时间为 5 min。

12.1.2　材料表征

原料粉末、烧结合金及腐蚀合金的其他主要表征测试方法与前述相同。合金抗盐雾腐蚀能力考察方法与第 6 章相同。

12.2　典型烧结合金的物相、显微组织和元素分布

典型 0.1Y 钨合金（含 0.1% Y_2O_3 的 W-9Ni_3Al-1Co 合金）的表征，如图 12-1 所示。从图 12-1（a）可知，烧结合金中只有 W 相和 Ni_3Al 相的衍射峰，没有发现 Co 相与 Y_2O_3 相的特征衍射峰，这与这两种原料的添加量较少，未达到 XRD 的检测下限有关。此外，W-Ni_3Al-Co-Y_2O_3 合金中 Ni_3Al 黏结相最强衍射峰（2θ=43.76°）有向左偏移现象，说明其对应晶面间距增大。这与高温烧结过程中，Ni_3Al 黏结相中部分 Ni 和 Al 的晶格位置分别被原子半径更大的 Co 和 W 原子取代，形成（Ni,Co)$_3$(Al,W）固溶体拉伸了晶体结构有关。

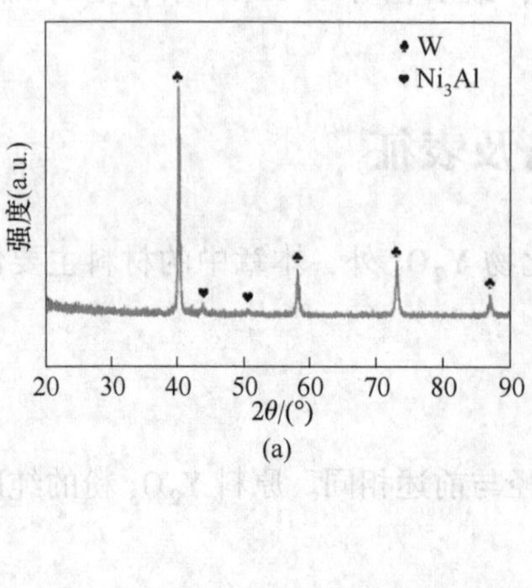

(a)

(b)

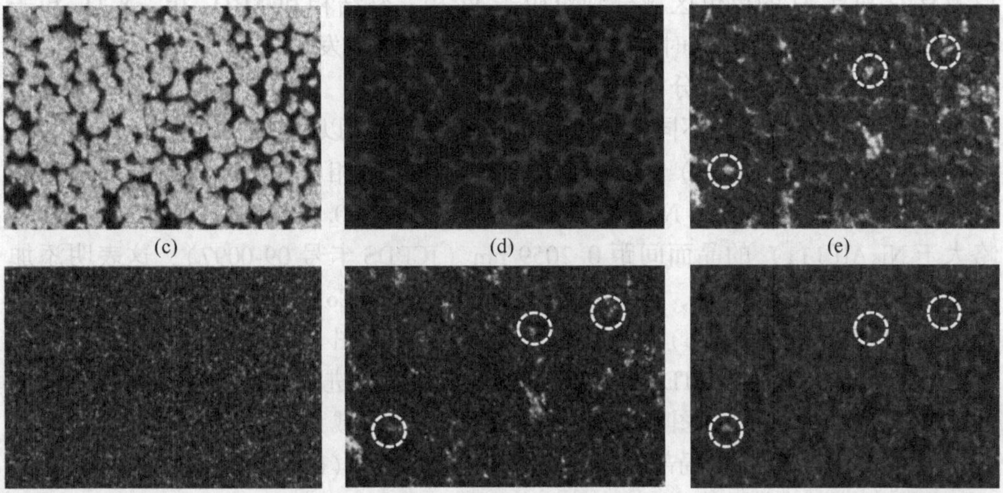

图 12-1 0.1Y 钨合金的表征

(a) XRD 图；(b) SEM 图；(c) W 元素的 EDS mapping 图；(d) Ni 元素的 EDS mapping 图；(e) Al 元素的 EDS mapping 图；(f) Co 元素的 EDS mapping 图；(g) O 元素的 EDS mapping 图；(h) Y 元素的 EDS mapping 图

扫一扫看
更清楚

为了进一步分析合金中各相的分布，对 W-Ni_3Al-Co-Y_2O_3 合金进行 SEM 及 EDS 表征，结果如图 12-1 (b)~(h) 所示，从图中可知，合金主要由浅白色相、浅黑色相和少量深黑色相组成。结合图 12-1 中 EDS 分析结果可以发现，W 元素主要富集在浅白色相中，浅黑色相中主要集中了 Ni、Co 元素，以及少量的 Al 元素，同时还有极少部分扩散进入的 W 元素。而在深黑色相的区域中 O 元素的分布区域和一些 Al 元素的分布区域一致，而 Y 元素主要分布在钨晶粒内，同时存在少量的晶粒间富集。因此可以得知，浅白色相为钨晶粒，浅黑色相为 Ni_3Al 黏结相和 $(Ni,Co)_3(Al,W)$ 固溶体，深黑色相为 Al_2O_3 粒子。Y_2O_3 粒子主要弥散分布在钨晶粒内部。深黑色 Al_2O_3 粒子主要富集在黏结相内部和黏结相和 W 相的交界处。此外，如图 12-1 (e) (g) (h) 中的圆圈所示位置，Al、Y 和 O 的部分分布区域重合，这与一些 Al_2O_3 和 Y_2O_3 在高温下相互反应在晶界处形成 YAM ($Y_4Al_2O_9$) 相有关。

12.3 典型烧结合金的精细结构

为了深入分析烧结合金的显微结构、物相组成和元素分布，选取 0.1Y 钨合金作为代表性样品，对其进行 TEM 和 EDS 表征，其相应结果，如图 12-2 所示。从 TEM 图和 EDS 元素分布图可以看出，富 W 的浅白色区域、富 Ni 的白色区域以及富 O 和富 Al 的黑色区域分别对应于 W 相、黏结相和 Al_2O_3 相，Y_2O_3 粒子主要分布在钨晶粒内，同时在 Al_2O_3 粒子附近也可以发现 Y_2O_3 粒子的存在，这与图 12-1 中的 SEM 结果分析一致。

对图 12-2 中合金的不同区域进一步进行 HRTEM 以及 SAED 表征，结果如图 12-3 所示。从图 12-3（a）和（b）的 HRTEM 图和相应的 SAED 图可以知道图 12-2 区域 1 中的黏结相为 Ni_3Al，测得其晶面间距为 0.2112 nm［图 12-3（a）］，略大于 $Ni_3Al(111)$ 的晶面间距 0.2059 nm（JCPDS 卡号 09-0097），这表明添加 Y_2O_3 的 W-Ni_3Al-Co 合金，在高温烧结过程中部分 Co 和 W 元素仍然会扩散到 Ni_3Al 晶格中形成 $(Ni,Co)_3(Al,W)$ 固溶体。对于图 12-2 中的区域 2；结合图 12-3（c）和（d）的 HRTEM 图和相应的 SAED 图，进一步证实了其为 Al_2O_3 相（JCPDS 卡号 46-1212）。图 12-3（e）为图 12-2 中区域 3 的 HRTEM 图，选取了 2 个不同区域 a、b 进行了局部放大。根据图 12-3（f）~（h）的 HRTEM 图和相应的 SAED 图，可以证实图 12-2 区域 3 为含 Y_2O_3 弥散相的 W 相（JCPDS 卡号 04-0806）。

从图 12-2 的 EDS mapping 结果来看，大量 Al 和 Co 元素进入了 W 相中，且 HRTEM［图 12-3（f）］中测得的晶面间距（0.2291 nm）略大于 W(110) 的晶面间距（0.2248 nm），这些结果表明部分 Al 和 Co 元素会扩散到 W 晶格中形成 (W,Co,Al) 固溶体，然而在未添加 Y_2O_3 的 W-Ni_3Al-Co 合金中却没有发现该固

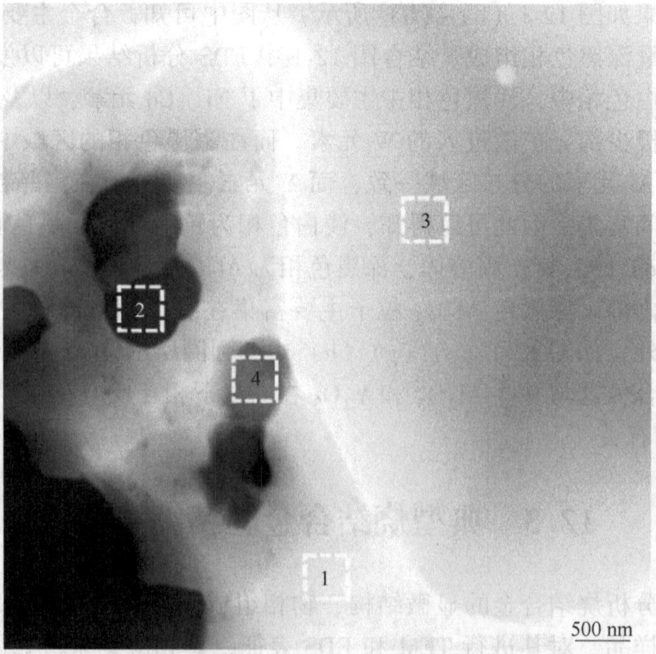

(a)

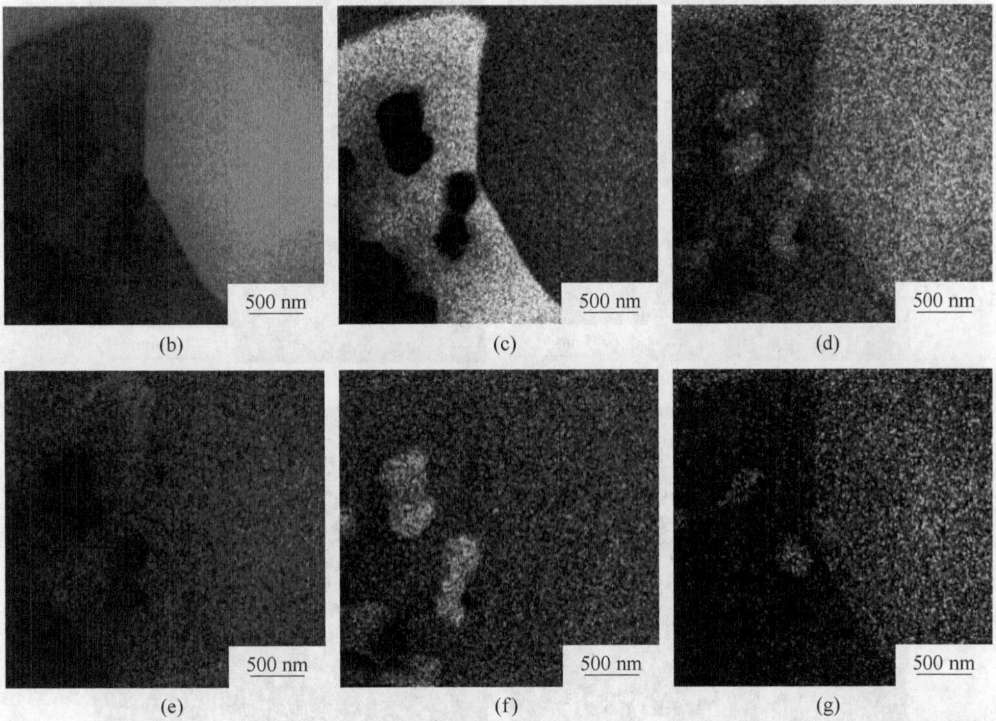

图 12-2 0.1Y 钨合金的 TEM 及 EDS 表征

（a）合金的 TEM 图；（b）W 元素的 EDS mapping 图；（c）Ni 元素的 EDS mapping 图；（d）Al 元素的 EDS mapping 图；（e）Co 元素的 EDS mapping 图；（f）O 元素的 EDS mapping 图；（g）Y 元素的 EDS mapping 图

扫一扫看
更清楚

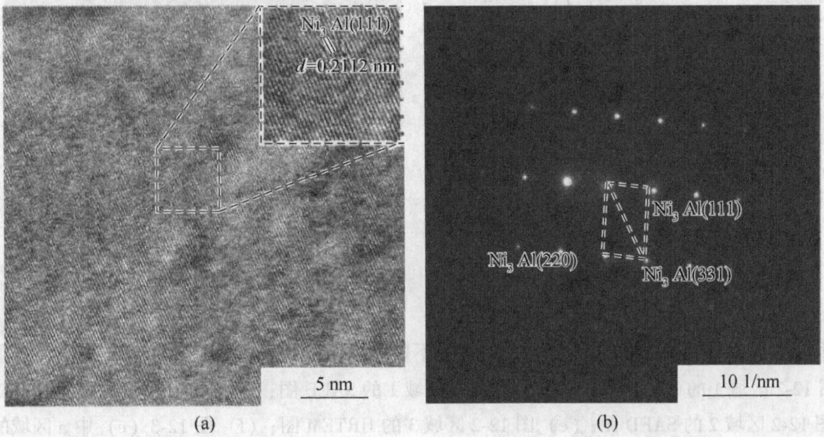

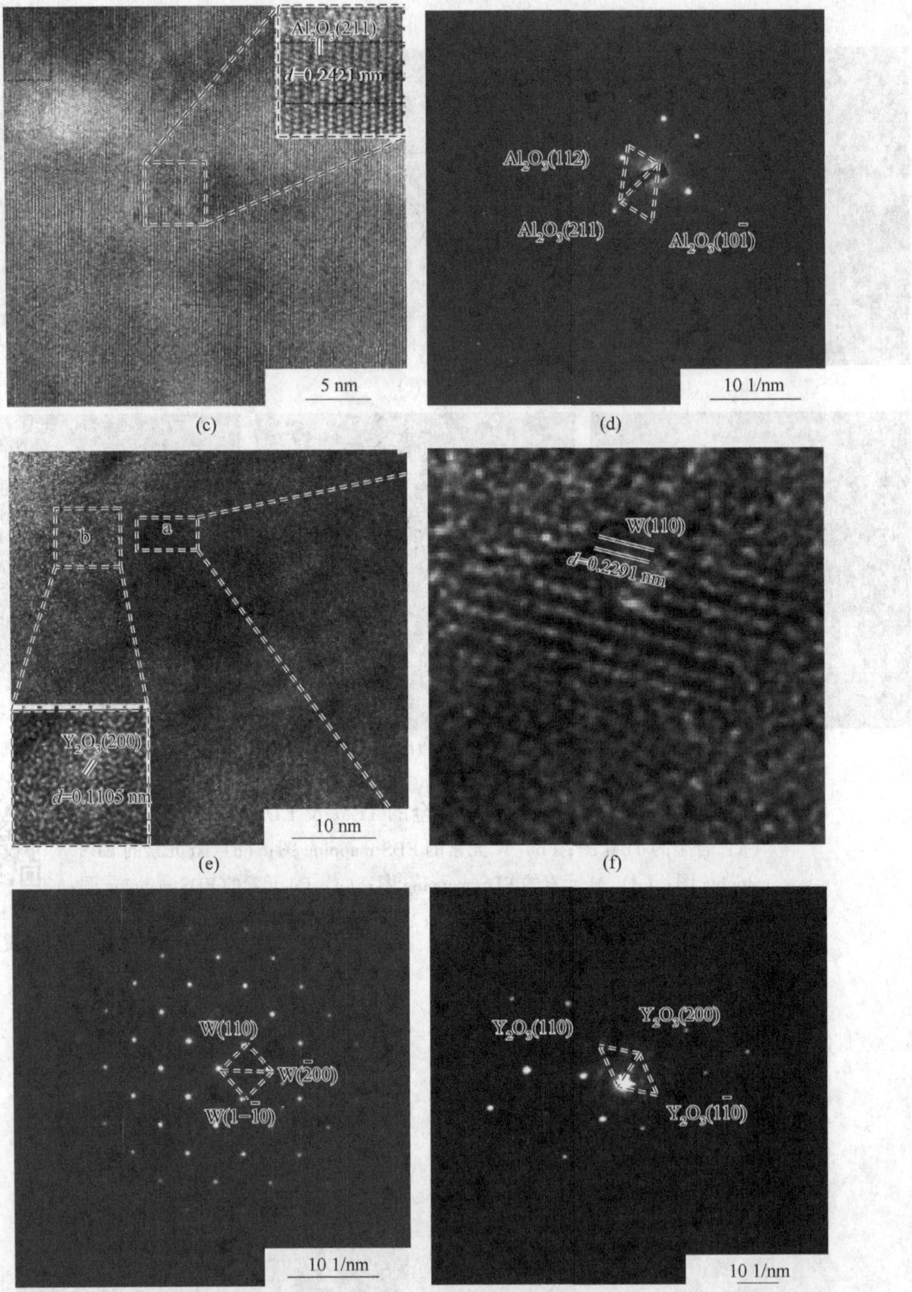

(c)　(d)　(e)　(f)　(g)　(h)

图 12-3　基于图 12-2 的 0.1Y 钨合金中不同物相的 HRTEM 图以及相应的 SAED 图

（a）图 12-2 区域 1 的 HRTEM 图；（b）图 12-2 区域 1 的 SAED 图；（c）图 12-2 区域 2 的 HRTEM 图；（d）图 12-2 区域 2 的 SAED 图；（e）图 12-2 区域 3 的 HRTEM 图；（f）图 12-3（e）中 a 区域的局部放大图；（g）图 12-3（e）中 a 区域对应的 SAED 图；（h）图 12-3（e）中 b 区域对应的 SAED 图

溶体。这一现象说明 Y_2O_3 的添加能够促进（W,Co,Al）固溶体的形成，增强了固溶强化机制，从而有利于提高合金的力学性能。从 EDS 结果上看，图 12-2 的区域 4 中浅黑色部分为 Y_2O_3 粒子，Y_2O_3 粒子与部分 Al_2O_3 粒子重合，这与图 12-1（e）（g）（h）中的圆圈部分相对应，这进一步证实了 Y_2O_3 粒子与 Al_2O_3 粒子在高温烧结过程中接触表面发生了化学反应。

此外，从图 12-4 中 0.1Y 钨合金不同物相的典型形貌 TEM 图中也可以发现，Al_2O_3 粒子主要分布 W 相与黏结相之间及黏结相内［图 12-4（a）和（c）］，这与图 12-1 和图 12-2 的 EDS 结果一致。Y_2O_3 粒子除大量弥散分布在 W 相内（图 12-2），也在黏结相内及黏结相与 W 相之间发现了部分较大 Y_2O_3 粒子［图 12-4（b）和（c）］。钨相与黏结相之间的氧化物粒子能够阻碍 W 粉颗粒的溶解和析出，

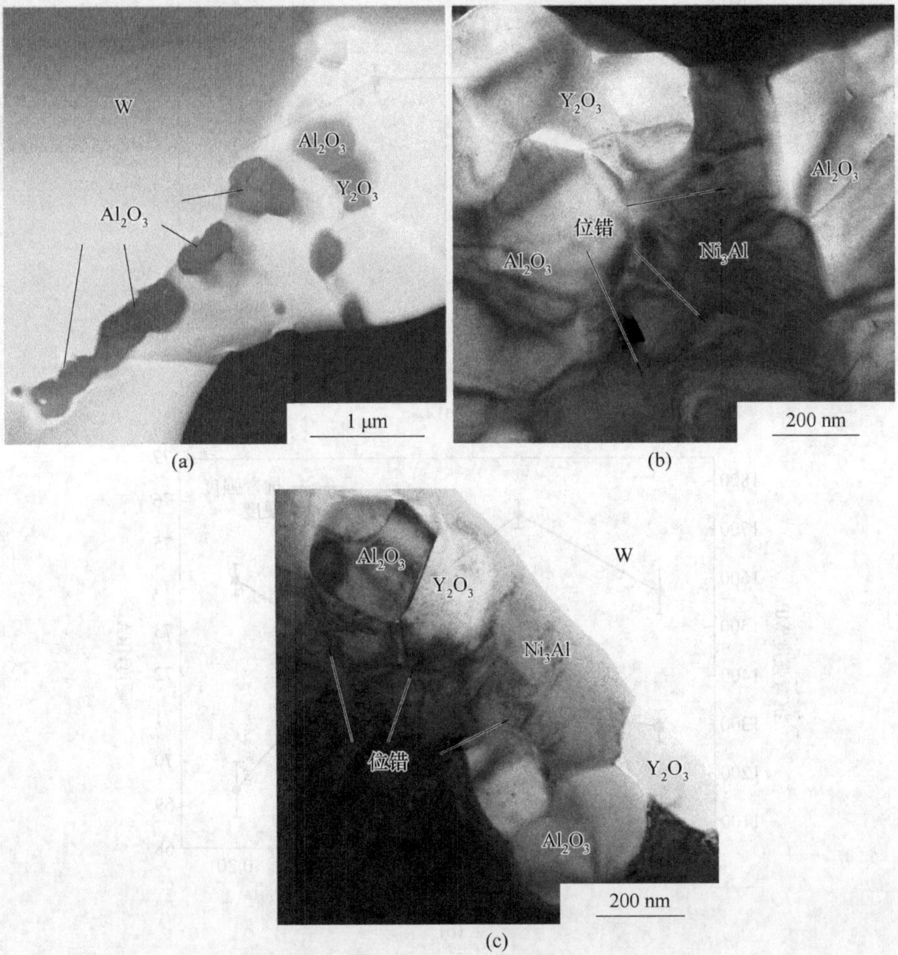

图 12-4 0.1Y 钨合金中不同物相的典型 TEM 图

（a）低倍图像；（b）（c）高倍图像

导致钨晶粒细化，有利于提升合金的力学性能；黏结相内的氧化物粒子则可以起到钉扎位错和阻碍位错运动的作用［图 12-4（b）和（c）］，这也有利于提高合金的力学性能。

12.4 不同氧化钇含量烧结合金的性能

图 12-5 所示为添加不同含量 Y_2O_3 制备的 W-Ni_3Al-Co 合金的相对密度和力学性能。从图 12-5（a）可知，合金相对密度呈先升高后降低的趋势。这是由于

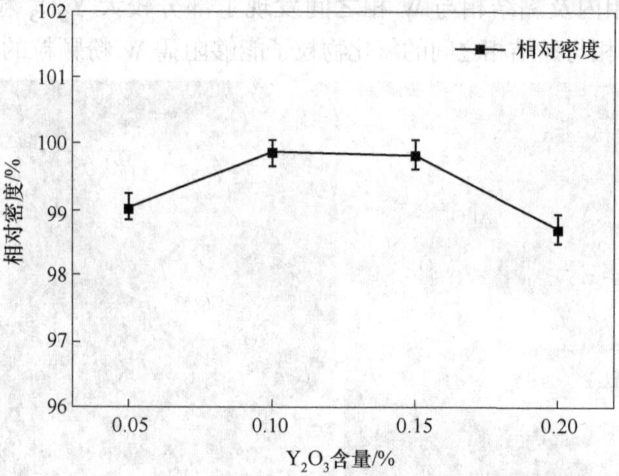

(a)

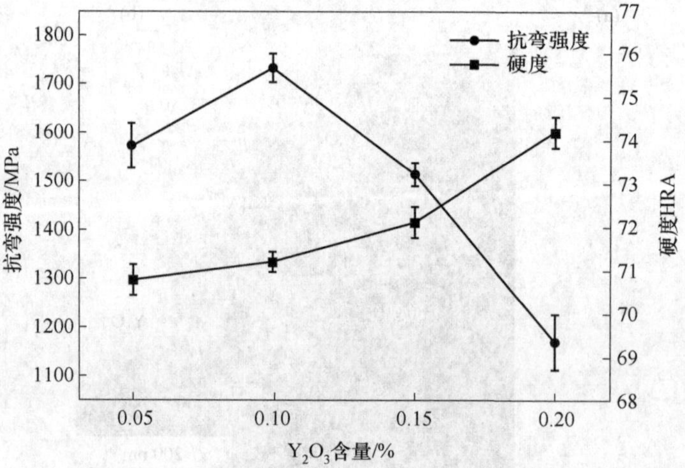

(b)

图 12-5 不同 Y_2O_3 含量 W-Ni_3Al-Co 合金的性能

（a）相对密度；（b）抗弯强度和硬度

向 W-Ni_3Al-Co 合金中添加微量 Y_2O_3 可以提高钨合金的烧结性，可使合金在较短时间内实现颗粒的结合和致密化。但过量的 Y_2O_3 会阻碍液相烧结过程中原子的扩散和物质迁移，对钨骨架致密化具有一定抑制作用。不过，合金的致密度整体变化不大，其最低相对密度（98.72%）也比第 11 章中不添加 Y_2O_3 合金的最高相对密度（98.24%）要高，这预示着含 Y_2O_3 合金可能有更好的力学性能。从图 12-5（b）可知，合金的抗弯强度随着 Y_2O_3 含量的增加先增加后减少，在 Y_2O_3 含量为 0.1%时达到最大值，这与相对密度的变化趋势完全一致。不一样的是，合金的硬度随着 Y_2O_3 含量的增加一直增加，但绝对值变化不大。总体来看，0.1Y 烧结合金的综合力学性能最好，其抗弯强度和硬度分别为（1733.32±27.32）MPa 和（71.20±0.22）HRA。

12.5 典型烧结合金的性能比较及断口形貌

0.1Y 钨合金和 W-Ni_3Al-Co 合金及其他含 Ni_3Al 钨合金的相对密度及力学性能的对比，如图 12-6 所示。从图 12-6（a）可知，0.1Y 钨合金的相对密度与第 10 章制备的 W-10Ni_3Al-10FeSiB 合金（99.78%±0.21%）相近，二者都具备很高的相对密度，远高于其他几种 W-Ni_3Al 合金。从图 12-6（b）可知，在宏观硬度相近的情况下，0.1Y 钨合金的抗弯强度明显高于其他合金。相比 W-6Ni_3Al 合金和 W-6Ni_3Al-4Co 合金，0.1Y 钨合金的抗弯强度分别提升了 2.03 倍和 2.11 倍。相比第 5 章制备的 W-10Ni_3Al 合金，0.1Y 钨合金的抗弯强度提升了 120.7%。相比于第 11 章不添加 Y_2O_3 的 W-9Ni_3Al-1Co 合金的抗弯强度（1519.48 MPa±37.47 MPa），添加 0.1%Y_2O_3 后合金抗弯强度提升了 14.1%。甚至，0.1Y 钨合

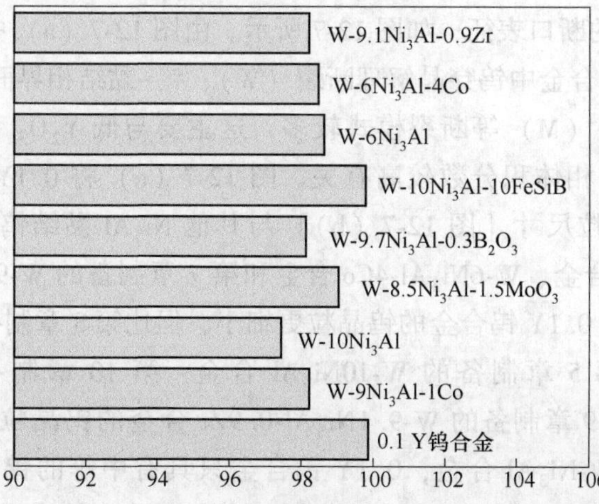

(a)

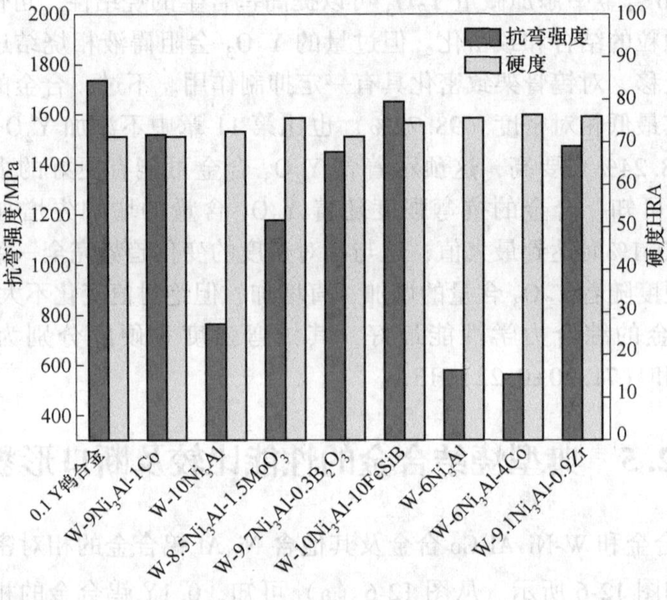

(b)

图 12-6　0.1Y 钨合金与其他钨合金的相对密度及力学性能比较

(a) 合金相对密度比较；(b) 合金力学性能比较

金比第 10 章制备的高致密 W-10Ni_3Al-10FeSiB 合金的抗弯强度（1654.50 MPa±31.2 MPa）也提高了接近 5%。总体而言，通过添加少量 Y_2O_3，可以在保持合金硬度基本不变的情况下，制备出抗弯强度大幅提升的高致密细晶 W-Ni_3Al-Co-0.1Y 合金。

0.1Y 钨合金的断口表征，如图 12-7 所示。由图 12-7（a）中 0.1Y 钨合金的抗弯断口图可发现合金中钨穿晶解理断裂（W）、钨–黏结相界面断裂（W-M）及黏结相的韧性断裂（M）等断裂模式较多，这主要与低 Y_2O_3 含量合金中 W-W 连接度较低，黏结相体积分数较高有关。图 12-7（c）将 0.1Y 钨合金（3.57±1.15）μm 的钨晶粒尺寸［图 12-7（b）］与其他 Ni_3Al 黏结钨合金结果做了对比。与 W-6Ni_3Al 合金、W-6Ni_3Al-4Co 合金和第 7 章制备的 W-9.7Ni_3Al-0.3B_2O_3 合金相比，制备的 0.1Y 钨合金的钨晶粒更细小，但比第 8 章制备的 W-8.5Ni_3Al-1.5MoO_3 合金、第 5 章制备的 W-10Ni_3Al 合金、第 10 章制备的 W-10Ni_3Al-10FeSiB 合金和第 9 章制备的 W-9.1Ni_3Al-0.9Zr 合金的钨晶粒尺寸稍大。尽管相对于其他几种 W-Ni_3Al 合金，0.1Y 钨合金只具有中等的钨晶粒尺寸（仍属于细晶钨合金范畴），但拥有更好的综合力学性能看，尤其是合金的强度明显提高。

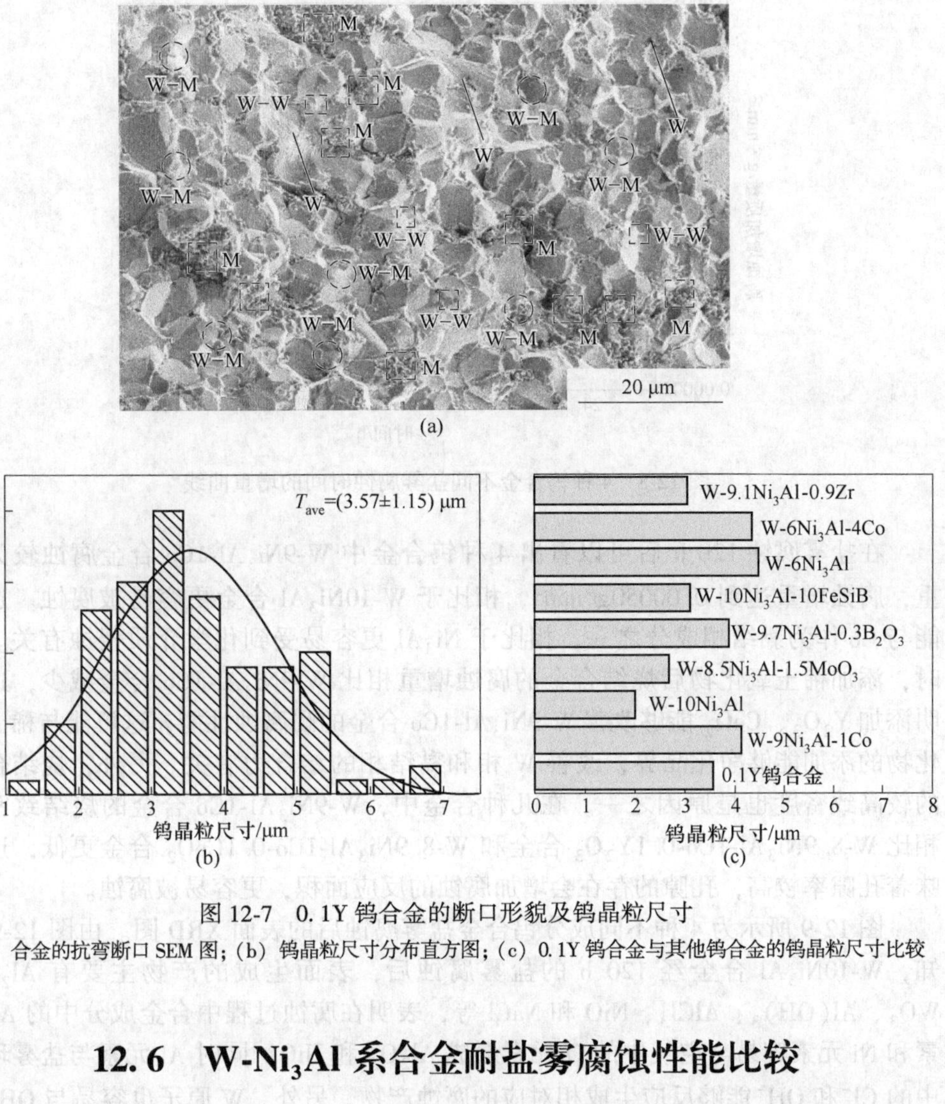

图 12-7 0.1Y 钨合金的断口形貌及钨晶粒尺寸

（a）合金的抗弯断口 SEM 图；（b）钨晶粒尺寸分布直方图；（c）0.1Y 钨合金与其他钨合金的钨晶粒尺寸比较

12.6 W-Ni$_3$Al 系合金耐盐雾腐蚀性能比较

图 12-8 所示为研究制备的 4 种典型 W-Ni$_3$Al 系（W-10Ni$_3$Al、W-9Ni$_3$Al-1Co、W-8.9Ni$_3$Al-1Co-0.1Y$_2$O$_3$、W-8.9Ni$_3$Al-1Co-0.1CeO$_2$）钨合金不同盐雾腐蚀时间的增重曲线。由图 12-8 可知，4 种钨合金具有相似的腐蚀增重规律，随着腐蚀时间的增加，钨合金的腐蚀增重也增多，表明钨合金表面所生成的腐蚀产物越多，腐蚀的程度越严重。而钨合金的腐蚀增重变化不一致，但整体趋势是先多后少，都是腐蚀时间为 24 h 时的增重变化量最大，这可能与钨合金表面与氧反应生成的氧化物膜会阻止氧的扩散从而阻碍合金的继续腐蚀有关。

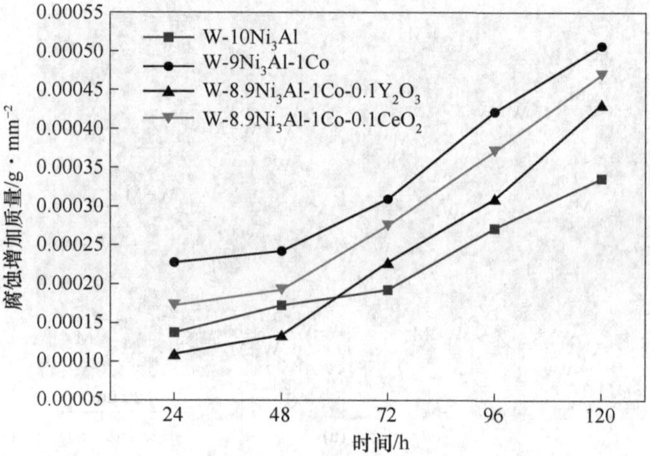

图 12-8　4 种钨合金不同盐雾腐蚀时间的增重曲线

在盐雾腐蚀 120 h 后可以看出 4 种钨合金中 W-9Ni_3Al-1Co 合金腐蚀较为严重，腐蚀增重达到 0. 00050g/mm^2，相比于 W-10Ni_3Al 合金更容易被腐蚀。这可能与 Co 作为黏结相成分之一，相比于 Ni_3Al 更容易受到化学介质侵蚀有关。同时，添加稀土氧化物后烧结合金的腐蚀增重相比 W-9Ni_3Al-1Co 合金减少，这表明添加 Y_2O_3、CeO_2 能够改善 W-9Ni_3Al-1Co 合金的耐腐蚀性能，这可能与稀土氧化物的添加能够净化晶界，改善 W 相和黏结相的结合力有关。另外，烧结合金的较高致密度也是原因之一。在几种合金中，W-9Ni_3Al-1Co 合金的烧结致密度相比 W-8. 9Ni_3Al-1Co-0. 1Y_2O_3 合金和 W-8. 9Ni_3Al-1Co-0. 1CeO_2 合金更低，这意味着孔隙率较高，孔隙的存在会增加腐蚀的反应面积，更容易被腐蚀。

图 12-9 所示为 4 种不同成分钨合金盐雾腐蚀后的表面 XRD 图。由图 12-9 可知，W-10Ni_3Al 合金经 120 h 的盐雾腐蚀后，表面生成的产物主要有 Al_2O_3、WO_3、$Al(OH)_3$、$AlCl_3$、NiO 和 NaCl 等，表明在腐蚀过程中合金成分中的 Al 元素和 Ni 元素容易与空气中的 O 元素形成 Al_2O_3 和 NiO，同时 Al 元素与盐雾环境中的 Cl^-和 OH^-能够反应生成相对应的腐蚀产物。另外，W 原子也容易与 OH^-发生反应生成 WO_3 钝化物，能够阻碍腐蚀反应的进行；而 WO_3 与 OH^-继续反应生成 WO_4^{2-}。在 XRD 图中发现 $AlWO_4$ 的存在，表明该物质是由生成的 WO_4^{2-} 与合金中的 Al 反应所生成。而添加 Co 元素的 W-9Ni_3Al-1Co 合金，经 120 h 的盐雾腐蚀后可以观察到 Co_3O_4 和 $Co(OH)_2$ 的衍射特征峰，表明在盐雾腐蚀过程中，合金中的 Co 元素容易与 O 结合形成氧化物，同时氧化物与积累在合金表面的盐雾反应生成 $Co(OH)_2$ 并附着在合金的表面。而添加稀土氧化物（Y_2O_3、CeO_2）的 W-Ni_3Al-Co 合金经 120 h 盐雾腐蚀后，除了原料稀土氧化物的衍射峰外，基本与 W-10Ni_3Al、W-9Ni_3Al-1Co 合金的衍射峰一致，这可能与稀土元素比较稳定有关。

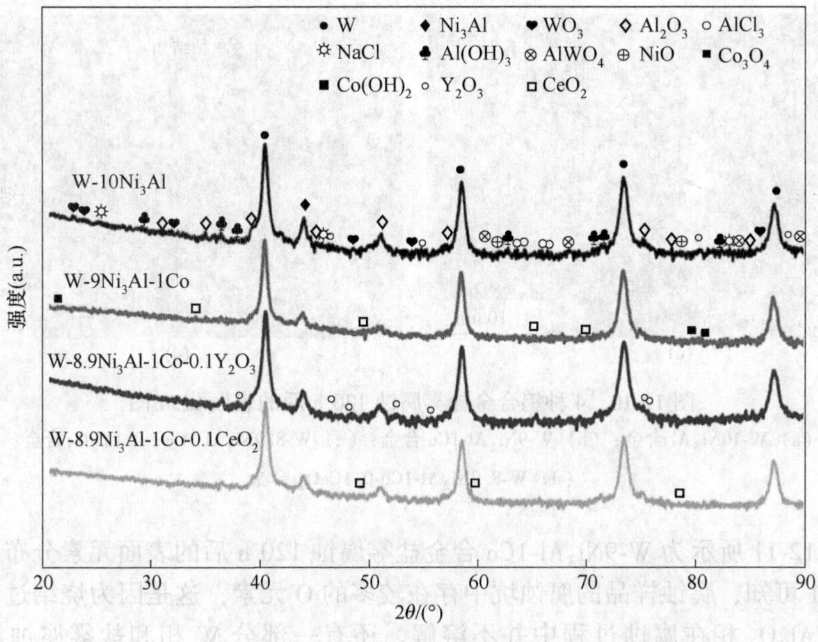

图 12-9 4 种不同成分钨合金盐雾腐蚀 120 h 后的表面 XRD 图

图 12-10 所示为 4 种钨合金盐雾腐蚀 120 h 后的表面形貌图。由图 12-10 可知，4 种成分的钨合金经盐雾腐蚀后所形成的腐蚀坑大多是在钨晶粒与黏结相的边界处或其邻近区域形成，且存在明显的腐蚀扩展到 W 相表面的迹象（图 12-10 中的箭头），黏结相比钨晶粒更容易被腐蚀。因此，4 种钨合金的腐蚀是在钨晶粒与黏结相中的边界或黏结相中形成腐蚀点，然后腐蚀点发生扩展形成腐蚀缝隙，最后多个缝隙连接在一起形成较大的腐蚀深坑。另外，从图 12-10 中也可以看出，W-9Ni_3Al-1Co 合金经盐雾腐蚀 120 h 后其表面较为粗糙，在表面生成大量的腐蚀产物，表明 W-9Ni_3Al-1Co 合金相对于其他 3 种合金的腐蚀程度更深。

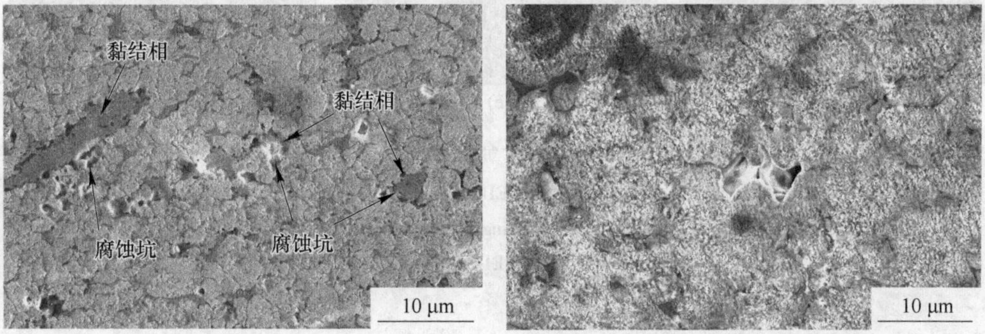

(a) (b)

图 12-10　4 种钨合金盐雾腐蚀 120 h 后的表面 SEM 图

（a）W-10Ni_3Al 合金；（b）W-9Ni_3Al-1Co 合金；（c）W-8.9Ni_3Al-1Co-0.1Y_2O_3 合金；（d）W-8.9Ni_3Al-1Co-0.1CeO_2 合金

图 12-11 所示为 W-9Ni_3Al-1Co 合金盐雾腐蚀 120 h 后的表面元素分布图。由图 12-11 可知，腐蚀样品的腐蚀坑中存在较多的 O 元素，这是因为烧结过程中所形成的 Al_2O_3 相在腐蚀过程中并不溶解，还有一部分 W 相和盐雾腐蚀液中的 OH^-发生反应生成了的 WO_3。

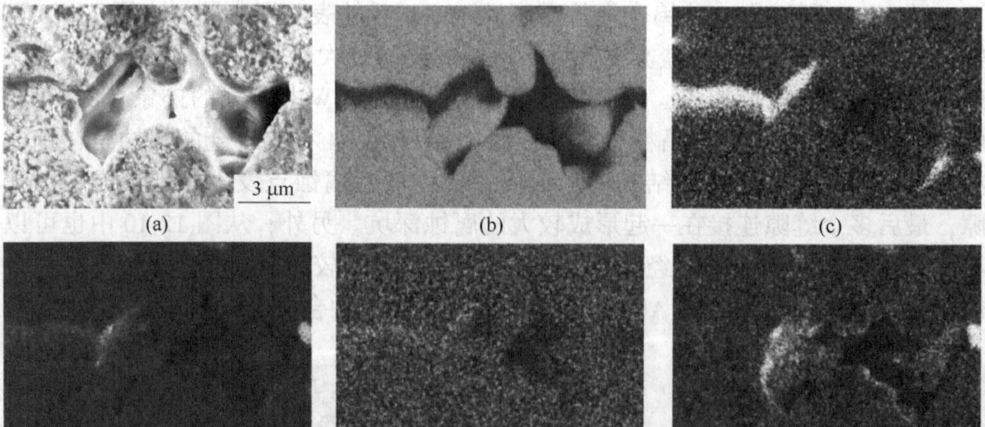

图 12-11　W-9Ni_3Al-1Co 合金盐雾腐蚀 120 h 后的表征

（a）表面 SEM 图；（b）W 元素的 EDS mapping 图；（c）Ni 元素的 EDS mapping 图；（d）Al 元素的 EDS mapping 图；（e）Co 元素的 EDS mapping 图；（f）O 元素的 EDS mapping 图

扫一扫看
更清楚

综上所述，通过添加微量 Y_2O_3，利用机械球磨和 SPS 技术，在 1250 ℃烧结温度下制备了力学性能优异的高致密细晶 W-Ni_3Al-Co 合金。其中，当 Y_2O_3 的添加量为 0.1%时，W-Ni_3Al-Co 合金具有最佳的综合力学性能，其硬度、抗弯强度和钨晶粒尺寸分别为（71.20±0.22）HRA、（1733.32±27.32）MPa 和（3.57±1.15）μm。相比未添加 Y_2O_3 的 W-Ni_3Al-Co 合金，其抗弯强度提升了 14.1%。合金的力学性能，尤其是抗弯强度的大幅提高与多种强化方式有关。一是 $(Ni,Co)_3(Al,W)$ 和 (W,Co,Al) 固溶体形成导致的固溶强化，二是弥散分布在钨晶粒内部的 Y_2O_3 粒子引起的弥散强化，三是位于钨晶粒/黏结相晶界处的氧化物粒子阻止 W 粉颗粒的溶解析出产生的细晶强化。此外，分布在黏结相内的氧化物粒子可以钉扎并阻碍位错运动，这也对提高合金的力学性能有重要作用。基于 4 种不同钨合金的中性盐雾腐蚀实验可知，W-9Ni_3Al-1Co 合金耐腐蚀性能最差，而添加稀土氧化物能够改善该合金的耐腐蚀性能，其中添加 Y_2O_3 比 CeO_2 效果更佳。腐蚀过程中合金成分中的 W、Al、Ni、Co 元素容易与 O 元素形成相应的氧化物，而稀土氧化物较为稳定；4 种 W-Ni_3Al 体系合金大多是在钨晶粒与黏结相的边界处或其邻近区域发生腐蚀，且存在明显的腐蚀扩展到 W 相表面的迹象，黏结相相比钨晶粒更容易被腐蚀。

13 VCoNi 中熵合金黏结钨合金

Ni 是钨合金中常用黏结相元素之一，通过添加 Ni 元素可以促进钨合金的烧结和部分提高其力学性能。但向钨合金中单独添加 Ni 容易导致钨晶粒长大。为了更好提升钨合金的力学性能，通常会引入其他金属元素进行改性。V 元素的添加会使得钨合金的显微组织更加均匀，也可提高合金致密化程度，进而改善合金的力学性能。添加 Co 元素可以提高 W 与黏结相的界面结合强度。在这些方法中，通过优化黏结相中的溶质分布和分散沉淀虽然已证明能够提高合金强度、硬度及细化晶粒尺寸，然而钨合金的强度和硬度仍然不足。这主要与两个因素有关；一个是添加的金属元素和 W 倾向于在晶界处反应生成大量粗晶金属间化合物；另一个是不同元素之间的键能不同，它们黏结相中容易发生微偏析。因此，粗大的金属间相和微偏析在相间或晶界处引起应力集中，造成合金的强度变差。

近年来，含有多种元素的多组元合金的研究备受关注。其中，高熵合金（HEAs）和中熵合金（MEAs）的出现为钨合金黏结相提供了新的选择。高熵合金或中熵合金一般由各元素按等原子比或近等原子比组成。这些合金因其优异的强度、延性、耐磨性和耐腐蚀性而备受关注。这些特性的出现可归结为四个核心效应，即高度复杂的高熵效应、时间和空间上的缓慢扩散效应、结构变形引起的晶格畸变效应以及多组分相互作用的“鸡尾酒”效应。因此，它们被认为是未来最有应用前途的材料之一。研究表明，高熵合金作为黏结相可以促进 W 与基体之间的致密化过程，有利于强化 W 与基体的界面。目前，以高熵合金/中熵合金为黏结相的钨合金表现出优秀的抗压强度和硬度，但也存在着合金烧结温度过高、烧结合金钨晶粒粗大以及抗弯性能较低等问题。

最近有研究者利用严重晶格畸变设计了一种简单的 VCoNi 中熵合金，该合金具有优于传统难熔合金的屈服强度（近 1 GPa）。然而，目前还未见以 VCoNi 中熵合金为钨合金黏结相的相关报道。而且，通过传统真空或氢气气氛烧结钨合金加热和冷却速度较慢，这对进一步提高钨合金的力学性能有不利影响。因而，为了开发出具有更高综合力学性能的钨合金，本章选择 VCoNi 中熵合金作为钨合金的黏结相。具体来说，首先以 V、Co、Ni 金属粉末为原料，通过高能机械球磨制备 VCoNi 中熵合金粉末，然后与 W 粉进行二次机械球磨混料，最后在 SPS 系统里对原料复合粉末进行快速烧结，最终制备出具有优秀力学性能的 W-VCoNi 合金，本章主要研究了 W-VCoNi 合金的力学性能及其与微观结构的关系。

13.1　合金制备及表征

在本章及以后章节中，先以单质金属粉末为原料，通过机械合金化技术制备中熵合金粉体，再以其为黏结相制备钨合金。

13.1.1　材料制备

原料 W 粉和 Co 粉的纯度和粒径与前述相同。原料 V 粉和 Ni 粉的纯度均大于 99.5%（质量分数），平均粒径分别为 10 μm 和 5 μm。首先，将 V 粉、Co 粉和 Ni 粉按等原子比配料后，在氩气保护气氛下，以 10∶1 的球料比，乙醇为助磨剂，在行星球磨机上以 300 r/min 的转速机械球磨 24 h 后制得 VCoNi 中熵合金微粉。接下来，以质量比 W∶VCoNi = 9∶1 加入 W 粉后，继续机械球磨 24 h 后获得均匀细小的 W-VCoNi 复合粉末。最后，将钨合金复合粉末装入内径为30 mm 的圆柱形石墨模具中，并将其放入 SPS 炉进行 W-VCoNi 合金的快速烧结。具体烧结参数如下：真空度、烧结压力、加热速率、烧结温度和保温时间分别为 25Pa、40 MPa、100 ℃/min、1100~1300 ℃和 5 min。作为对比，也将相同质量配比的 W、V、Co、Ni 粉末进行一次机械混料（V、Co、Ni 未中熵合金化），再在 SPS 炉内 1275 ℃烧结 5 min 制备 W-V-Co-Ni 合金。此外，也在 1275 ℃仅对 VCoNi 中熵合金微粉在 SPS 炉内制备 VCoNi 中熵合金。

13.1.2　材料表征

原料粉末、烧结合金的主要表征测试方法与前述章节相同。

13.2　球磨原料粉末显微结构及物相演变

图 13-1 所示为 VCoNi 中熵合金粉和 W-VCoNi 复合粉末的表征结果。尽管 V 粉、Co 粉和 Ni 粉的粒径均比较细小，但是从图 13-1（a）中可看出经 24 h 高能机械球磨后的 VCoNi 粉末为多尺度近球形团聚颗粒，其中部分团聚体尺寸较大。向机械合金化 VCoNi 粉末中添加分散性较好、大小不一的多边形 W 粉颗粒继续球磨 24 h 后，获得的 W-VCoNi 复合粉末外观形貌仍为各种原料金属粉末颗粒的团聚体，且似乎粉末团聚更严重，如图 13-1（b）所示。

为了确定粉末中的合金元素，对其进行了 EDS 能谱分析。图 13-1（c）所示为图 13-1（a）中点 A，以及图 13-1（b）中点 B 与 V、Co 和 Ni 金属单质粉的 EDS 点扫描图对比。由图可知，点 A 的 EDS 点扫描图中同时出现了 V、Co、Ni 三种粉末的特征谱峰，这说明经过长时间机械高能球磨后，细化后的原料粉末已混合非常均匀。同理，继续添加 W 粉进行高能球磨后，点 B 的 EDS 点扫描图中又多了 W 的特征谱峰，说明 W 粉与 VCoNi 粉末已经均匀混合。

为了确定机械球磨对原料粉末物相的影响，对其进行了 XRD 分析，结果如图 13-1（d）所示。从图 13-1（d）可知，6 h 球磨粉末中依然有所有单质金属的衍射峰，说明较短时间高能球磨并没有导致原料粉末预合金化；然而，当高能球磨时间延长至 24 h，Co 的衍射峰几乎全部消失。据此可推断，等摩尔比 V、Co、Ni 单质金属粉末可能发生了部分中熵合金化，这与长时间高能球磨过程中，较高的储能可作为促进固溶体合金形成的驱动力有关。通过长时间高能球磨获得的预合金化粉末除了具有同 Ni 一样的简单面心立方晶体结构相，还伴生有富 V 的 σ 相。负的混合焓值通常导致在 HEAs 或 MEAs 中形成金属间化合物相，由于 V 在 V-Co 和 V-Ni 二元体系中具有高的负混合焓，这有利于形成富 V 的 σ 相。添加 W 粉至 24 h 球磨 VCoNi 合金粉末中再继续高能球磨 24 h，由于钨粉的质量比高达 90%和 VCoNi 合金粉的非晶化转变，因而获得的 W-VCoNi 复合粉末中 W 粉的特征衍射峰最强，VCoNi 合金粉的衍射峰几乎完全消失，如图 13-1（d）所示。

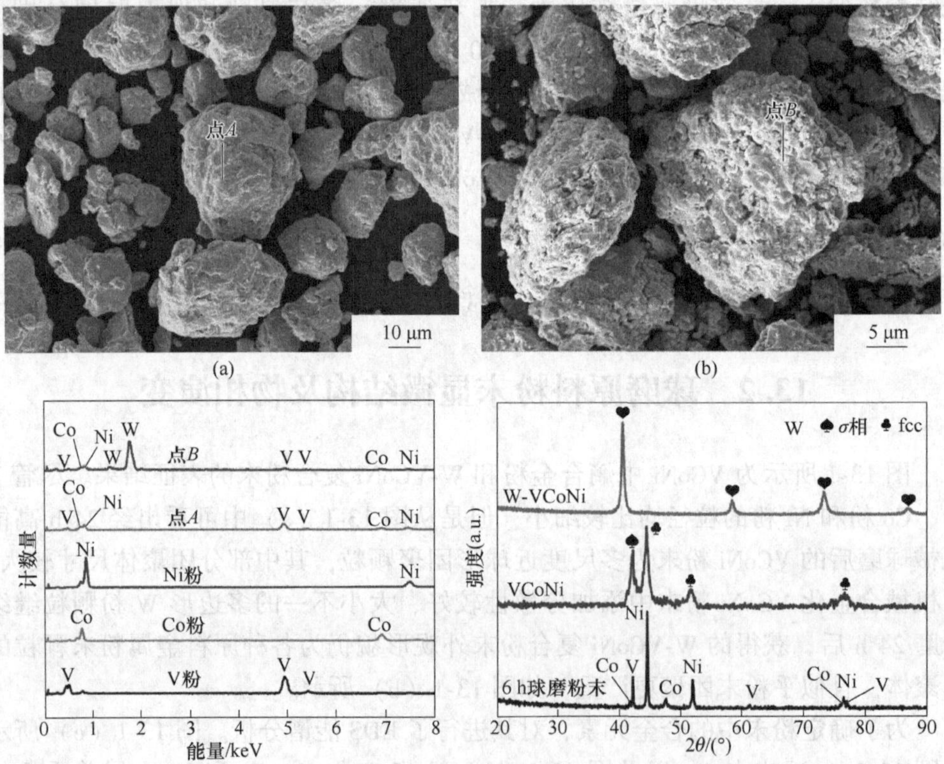

图 13-1　复合粉末的表征

（a）VCoNi 的 SEM 图；（b）W-VCoNi 的 SEM 图；（c）EDS 点扫描图；（d）机械球磨原料粉末的 XRD 图

13.3 烧结合金的物相及显微结构

图 13-2 所示为 24 h 机械球磨 VCoNi 粉末的 DSC 结果。从图 13-2 可知，该合金粉末的熔点为 1246 ℃，这比三种对应单质金属 V（1917 ℃）、Co（1495 ℃）、Ni（1453 ℃）的熔点都要低得多，说明高能球磨在对原料粉末中熵合金化的同时还有利于降低其熔点。考虑到 SPS 具有快速升温特点，选择比 VCoNi 中熵合金熔点稍高的 1275 ℃作为典型液相烧结温度，在该温度制备的 W-VCoNi 合金的表征结果，如图 13-3 所示。

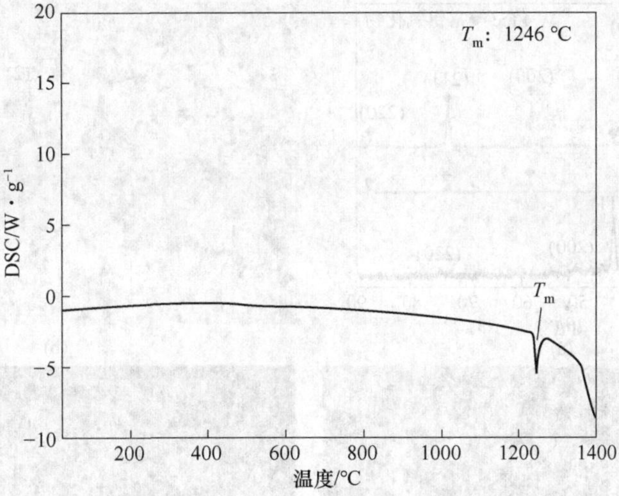

图 13-2 机械球磨 VCoNi 中熵合金粉末的 DSC 图

从图 13-3（a）中相同温度烧结的不同合金的 XRD 比较图可知，W-VCoNi 合金和 W-V-Co-Ni 合金中体心立方 W 相的衍射峰强度最高，这和原料中钨粉质量含量高达 90%有关。不过，相比混合原料粉末烧结 W-V-Co-Ni 合金，机械球磨原料粉末烧结 W-VCoNi 合金在 $2\theta=43.8°$和 42.28°处出现了两个非常弱的衍射峰。在 $2\theta=43.8°$处的衍射峰与同样温度烧结 VCoNi 合金的（Ni,Co）(111)（$2\theta=44.2°$）晶面衍射峰相对应，衍射峰向左稍微偏移可能与烧结过程中具有更大原子半径的 W 和 V（W、V、Co 和 Ni 的原子半径分别为 0.202 nm、0.192 nm、0.167 nm 和 0.162 nm）扩散进（Ni,Co）中有关，而面心立方（fcc）（Ni,Co,V,W）的出现与 VCoNi 中熵合金主导相为 fcc 固溶体有关。在 $2\theta=42.28°$处的衍射峰与 VO_2 相的（201）晶面衍射峰相对应，由于 VCoNi 合金中没有出现该衍射峰，所以 VO_2 相的出现应与液相烧结过程中，中熵合金中部分 V 溶出后其表面与 O 发生反应有关（烧结炉内氧气气压约为 5 Pa）。

为了进一步研究合金中各物相的分布特征，对 W-VCoNi 合金进行了 BSE 表征，1275 ℃烧结典型合金的结果如图 13-3（b）所示。随着烧结温度的升高，合金相继经历了固相烧结和液相烧结两个阶段。由于烧结温度超过 VCoNi 中熵合金黏结相的熔点，因此，1275 ℃烧结为典型液相烧结，以致制备合金中的黏结相分布比较均匀，钨晶粒形貌也趋于球化。从合金显微结构图可看出，该温度是比较适宜的液相烧结温度。基于典型烧结合金的 BSE 图及其对应的 EDS mapping 元素分布图，以及图 13-3（b）中点 1 和点 2 的能谱图［图 13-3（h）］，W 主要在浅白色区域富集，并且部分钨晶粒球化；浅黑色区域除 W 外，主要富集 Ni、Co、V 元素（如点 2）；深黑色区域主要是 V、O 元素（如点 1）。因而，浅白色区域、

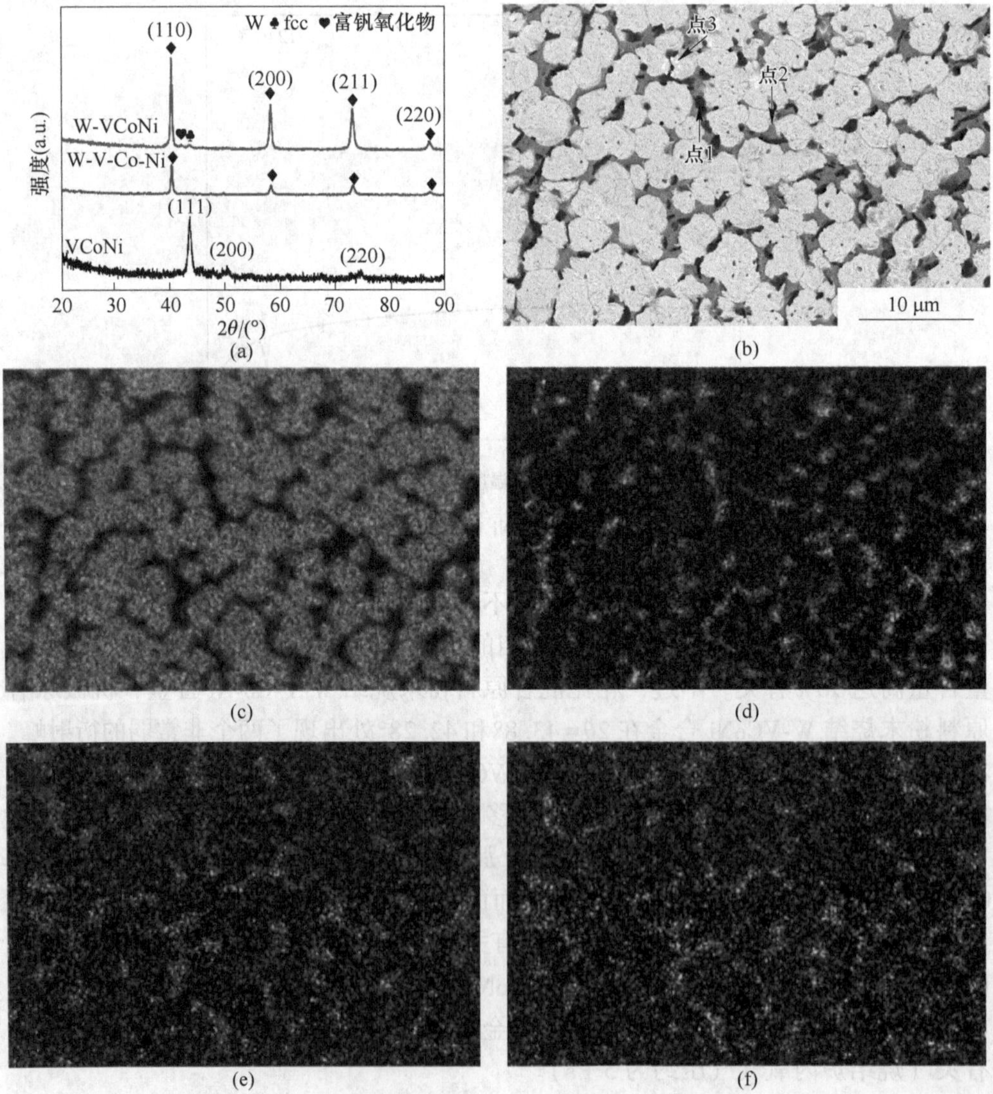

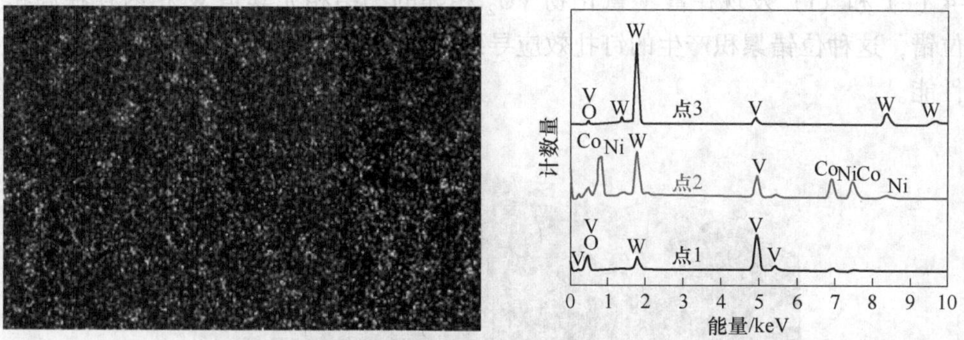

(g) (h)

图 13-3 典型 W-VCoNi 合金的表征

(a) 不同合金的 XRD 图；(b) W-VCoNi 合金的 BSE 图；(c) W 元素的 EDS mapping 图；(d) V 元素的 EDS mapping 图；(e) Co 元素的 EDS mapping 图；(f) Ni 元素的 EDS mapping 图；(g) O 元素的 EDS mapping 图；(h) 基于图 13-3 (b) 的 EDS 点扫描图

扫一扫看
更清楚

浅黑色区域和深黑色区域分别与 W 相、(Ni,Co,V,W) 固溶体相和富钒氧化物相对应。另外，有少部分近球形的钨晶粒之间夹杂着钒氧化物（如点 3)，并且相邻钨晶粒长大不明显，说明液相烧结过程中钒氧化物可以阻碍钨的溶解—析出过程，抑制钨晶粒长大，钨晶粒细化有利于提高钨合金的力学性能。

13.4 烧结合金的典型精细结构

为了考察 1275 ℃烧结典型 W-VCoNi 合金的精细结构，对其进一步进行了 TEM 表征，结果如图 13-4 所示。由图 13-4 (a) 和 (b) 中合金的 TEM-BF 图及各元素对应的 EDS mapping 图可知，图 13-4 (a) 中右上角和左下角分别为钨晶粒及 (Ni,Co) 黏结相，两者之间界面出现了“小提琴”形状的富钒氧化物相。同时，部分 W、V 原子有向黏结相 (Ni,Co) 中扩散趋势，因此准确说来黏结相为含少量 W、V 原子的 (Ni,Co) 固溶体。为了确定富钒氧化物的种类，对图 13-4 (a) 中区域 A 进行了 HRTEM 及 SAED 表征 [图 13-4 (c)]，测定的晶面间距约为 0.219 nm，这与 VO_2 (201) 的晶面间距近乎一致，再结合图 13-3 (c)~(g) 和图 13-4 (b) 的合金元素 EDS 面扫结果，可以确定富钒氧化物就是 VO_2。类似地，在黏结相中取区域 B，也对其进行 HRTEM 及 SAED 表征 [图 13-4 (d)]，实测的晶面间距约为 0.203 nm，这与 (Ni,Co) 的 (111) 晶面间距相接近，再次证实了 W-VCoNi 合金烧结过程出现了 (Ni,Co,V,W) 固溶体。从图

13-4（e）和（f）发现在富 V 氧化物 VO_2 相邻的黏结相尤其是 W 相内存在高密度位错，这种位错累积产生的钉扎效应导致其运动困难，这有利于提高合金的力学性能。

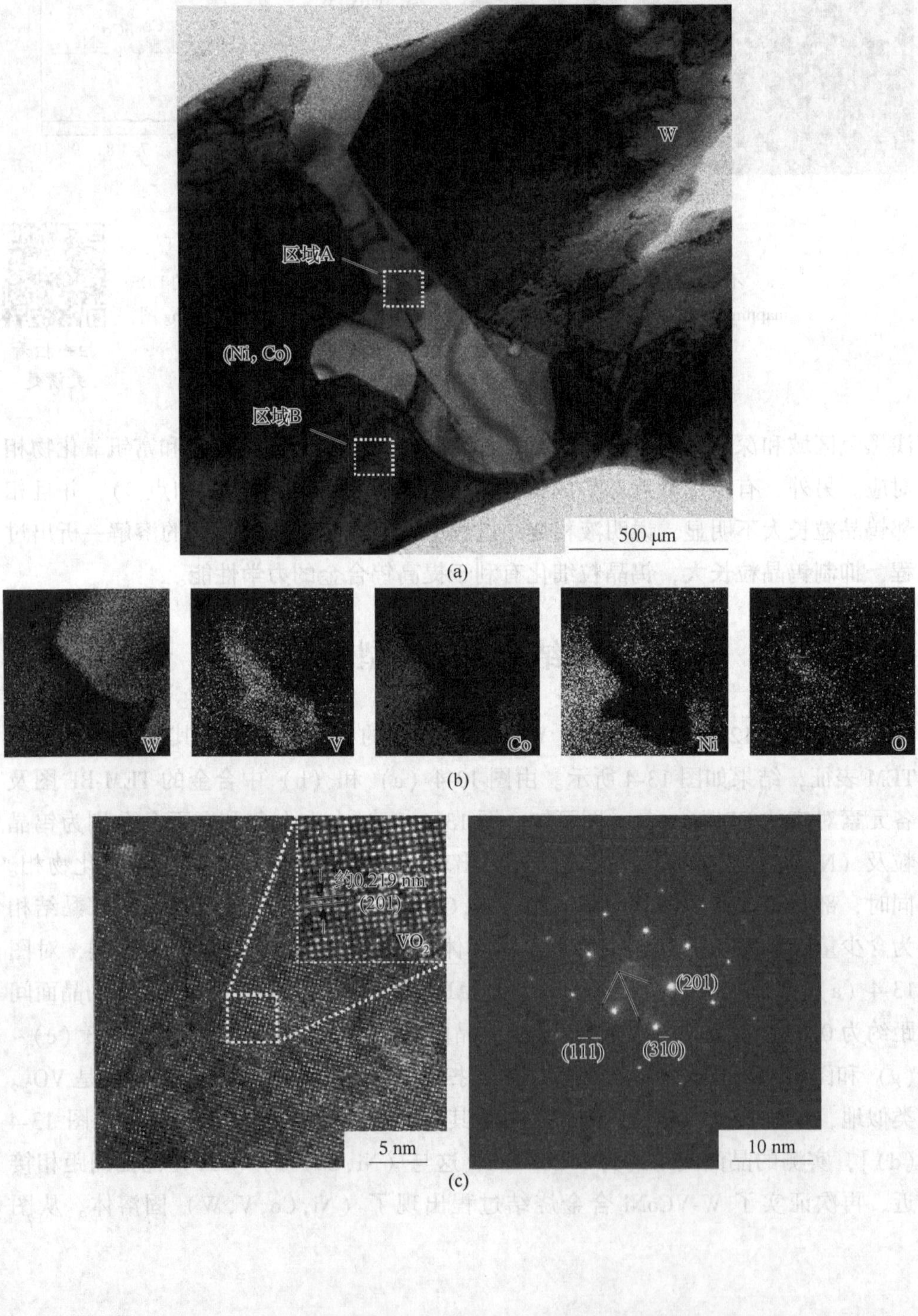

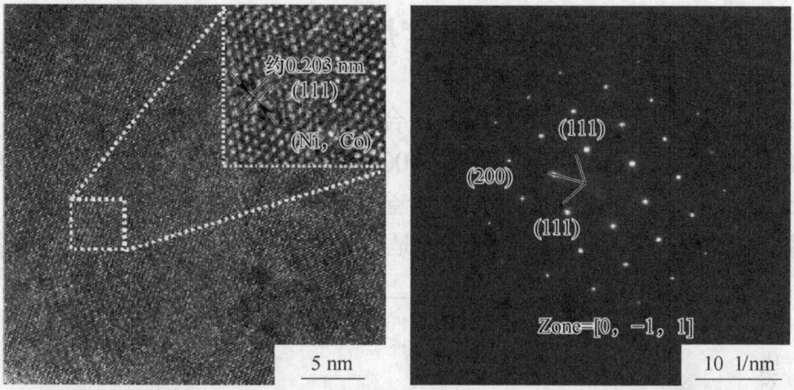

(d)

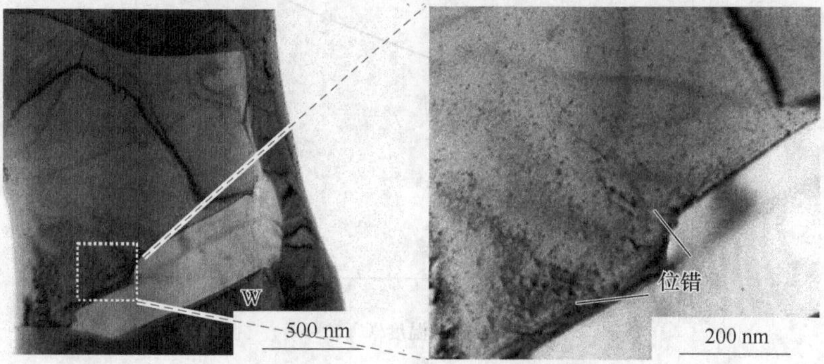

(e)

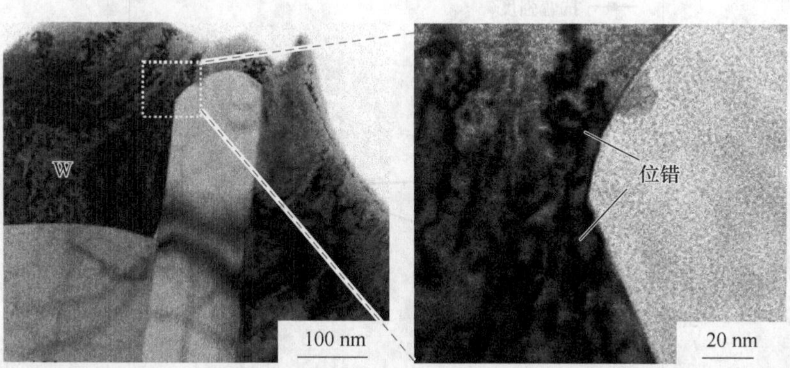

(f)

图 13-4 W-VCoNi 合金的 TEM 表征

（a）TEM-BF 图；（b）元素 EDS Mapping 图；（c）图 13-4（a）中区域 A 的 HRTEM 图及 SAED 图；（d）图 13-4（a）中区域 B 的 HRTEM 图及 SAED 图；（e）（f）合金中被 VO_2 阻挡的位错

扫一扫看
更清楚

13.5　不同温度烧结合金的性能

图 13-5 所示为不同温度烧结 W-VCoNi 合金的相对密度和力学性能。从图 13-5（a）可知，在烧结温度从 1150 ℃上升到 1300 ℃的过程中，合金的相对密度逐渐上升，1275 ℃后上升趋势减缓。然而，合金力学性能中抗弯强度先上升，1275 ℃后再下降；硬度虽一直呈下降趋势，但是绝对值变化不大［图 13-5（b）］。由于

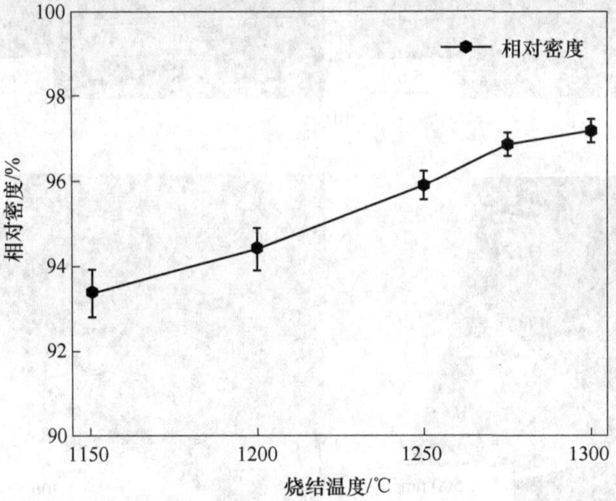

(a)

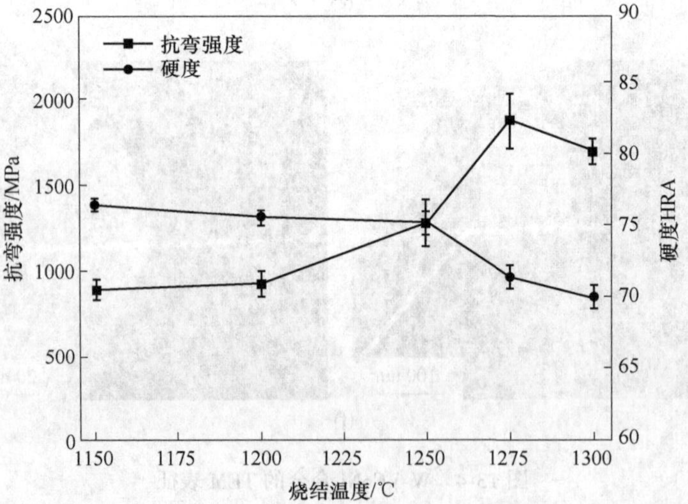

(b)

图 13-5　不同温度烧结 W-VCoNi 合金的性能
（a）相对密度；（b）硬度和抗弯强度

1275 ℃和 1150 ℃烧结合金的抗弯强度分别为最高和最低，前者为后者的约 2.1 倍；而 1300 ℃烧结合金的硬度仅比 1150 ℃烧结合金下降了约 8.4%，因而烧结温度对合金抗弯强度的影响相比硬度更显著。总体来看，1275 ℃烧结合金的综合力学性能最好，其抗弯强度和硬度分别为（1883.00±156.84）MPa 和（71.30±0.78）HRA。

13.6 典型烧结合金的性能比较及断口形貌

为了体现本章制备钨合金的优势，对 1275 ℃烧结 W-VCoNi 合金、W-V-Co-Ni 合金及 VCoNi 中熵合金的力学性能进行对比，如图 13-6（a）所示。从图 13-6（a）可知，在宏观硬度相当接近的情况下，W-VCoNi 合金的抗弯强度明显高于 W-V-Co-Ni 合金和 VCoNi 合金的抗弯强度（不小于 430 MPa）。同时，也对本章 1275 ℃制备的 W-VCoNi 合金与其他钨合金的综合力学性能进行了对比，如图 13-6（b）所示。由图 13-6（b）可知，与 W-5.6Ni-1.4Fe 合金以及第 3 章制备的 W-6Ni-4Mn 合金相比，在硬度差不多的情况下，本章制备的典型 W-VCoNi 合金的抗弯强度明显更好。与前述第 7、8 和 10 章制备 W-Ni_3Al-X（B_2O_3、MoO_3、FeSiB）系列钨合金相比，虽然 W-Ni_3Al-FeSiB 合金具有最高抗弯强度（1554.50 MPa±31.20 MPa），W-Ni_3Al-MoO_3 合金具有最高硬度（75.5HRA±0.83 HRA），但本章中典型 W-VCoNi 合金的抗弯强度最好。与 W-10V 合金相比，本章典型 W-VCoNi 合金的抗弯强度更是比其提高了 430 MPa 之多。总体而言，本章烧结典型 W-VCoNi 合金在与其他黏结相钨合金硬度相差较小的情况下，大幅度提高了合金的抗弯强度（233.00~1170.00 MPa）。

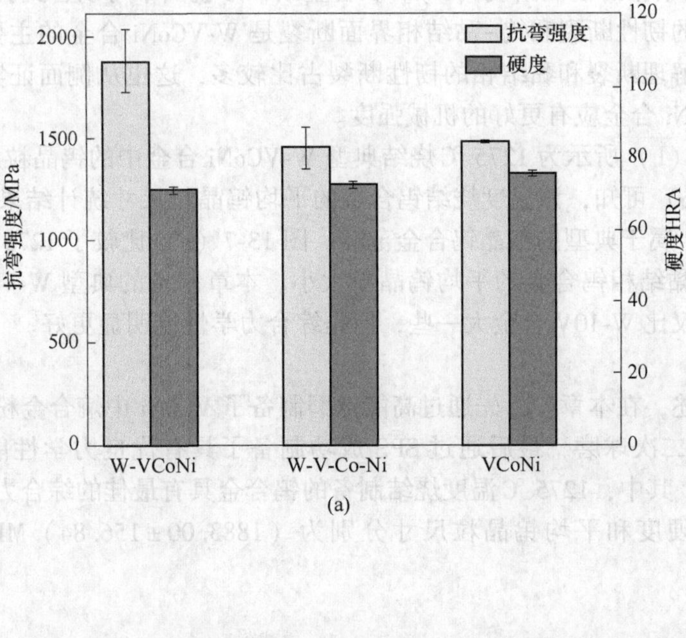

(a)

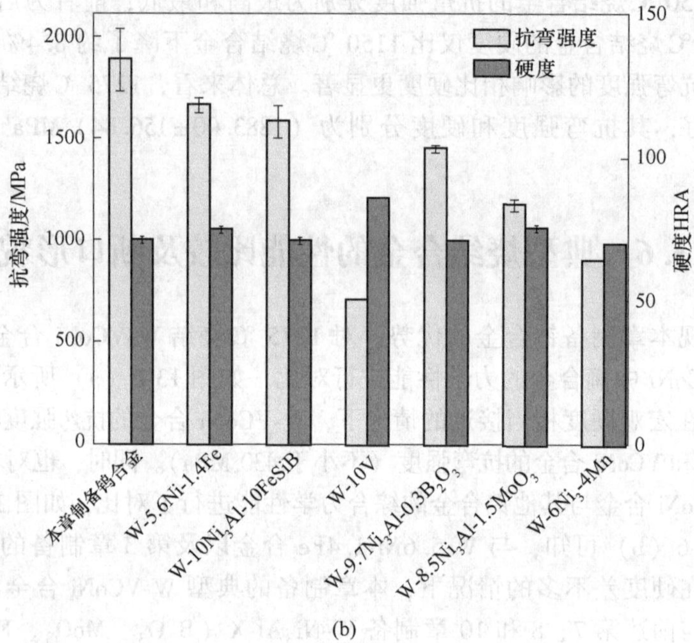

(b)

图 13-6　典型 W-VCoNi 合金的力学性能对比

（a）1275 ℃烧结不同合金的力学性能对比；（b）本章制备钨合金力学性能与其他黏结相钨合金比较

钨合金的断口形貌也可以间接证实其力学性能好坏。图 13-7（a）为烧结典型 W-VCoNi 合金的断口形貌。通常来说，钨合金的断口特征一般包含以下几种，即钨-钨界面断裂（W-W）、钨-黏结相界面断裂（W-M）、钨穿晶解理断裂（W）以及黏结相的韧性撕裂（M）。从合金断口形貌图中可以看到钨穿晶解理断裂、黏结相的韧性断裂和钨-黏结相界面断裂是 W-VCoNi 合金的主要断裂模式，其中钨穿晶解理断裂和黏结相的韧性断裂占比较多，这也从侧面证实了 1275 ℃烧结 W-VCoNi 合金应有更好的机械强度。

图 13-7（b）所示为 1275 ℃烧结典型 W-VCoNi 合金中的钨晶粒尺寸分布图。从图 13-7（b）可知，该温度烧结钨合金的平均钨晶粒尺寸统计结果为（2.924±0.946）μm，属于典型的细晶钨合金范畴。图 13-7（c）比较了 1275 ℃烧结典型钨合金与他黏结相钨合金的平均钨晶粒大小。本章制备的典型 W-VCoNi 合金的钨晶粒尺寸仅比 W-10V 合金大一些，但是综合力学性能明显更好。

综上所述，在本章中，先通过高能球磨制备了 VCoNi 中熵合金粉末，再将其与 W 粉进行二次球磨，最后通过 SPS 成功制备了具有优良力学性能的细晶 W-VCoNi 合金。其中，1275 ℃温度烧结制备的钨合金具有最佳的综合力学性能，其抗弯强度、硬度和平均钨晶粒尺寸分别为（1883.00±156.84）MPa,（71.30±

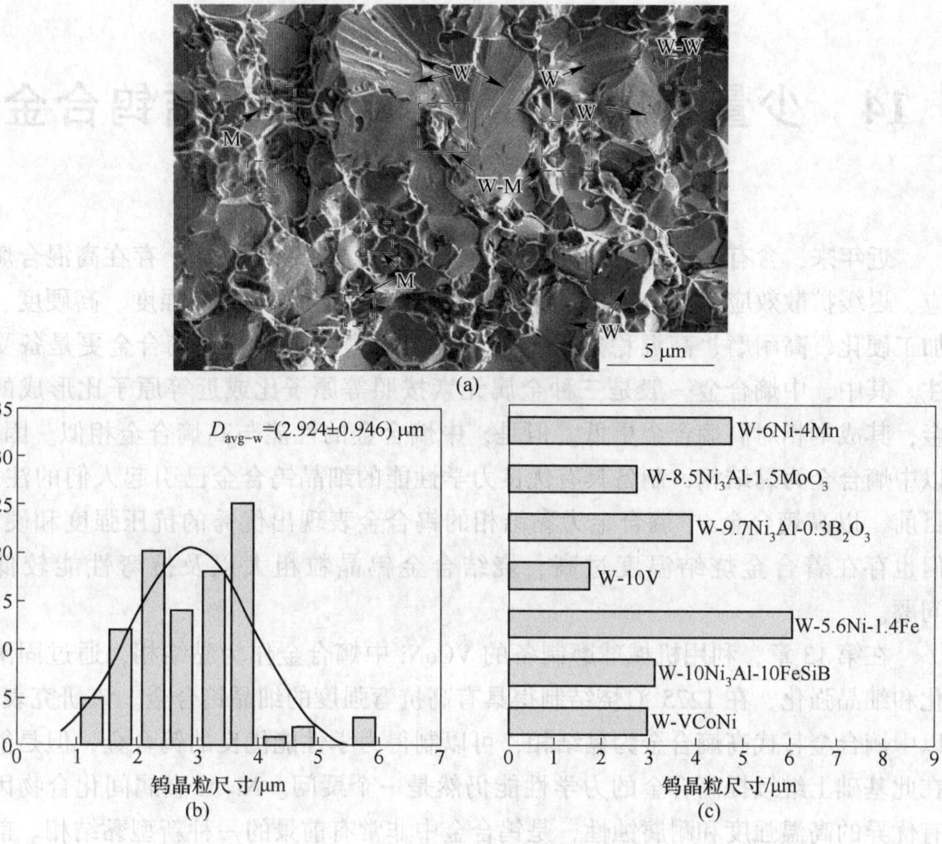

图 13-7 典型 W-VCoNi 合金的断口形貌及晶粒尺寸

(a) 合金断口 SEM 图；(b) 合金钨晶粒尺寸分布；(c) W-VCoNi 钨晶粒尺寸与其他黏结相钨合金对比

0.78) HRA 和 (2.924±0.946) μm。W-VCoNi 合金的优良力学性能主要与该钨合金烧结过程中 W、V 原子向 (Ni,Co) 固溶体扩散可对合金进行固溶强化，以及富 V 氧化物 VO_2 相具有高的位错存储能力，可阻碍位错运动导致位错累积，也可阻碍 W 粉颗粒的溶解-析出，抑制钨晶粒长大，从而导致细晶强化有关。

14 少量 Ni_3Al 与 VCoNi 共黏结钨合金

近年来，含有多种元素的多组元合金的研究日益受到关注。存在高混合熵效应、迟缓扩散效应、晶格畸变效应、多元素调和效应，具有高强度、高硬度、高加工硬化、高耐磨、高温稳定性等优异性能的高熵合金和中熵合金更是备受关注。其中，中熵合金一般是三种金属元素按照等原子比或近等原子比形成的合金，其成本相对高熵合金更低。但是，中熵合金的性能与高熵合金相似。因此，以中熵合金为黏结相，制备具有优良力学性能的细晶钨合金已引起人们的注意。目前，以高熵合金/中熵合金为黏结相的钨合金表现出优秀的抗压强度和硬度，但也存在着合金烧结温度过高、烧结合金钨晶粒粗大以及抗弯性能较低等问题。

在第 13 章，利用机械球磨制备的 VCoNi 中熵合金作为黏结相，通过固溶强化和细晶强化，在 1275 ℃烧结制得具有高抗弯强度的细晶钨合金。该研究表明，以中熵合金替代高熵合金为黏结相，可以制得力学性能优良的钨合金，但是能否在此基础上继续提高合金的力学性能仍然是一个疑问。Ni_3Al 金属间化合物因具有优异的高温强度和耐腐蚀性，是钨合金中非常有前景的一种新型黏结相。前述章节研究表明，在钨合金中引入 Ni_3Al 作为黏结相，对钨合金力学性能尤其是强度提高具有较大作用。

既然中熵合金和 Ni_3Al 金属间化合物作为钨合金新型黏结相各有优势，均可以不同程度改善钨合金的力学性能。因此，能否通过同时添加这两种黏结相，利用它们的协同效应，制备出综合力学性能更好的钨合金呢？基于此设想，本章尝试开发一种新的金属间化合物增强中熵合金黏结钨合金技术。具体来说，拟通过引入少量 Ni_3Al 作为 VCoNi 中熵合金黏结钨合金的强化相，进而将具有优良力学性能的中熵合金黏结钨合金的综合性能提高到一个新的水平，最终制得具有高硬度和高强度的“双高”力学性能钨合金。主要研究了钨合金的显微组织和力学性能，重点分析了钨合金的强化机理。

14.1 合金制备及表征

考虑到 VCoNi 和 Ni_3Al 分别作为钨合金唯一黏结相时，前者制备的钨合金的综合力学性能更好，因此在本章中，钨合金中的黏结相以 VCoNi 为主，Ni_3Al 为辅。

14.1.1 材料制备

原料 W 粉、V 粉、Co 粉、Ni 粉和 Ni_3Al 粉的纯度和粒径与前述相同。首先，利用机械球磨法制备 VCoNi 中熵合金粉末，具体工艺及参数与第 13 章相同。其次，将 Ni_3Al 原料粉末以同样参数球磨 24 h，对其进行机械活化。接下来，以 W：VCoNi：Ni_3Al = 90：8：2 的质量比，将 W 粉、VCoNi 中熵合金粉和 Ni_3Al 活化粉，以 5：1 的球料比并在氩气保护气氛下球磨混料 24 h，进而获得均匀混合的钨合金复合粉末。最后，将钨合金复合粉末装入内径为 30 mm 的圆柱形石墨模具后放入 SPS 炉，在 25Pa 的初始真空度和 40 MPa 的恒定单轴压力下，以 100 ℃/min 的升温速率升高到 1275 ℃进行合金的烧结，保温 5 min 后冷却到室温制得 W-8VCoNi-2Ni_3Al 合金。由于 1275 ℃是第 13 章中烧结 W-10VCoNi 合金的最佳烧结温度，因此本章也选择在该温度点烧结 W-8VCoNi-2Ni_3Al 合金。

14.1.2 材料表征

原料粉末、烧结合金的主要表征测试方法与前述章节相同。

14.2 球磨前后原料粉末的显微组织及物相演变

图 14-1 所示为向原料 W 粉中添加机械合金化 VCoNi 中熵合金粉末及高能球磨 Ni_3Al 粉，并继续球磨混料 24 h 后，获得的 W-VCoNi-Ni_3Al 复合粉末的微观形貌和元素分布图。从图 14-1（a）可知，经长时间较低球料比机械球磨混料后，复合粉末的分散性较好，多为粒径小于 10 μm 的近球形粉末颗粒。此外，EDS mapping 图［图 14-1（b）~（f）］中代表原料中各元素分布的不同颜色点的分布区域几乎完全一致，说明不同原料粉末已经混合均匀，这有利于接下来制备显微组织均匀的 W-8VCoNi-8Ni_3Al 合金。

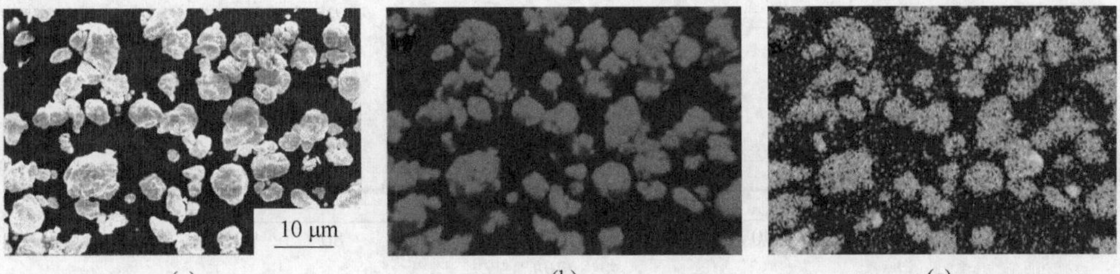

(a) (b) (c)

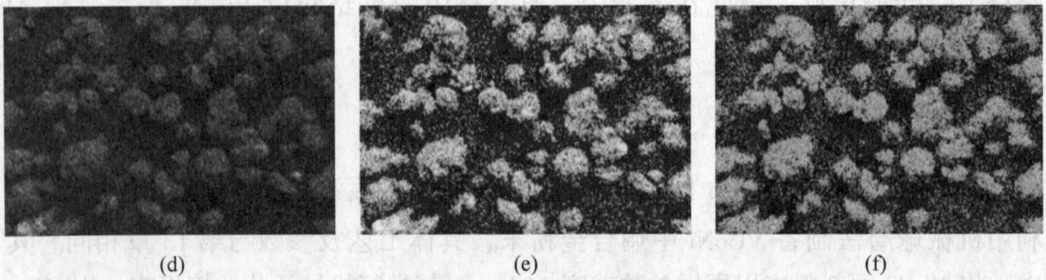

图 14-1　机械球磨 W-VCoNi-Ni_3Al 复合粉末的表征

（a）复合粉末的 SEM 图；（b）W 元素的 EDS mapping 图；（c）V 元素的 EDS mapping 图；（d）Co 元素的 EDS mapping 图；（e）Ni 元素的 EDS mapping 图；（f）Al 元素的 EDS mapping 图

14.3　烧结合金的物相及显微结构

W-8VCoNi-2Ni_3Al 合金烧结前后的 XRD 如图 14-2 所示。烧结前的复合粉末中只有 W 相和 Ni_3Al 相的衍射峰，没有 VCoNi 中熵合金相的衍射峰，这可能意味着该相在机械球磨过程中发生了非晶化转变。复合粉末在 1275 ℃经烧结成钨合金后，在 W 相的（110）、（200）、（211）、（220）晶面上观察到最强的衍射峰，表明合金的主相为 W 相，这是由于合金成分中 W 含量最高引起。然而，在合金 XRD 图中 $2\theta=43.7°$处新出现了一个较弱的衍射峰，这是 VCoNi 中熵合金中主导相 fcc 结构（Ni,Co）固溶体的衍射峰。相比 VCoNi 中熵合金粉末，该衍射峰有向左偏移的趋势，这可能与烧结过程中具有较大半径原子半径的元素扩散进 fcc 结构（Ni,Co）固溶体中相关。从图 14-2（b）可知，在烧结合金 XRD 图中

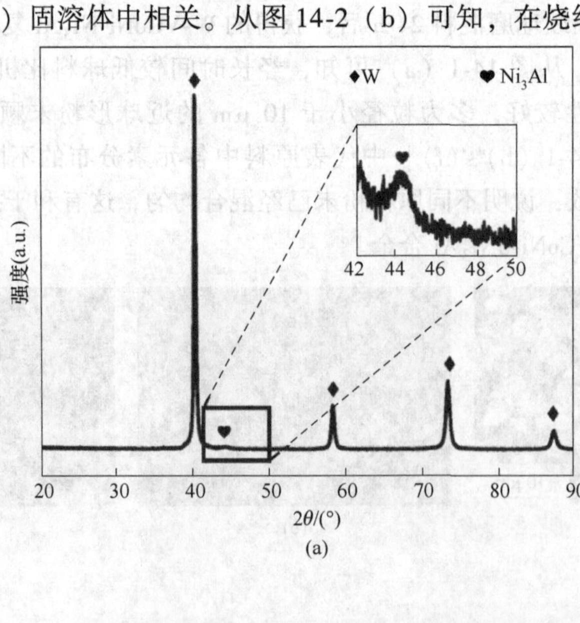

(a)

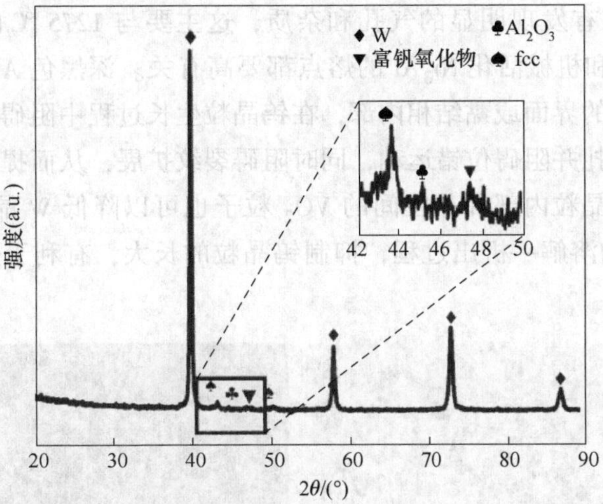

(b)

图 14-2 W-8VCoNi-2Ni_3Al 合金烧结前后的 XRD 图

(a) 复合粉末；(b) 烧结合金

还出现了 Al_2O_3 相和 V 氧化物（VO_2）的特征衍射峰。此外，引人注意的是，相比混合原料粉末，烧结合金 XRD 图中并未发现 Ni_3Al 相的衍射峰，这可能主要与 Ni_3Al 在高温烧结过程中与合金中其他成分发生固溶反应有关。

为进一步分析上述固溶体的组成和合金中新形成相的分布，对 W-8VCoNi-2Ni_3Al 合金进行了 SEM 表征，其 BSE 图像及其对应的 EDS 元素分布结果汇总在图 14-3 中。如图 14-3（a）所示，浅白色区域主要富集了 W 元素，并且钨晶粒球化明显；浅黑色区域主要富集 Ni 和 Co 元素，且在图中标记 A 处白色虚线圈位置还有大量的 V 元素富集；在图中标记 B 处白色虚线圈位置主要富集 V 和 O 元素，位于 W/W 晶界处。此外，合金表面还分布着大量的深黑色粒子，存在于黏结相内、W/黏结相之间、W/W 晶界处和钨晶粒内部，主要富集 Al、V 和 O 元素。

为了确定合金组织中一些典型位置的元素组成，对图 14-3（a）中 a~d 四个点做了 EDS 点扫描，其结果如图 14-3（h）所示。从扫描结果可知，钨晶粒内部（如点 a）和钨晶粒之间（如点 b）的深黑色粒子主要为富钒氧化物（VO_2），钨晶粒和黏结相之间（如点 c）和黏结相内部（如点 d）的深黑色粒子为 Al_2O_3，同时也存在富钒氧化物（VO_2）。综上可知，图 14-3（a）中浅白色区域和浅黑色区域分别为 W 相和（Ni,Co）固溶体，深黑色粒子为 Al_2O_3 和 VO_2，同时还有少量的 VCoNi 中熵合金相（如标记 A 处）存在。整体来看，烧结合金内黏结相分布较为均匀，没有发现明显的气孔和杂质，这主要与 1275 ℃ 的烧结温度相比 VCoNi 中熵合金和机械活化 Ni_3Al 的熔点都要高有关。深黑色 Al_2O_3 粒子相位于钨晶粒与黏结相的界面或黏结相内部，在钨晶粒生长过程中阻碍晶界的迁移，可以细化晶粒，钉扎并阻碍位错运动，同时阻碍裂纹扩展，从而提高钨合金的力学性能。此外，钨晶粒内部和晶粒间的 VO_2 粒子也可以降低 W 晶界的迁移速度，阻碍 W 粉颗粒的溶解—析出过程，抑制钨晶粒的长大，有利于烧结合金力学性能的提高。

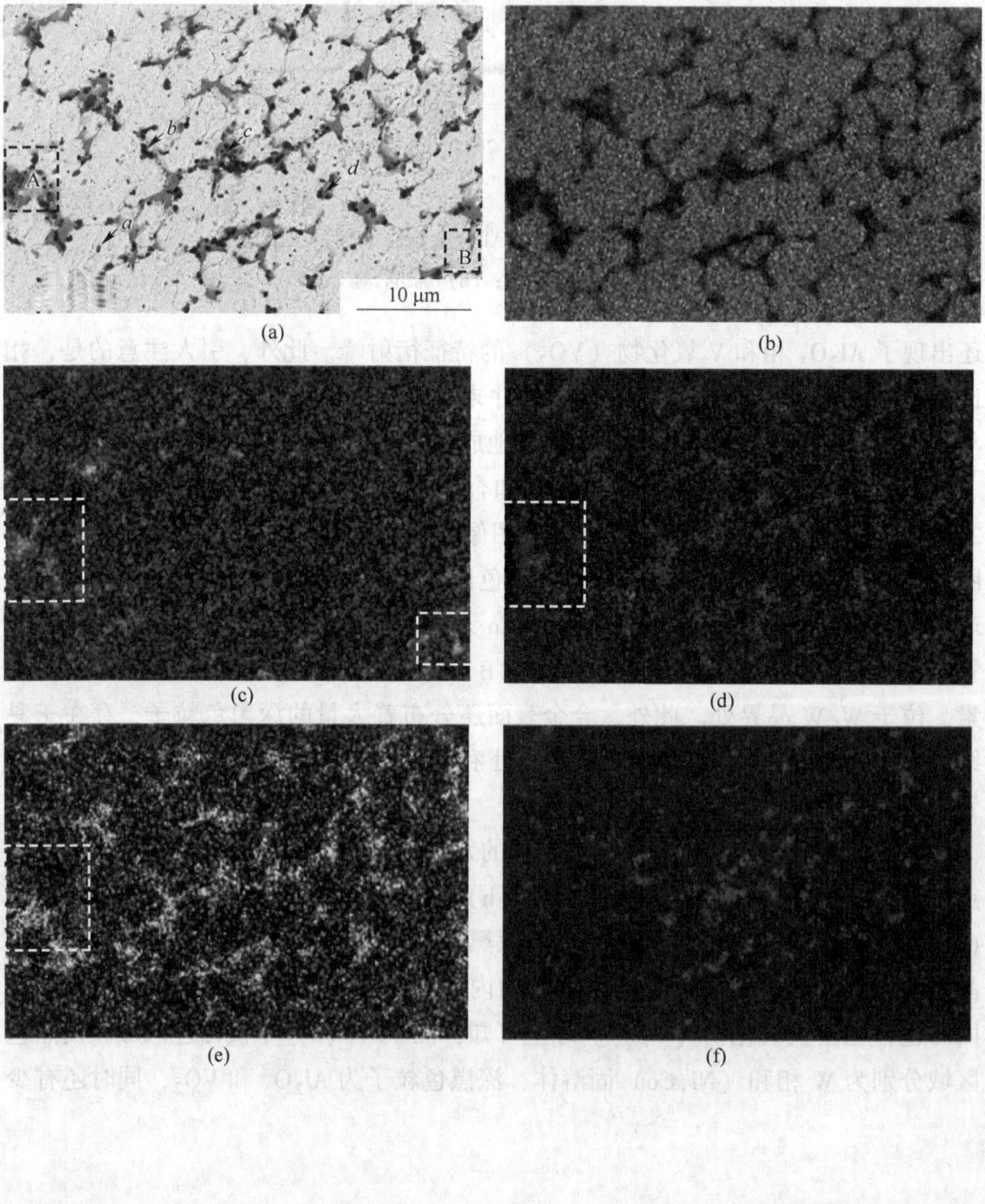

(a)　(b)　(c)　(d)　(e)　(f)

(g)

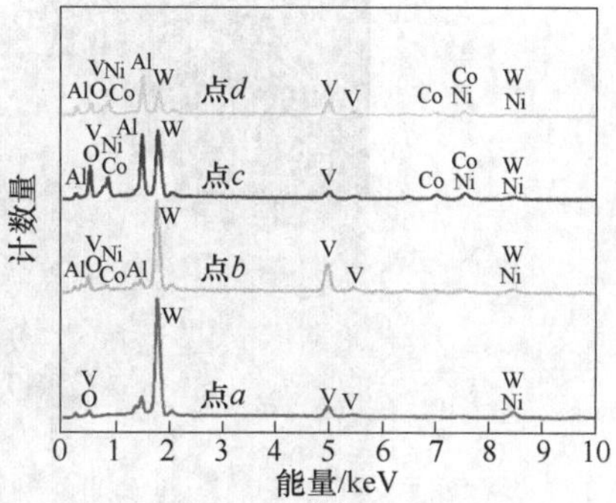

(h)

图 14-3 烧结 W-8VCoNi-$2Ni_3Al$ 合金的表征

（a）合金表面 BSE 图；（b）W 元素的 EDS mapping 图；（c）V 元素的 EDS mapping 图；（d）Co 元素的 EDS mapping 图；（e）Ni 元素的 EDS mapping 图；（f）Al 元素的 EDS mapping 图；（g）O 元素的 EDS mapping 图；（h）图 14-3（a）中 a~d 四个点的 EDS 点扫描图

14.4 烧结合金的精细结构

为了深入分析 1275 ℃烧结 W-8VCoNi-$2Ni_3Al$ 合金的显微结构、相组成和元素分布，对其进行了 TEM 和 EDS 表征，结果如图 14-4 所示。从图 14-4 中可以看出，富 W 的深黑色区域富集着大量的 Al 元素，应为（W,Al）固溶相；富 Co 的浅白色区域富集着大量的 Ni 元素，对应为（Ni,Co）固溶黏结相。在钨晶粒与黏结相之间和黏结相与黏结相之间的界面处存在的富 V 和富 O 的亮白色条状区域为富钒氧化物（VO_2）相。此外，从 TEM 图中还可以观察到在钨晶粒内部、黏结相内部及黏结相与 W 相交界处均存在大量的球形纳米粒子，结合 EDS 结果可以确定其也为富钒氧化物相。

对图 14-4（a）中合金的不同区域进一步进行 HRTEM 以及 SAED 表征，结果如图 14-5 所示。图 14-4 中区域 A 的局部放大为图 14-5（a），在其中选择更小区域 1~5 进行进一步表征分析。从区域 1 的 SAED 图［图 14-5（b）］的标定结果，可以确定白色条状富钒氧化物相为单晶 VO_2。基于区域 2 的 HRTEM 图［图 14-5（c）］，测得的晶面间距为 0.2031 nm，略小于（Ni,Co）固溶体（111）晶面间距 0.2040 nm（JCPDS 卡号 04-004-8490），而且从图 14-4 中的 EDS 结果发现还有部分 V 和 Al 元素扩散进入（Ni,Co）固溶体中，因此可以证实黏结相实际为（Ni,Co,V,Al）固溶体。从区域 3 的 HRTEM 图［图 14-5（d）］，右上部分区域只有一组条纹，其晶面间距为 0.2199 nm，这与 VO_2(201) 的晶面间距（0.2136 nm）相近，可以确定条形颗粒为 VO_2，这与图 14-5（b）的 SAED 图标

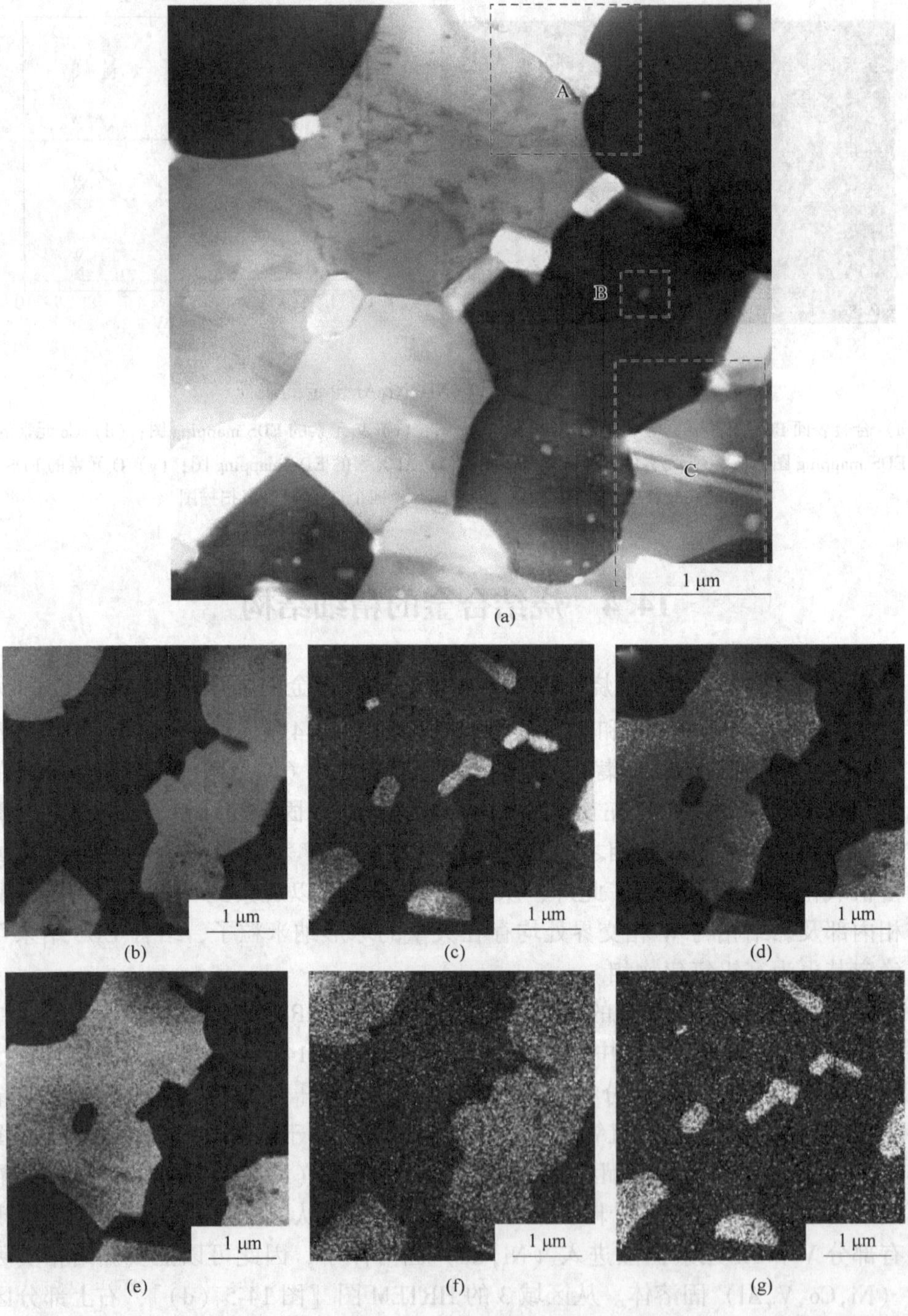

图 14-4　W-8VCoNi-2Ni_3Al 合金的 TEM 和 EDS 表征

（a）合金的 TEM 图；（b）W 元素的 EDS mapping 图；（c）V 元素的 EDS mapping 图；（d）Co 元素的 EDS mapping 图；（e）Ni 元素的 EDS mapping 图；（f）Al 元素的 EDS mapping 图；（g）O 元素的 EDS mapping 图

定结果一致。对条形 VO_2 相邻的块状颗粒进行表征，通过 HRTEM 图［图 14-5（d）］右下部分测得其晶面间距为 0.4627 nm，与 V_3O_5（200）（JCPDS 卡号 04-008-0730）的晶面间距（0.4632 nm）相近，结合图 14-4 中 EDS 结果，可以证实其为 V_3O_5 相。对于区域 5，其 HRTEM 图［图 14-5（f）］的右下部分的晶面间距为 0.2244 nm，略大于 W（JCPDS 卡号 00-04-0806）（110）晶面的晶面间距（0.2238 nm），再结合图 14-4 中 EDS 结果，可以证实烧结合金的基体为（W,Al）固溶体。

在以上 HRTEM 结果中，没有发现 Ni_3Al 相的存在，其与合金 XRD 图［图 14-2（b）］中未出现 Ni_3Al 相的特征衍射峰，以及 EDS mapping 图［图 14-4（e）和（f）］中 Ni、Al 元素的分布区域不一致相契合，这可能与高温烧结过程中

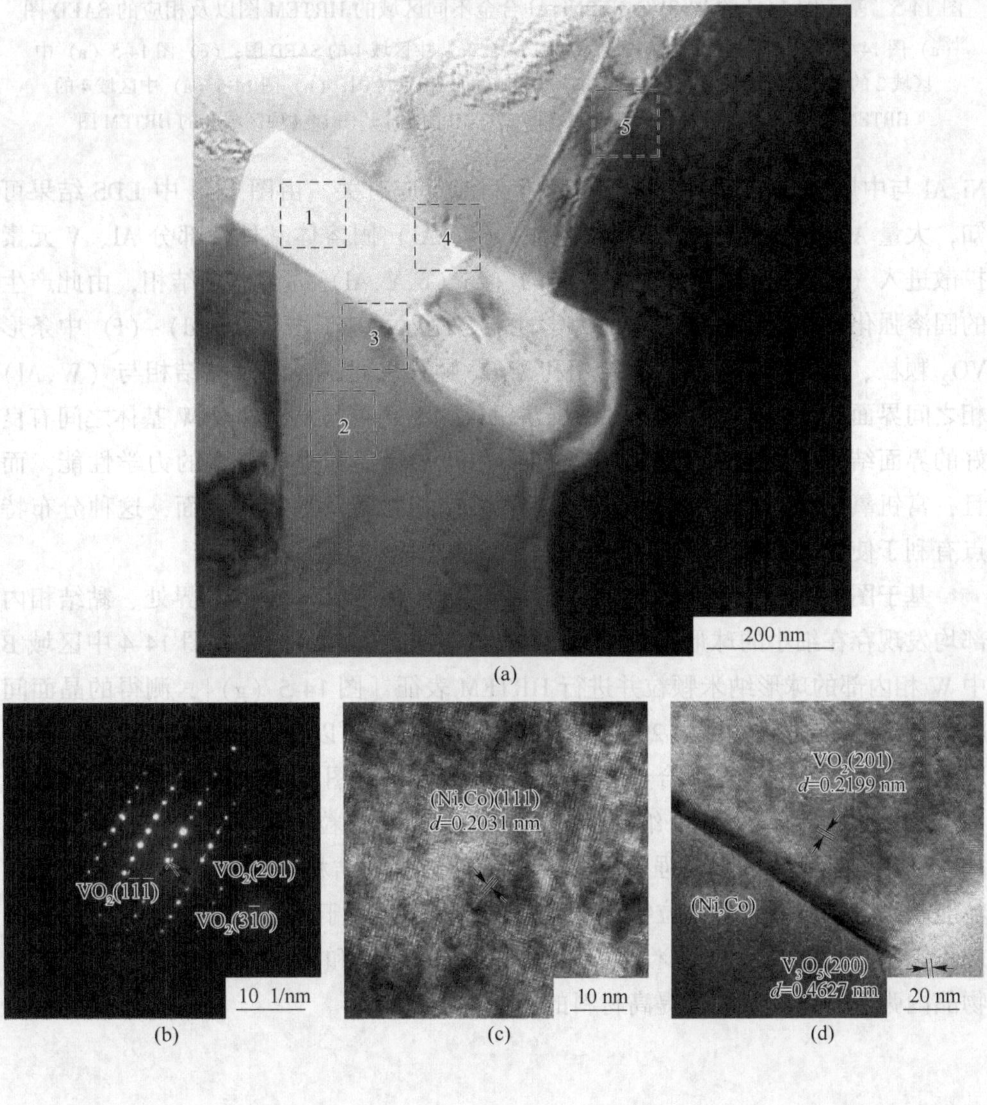

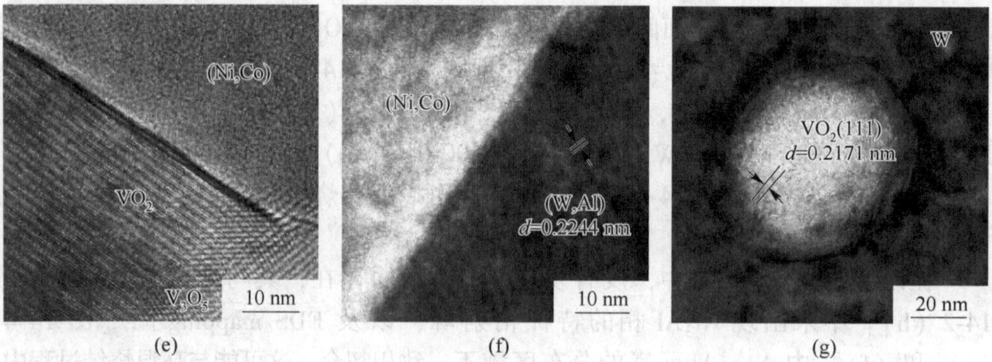

图 14-5　基于图 14-4 的 W-8VCoNi-2Ni_3Al 合金不同区域的 HRTEM 图以及相应的 SAED 图

(a) 图 14-4 中区域 A 的局部放大图；(b) 图 14-5 (a) 中区域 1 的 SAED 图；(c) 图 14-5 (a) 中区域 2 的 HRTEM 图；(d) 图 14-5 (a) 中区域 3 的 HRTEM 图；(e) 图 14-5 (a) 中区域 4 的 HRTEM 图；(f) 图 14-5 (a) 中区域 5 的 HRTEM 图；(g) 图 14-4 中区域 B 的 HRTEM 图

Ni_3Al 与中熵合金 VCoNi 相及 W 相发生固溶反应有关。由图 14-4 中 EDS 结果可知，大量 Al 元素富集在 W 中形成新的（W,Al）固溶体基体，部分 Al、V 元素扩散进入（Ni,Co）固溶体中生成新的（Ni,Co,V,Al）固溶体黏结相，由此产生的固溶强化有利于提高钨合金的力学性能。此外，基于图 14-5（d）~（f）中条形 VO_2 颗粒、（Ni,Co,V,Al）黏结相和 V_3O_5 颗粒之间的界面及黏结相与（W,Al）相之间界面的 HRTEM 图，可以看出富钒氧化物颗粒与黏结相及 W 基体之间有良好的界面结合，这有利于载荷在不同物相间的传递和提高合金的力学性能。而且，富钒氧化物颗粒主要分布于 W 相和黏结相之间及黏结相界面，这种分布特点有利于使合金中的钨晶粒细化，提高合金的室温强度。

基于图 14-4 的区域 B 和 C，在 W 相内部、黏结相与 W 相晶界处、黏结相内部均发现存在细小的球形颗粒［图 14-5（g）和图 14-6］。放大图 14-4 中区域 B 中 W 相内部的球形纳米颗粒并进行 HRTEM 表征［图 14-5（g）］，测得的晶面间距为 0.2171 nm，与 VO_2（201）的晶面间距相近，可以确定其为 VO_2。从图 14-5 所示的 W-8VCoNi-2Ni_3Al 合金不同物相的典型 TEM 图可以发现，分布在黏结相与 W 相交界处的球形 VO_2 纳米晶颗粒，可以阻碍 W 粒子的溶解和析出，导致钨晶粒细化，进而通过细晶强化提高合金的性能。黏结相内的球形 VO_2 纳米晶颗粒能起到钉扎位错和阻碍位错运动的效果，这也有利于合金力学性能的提高。此外，钨晶粒内部的 VO_2 纳米晶可以阻止位错的运动和减少晶界滑移，形成氧化物晶内弥散强化，有助于提高材料的力学性能。

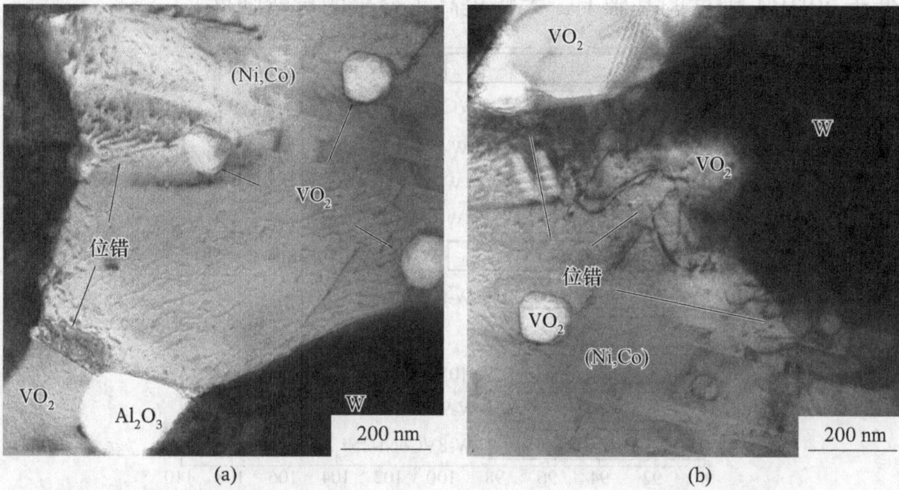

图 14-6 基于图 14-4 的 W-8VCoNi-2Ni_3Al 合金中不同物相的典型 TEM 图

（a）图 14-4（a）中区域 C 下部局部放大图；（b）图 14-4（a）中区域 C 右上部局部放大图

14.5 烧结合金的力学性能及断口形貌

为了体现 W-8VCoNi-2Ni_3Al 合金的优势，将测得的合金致密度及力学性与其他黏结相钨合金进行了对比，如图 14-7 所示。从图 14-7（a）可知，W-8VCoNi-2Ni_3Al 合金具有大于 98 %的相对密度，超过了大多数相比较的 W-Ni_3Al 系钨合金，尤其是比 VCoNi 单独为黏结相的 W-10VCoNi 合金的致密度明显要高，说明以部分 Ni_3Al 代替 VCoNi 可在一定程度上促进钨合金的致密化。

基于力学性能测试结果，本章制备的 W-8VCoNi-2Ni_3Al 合金的抗弯强度和硬度分别为（1990.19±31.56）MPa 和（73.100±0.63）HRA，其与其他黏结相钨合金的力学性能对比如图 14-7（b）所示。从图 14-7（b）可知，W-8VCoNi-2Ni_3Al 合金的综合力学性能最优，尤其是其具有最高的抗弯强度。相比 W-6Ni_3Al 合金、W-6Ni_3Al-4Co 合金和第 5 章制备的 W-10Ni_3Al 合金，W-8VCoNi-2Ni_3Al 合金的抗弯强度提高了 1 倍以上。相比第 11 章制备的 W-9Ni_3Al-1Co 合金、第 7 章制备的 W-9.7Ni_3Al-0.3B_2O_3 合金、第 9 章制备的 W-9.1Ni_3Al-0.9Zr 合金和第 10 章制备的高致密 W-10Ni_3Al-10FeSiB 合金，W-8VCoNi-2Ni_3Al 合金的抗弯强度提高了 20%以上。与第 12 章制备的高致密 W-8.9Ni_3Al-1Co-0.1Y_2O_3 合金相比，W-8VCoNi-2Ni_3Al 合金的硬度和抗弯强度分别提高了 2.67%和 14.82%。即使相比第 13 章制备的 W-10VCoNi 合金，W-8VCoNi-2Ni_3Al 合金的硬度和抗弯强度也分别提升了 2.38%和 6.17%。总体来看，本章制备的 W-8VCoNi-2Ni_3Al 合金在保持不低于 70HRA 硬度的基础上，大幅提高了合金的抗弯强度。

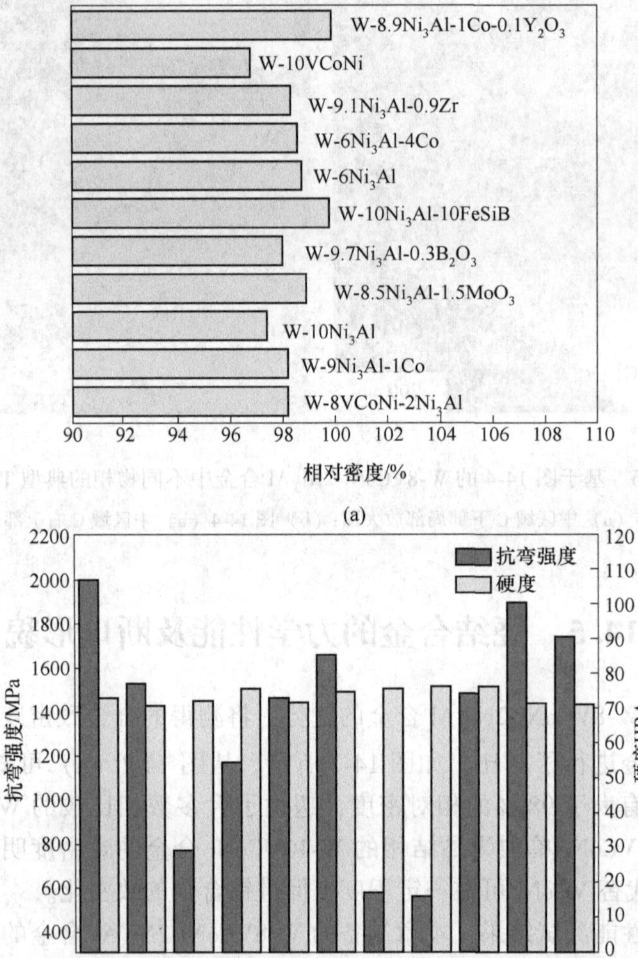

图 14-7　W-8VCoNi-2Ni_3Al 合金和其他钨合金的性能对比

(a) 相对密度对比；(b) 力学性能对比

断口形貌可以在一定程度上直接反映合金力学性能的好坏。图 14-8 所示为 W-8VCoNi-2Ni_3Al 烧结合金的断裂形貌及晶粒尺寸统计结果。从合金断口［图 14-8（a)］及其局部放大图［图 14-8（b)］，可以发现钨合金中晶界比较清晰，无明显孔隙存在，烧结合金的断裂模式主要是以钨穿晶解理断裂（W）、黏结相的韧性断裂（M）和钨-黏结相界面断裂（W-M）为主，只有少量W-W界面断裂（W-W）。且在图14-8（a）中可以发现钨穿晶解理断裂（W）主要发生在较大钨晶粒上（8~10 μm），较小的钨晶粒周围主要为黏结相的韧性断裂（M）和钨-黏结相界面断裂（W-M）。钨与黏结相之间的结合较强，这也暗示了此合金拥有更好的机械强度。

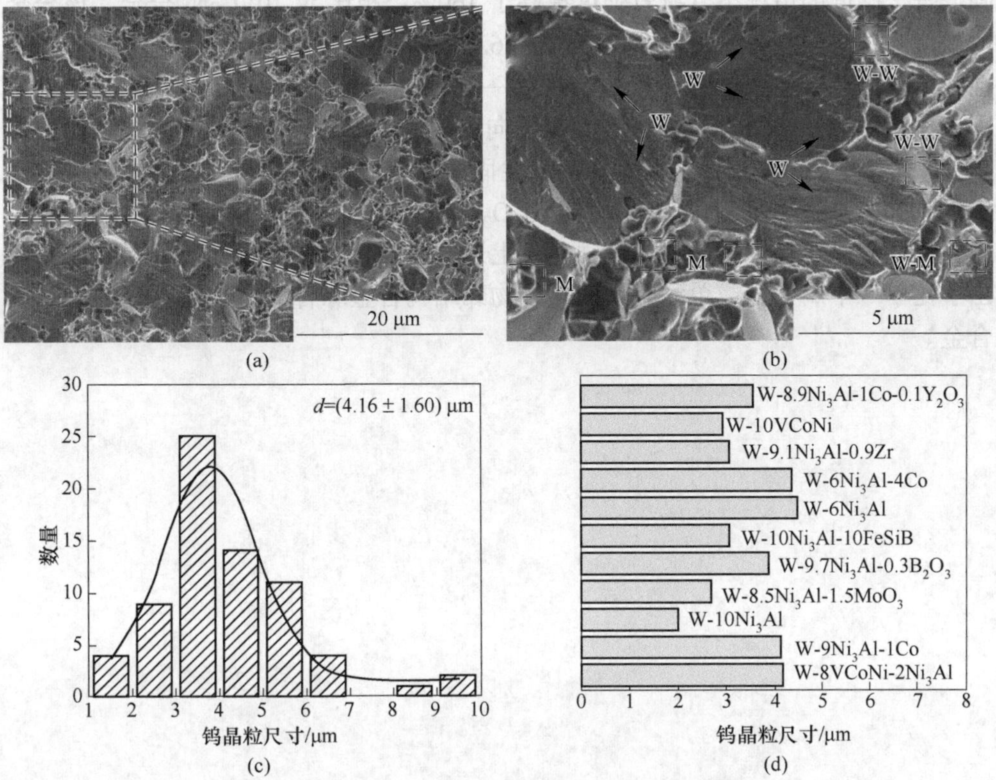

图14-8 W-8VCoNi-2Ni_3Al合金的断口形貌及晶粒尺寸

（a）合金的断口形貌；（b）合金典型断口的局部放大；（c）合金的钨晶粒尺寸分布直方图；（d）与其他黏结相钨合金的钨晶粒尺寸对比

基于图14-8（a）的断口形貌，经统计分析后得到的合金钨晶粒尺寸分布直方图如图14-8（c）所示。尽管W-8VCoNi-2Ni_3Al合金的大多数钨晶粒尺寸落在3~4 μm的范围，但是由于少量8~10 μm较大尺寸钨晶粒的存在，因此平均钨晶粒尺寸为（4.16±1.60）μm。图14-8（d）比较了W-8VCoNi-2Ni_3Al合金及其他钨合金的平均钨晶粒尺寸大小。从图14-8（d）可知，相比大多数W-Ni_3Al系钨合金及W-10VCoNi合金，W-8VCoNi-2Ni_3Al合金的平均钨晶粒尺寸属于中等偏上水平，但是仍属于细晶钨合金的范畴。

综上所述，先通过高能球磨制备了 VCoNi 中熵合金和机械活化 Ni_3Al 粉末，再将其与 W 粉进行二次球磨，最后通过 SPS 成功制备了同时具有高硬度（73.10 HRA±0.63 HRA）、高抗弯强度（1990.19 MPa±31.56 MPa）和较细钨晶粒（4.16 μm±1.60 μm）的 W-8VCoNi-2Ni_3Al 合金。相比 W-10Ni_3Al 合金，在不降低合金硬度的情况下其抗弯强度提高了 160%；相比 W-10VCoNi 合金，该合金的硬度和抗弯强度分别提高了 2.38%和 6.17%。W-8VCoNi-2Ni_3Al 合金综合力学性能的全面改善主要与以下因素有关：一是高能球磨过程中面心立方（Ni,Co）固溶体的形成及烧结过程中 Al、V 原子向该固溶体中的扩散导致的固溶强化；二是 Ni_3Al 相中的 Al 在烧结过程与 W 发生固溶反应形成（W,Al）固溶体产生的固溶强化，三是烧结过程中 VO_2 相和 Al_2O_3 相的形成阻碍 W 的溶解—析出过程，进而抑制钨晶粒长大引起的细晶强化。上述这些强化方式的叠加效应，导致制备出了比单一中熵合金或单一金属间化合物黏结钨合金综合力学性能更好的细晶钨合金。

15 微量 B_2O_3 改性VCoNi 中熵合金黏结钨合金

近年来，高熵合金和中熵合金因优异的力学性能和多组元设计备受关注，其出现也为钨合金黏结相提供了新的选择。高熵合金或中熵合金一般由各元素按等原子比或近等原子比组成，具有强度高、延性好、耐腐蚀、耐磨性和抗氧化等独特性质。因而，它们被认为是未来最有应用前途的材料之一。相比高熵合金，中熵合金所含金属元素种类更少，其成本相对高熵合金更低，但是性能与高熵合金相似。因此，利用中熵合金作为黏结相，制备具有优良力学性能的钨合金更有性价比。目前，以中熵合金为黏结相的钨合金往往表现出优良的强度和硬度，但能否在此基础上继续大幅提高合金的力学性能（特别是强度）仍然是一个疑问。

近年来，利用低熔点氧化物辅助低温烧结制备细晶粒材料，进而改善材料的力学性能已引起研究者的兴趣。在第 6 至第 8 章中，由于少量低熔点 B_2O_3 和 MoO_3 的存在，可以在较低烧结温度下制备出相对密度更高、力学性能明显改善的 W-Ni_3Al 合金，尤其是钨合金的抗弯强度得到了很大提升。不过，目前仍未见低熔点氧化物改性熵合金黏结钨合金的相关研究。因此，为制备性能更高熵合金黏结钨合金，在第 13 章有关高性能 W-VCoNi 合金的研究基础上，本章尝试向钨合金原料中添加微量的 B_2O_3 进行辅助烧结，最终制备出具有更高硬度，尤其是更高抗弯强度的“双高”力学性能 W-VCoNi-B_2O_3 合金。主要研究了烧结温度对钨合金显微组织和力学性能的影响，并分析了相关合金强化机理。

15.1 合金制备及表征

在本章中，与第 7 章相类似，主要考察微量 B_2O_3 添加对中熵合金黏结钨合金力学性能的影响。

15.1.1 材料制备

原料 W 粉、V 粉、Co 粉和 Ni 粉的纯度和粒径与前述相同。B_2O_3 粉为薄片状粉末，其纯度大于 99.8%（质量分数），平均径向尺寸约 5 μm。基于第 7 章研究结果，添加 0.3% 的 B_2O_3 对钨合金的力学性能提升最显著，因此本章尝试添加同样质量分数的 B_2O_3 改性 W-10VCoNi 合金。首先，通过高能球磨制备 VCoNi 中熵合金粉末，具体工艺及参数与第 13 章相同。接下来，按照 W∶VCoNi∶B_2O_3 = 90∶9.7∶0.3 的质量比进行原料配料后，以 5∶1 的球料比，将 W 粉、VCoNi 中熵合金粉和 B_2O_3 粉机械球磨 24 h，制得均匀细小的钨合金复合粉末。最后，将钨合金复合粉末装入内径为 30 mm 的圆柱形石墨模具，放入 SPS 炉中进行合金的快速烧结。具体烧结工艺参数如下：真空度、烧结压力、升温速率、烧结温度范围和保温时间分别为 25Pa、40 MPa、100 ℃/min、1150~1300 ℃和 5 min。

15.1.2　材料表征

原料粉末、烧结合金的主要表征测试方法与前述章节相同。

15.2　球磨前后原料粉末的显微结构及物相演变

图 15-1 所示为钨合金原料粉末的表征结果。其中，原料 B_2O_3 粉末、机械合金化 VCoNi 中熵合金粉末以及机械球磨 W-VCoNi-B_2O_3 复合粉末的 XRD 如图 15-1（a）所示。在机械合金化 VCoNi 中熵合金粉末 XRD 图中，除了具有同 Ni 一样的简单 fcc 晶体结构相，即（Ni,Co）固溶体相的衍射峰，还伴生有富 V 的 σ 相的衍射峰。这是由于 V 在 V-Co 和 V-Ni 二元体系中具有高的负混合焓，这有利于形成富 V 的 σ 相。然而，由于长时间球磨过程中包含富 V 的 σ 相的面心立方相预合金化粉末的非晶化转变，因而机械球磨 W-VCoNi-B_2O_3 复合粉末中未见明显的 VCoNi 中熵合金的衍射峰。而且由于原料 B_2O_3 粉末的含量非常低，钨粉在原料粉末中质量占比则高达 90%，因而复合粉末中仅可见 W 相的特征衍射峰。

由前述章节可知，原料 W 粉多为小尺寸多边形颗粒，通过机械高能球磨制备的 VCoNi 中熵合金微粉为多尺度团聚颗粒。然而，从图 15-1（b）可知，W 粉、VCoNi 中熵合金粉和 B_2O_3 粉经机械球磨均匀混料后，获得的钨合金复合粉末的粒径范围分布比较宽，部分复合粉末也出现了明显的团聚现象。同时，钨合

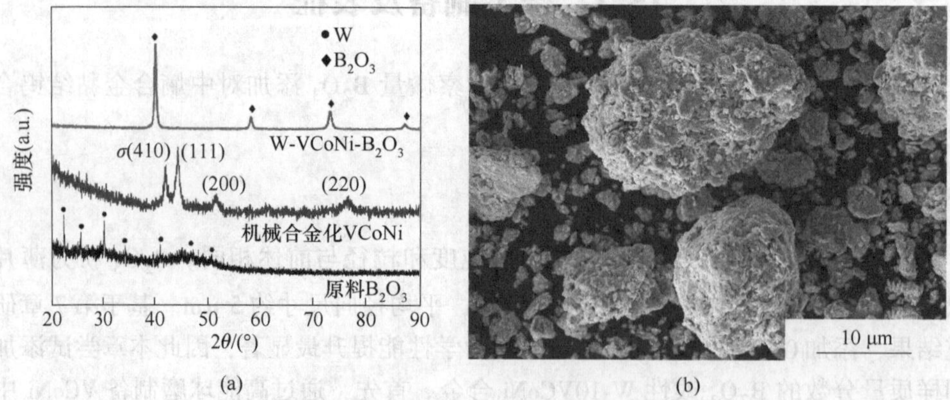

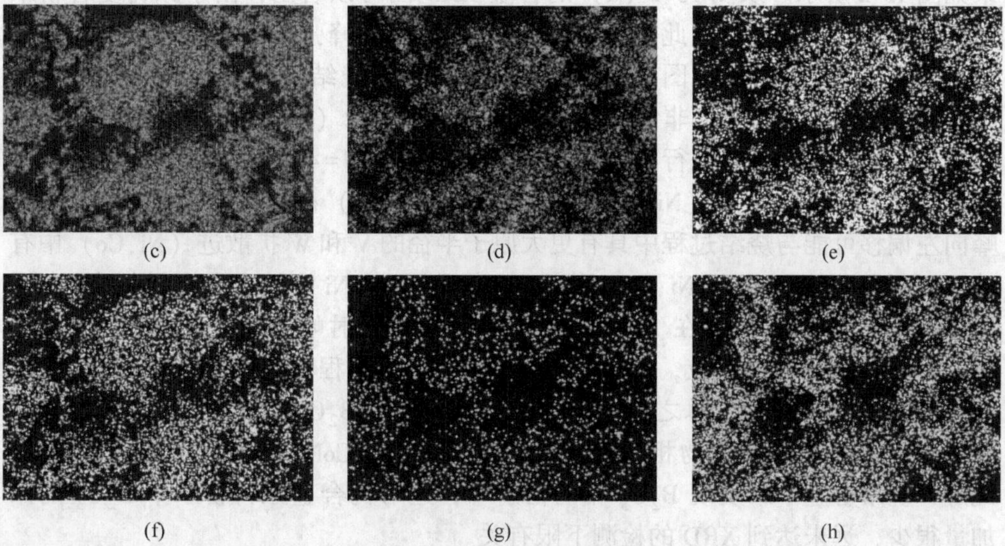

图 15-1 钨合金原料粉末的表征
(a) 原料粉末的 XRD 图；(b) 钨合金复合粉末的 SEM 图；(c) W 元素的 EDS mapping 图；(d) V 元素的 EDS mapping 图；(e) Co 元素的 EDS mapping 图；(f) Ni 元素的 EDS mapping 图；(g) B 元素的 EDS mapping 图；(h) O 元素的 EDS mapping 图

金复合粉末中也未见典型的片状结构，这可能与原料中片状 B_2O_3 粉含量较低及球磨过程容易粉碎其片状结构有关。

为了确定复合粉末中的合金元素分布，对其进行了 EDS 能谱面扫描分析[图 15-1 (c)~(h)]。由于 V、Co、Ni 粉预先通过机械合金化转变成 VCoNi 中熵合金粉末，因而这三种元素的分布区域几乎完全一致。在经历长时间低球料比机械混料后，W 粉与 VCoNi 中熵合金粉末已经混合比较均匀，因此，W 元素与 VCoNi 中熵合金中三种元素的分布区域基本重叠。由于合金粉末中 B_2O_3 粉含量不高，因此代表 B 元素的点分布比较稀疏，但是其相对密集分布区域与 W、V、Co、Ni 等元素几乎一致，说明 B_2O_3 粉与原料复合粉末中其他粉末已混合比较均匀。对比 O 元素和 B 元素的分布，明显代表 O 元素的点比代表 B 元素的点密集很多，说明前者在复合粉末中含量更多，这主要与机械球磨过程中 V 粉的部分氧化有关。

15.3 烧结合金的物相及显微结构

与 W-10VCoNi 合金一样，本书选择比 VCoNi 中熵合金熔点稍高的 1275 ℃作为典型液相烧结温度，在该温度烧结制备的 W-9.7VCoNi-0.3B_2O_3 合金的表征结果如图 15-2 所示。从图 15-2（a）的合金 XRD 图可以看出，由于原料复合粉末中钨粉质量分数很高，因此烧结合金中 W 相的衍射峰强度最高。而且，相比原料复合粉末的 XRD 图［图 15-1（a）］，不同温度烧结钨合金在 $2\theta = 42.04°$ 和 43.68°附近均出现了两个非常弱的衍射峰。在图 15-2（a）中，对这两个较弱衍射峰进行局部放大，并进行了标定以确认物相。在 $2\theta = 43.68°$ 处的衍射峰与同样温度烧结 VCoNi 合金的（Ni,Co）（111）（$2\theta = 44.2°$）晶面衍射峰相对应，衍射峰向左偏移可能与烧结过程中具有更大原子半径的 V 和 W 扩散进（Ni,Co）中有关，而面心立方（fcc）(Ni,Co,V,W）的出现与 VCoNi 中熵合金主导相为 fcc 固溶体有关。烧结后合金在 $2\theta = 42.04°$ 处出现的衍射峰与钒氧化物 VO_2 相的 (201）晶面衍射峰相对应，VO_2 的出现与液相烧结过程中中熵合金内部分钒析出后与氧发生反应有关。总之，烧结 W-9.7VCoNi-0.3B_2O_3 合金中只有 W 相、fcc（Ni,Co）相、富钒氧化物相的衍射峰，这与 W-10VCoNi 合金的物相种类相同。此外，烧结合金中未发现 B_2O_3 相的衍射峰，这与钨合金原料粉末中 B_2O_3 的添加量很少，远未达到 XRD 的检测下限有关。

为了进一步研究合金中各物相的分布情况，对典型 W-9.7VCoNi-0.3B_2O_3 合金进行了BSE 表征，结果如图 15-2（b）所示。由于 VCoNi 中熵合金的熔点为 1246 ℃（见第 13 章），而且添加的低熔点 B_2O_3 的量非常少，因此可近似认为 1250 ℃为合金的固液相烧结的分界点。对于 1275 ℃液相烧结典型钨合金，熔化后的 VCoNi 黏结相可通过其黏性流动逐渐包裹钨晶粒，因而合金中 W-W 连接度比较低，黏结相的分布也比较均匀。同时，通过溶解—析出过程，小钨晶粒逐渐

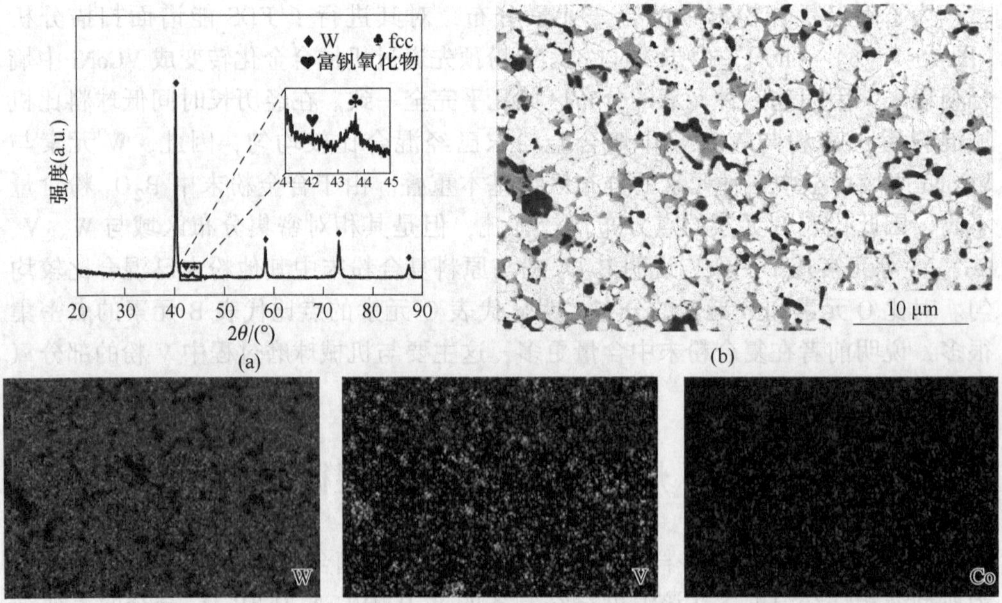

(a)　(b)
(c)　(d)　(e)

(f) (g) (h)

图 15-2 典型 W-9.7VCoNi-0.3B_2O_3 合金的表征

(a) 合金的 XRD 图；(b) 合金的表面 BSE 图；(c) W 元素的 EDS mapping 图；(d) V 元素的 EDS mapping 图；(e) Co 元素的 EDS mapping 图；(f) Ni 元素的 EDS mapping 图；(g) B 元素的 EDS mapping 图；(h) O 元素的 EDS mapping 图

消失，较大钨晶粒长得更大，多边形钨晶粒逐渐趋于球形。结合典型 W-9.7VCoNi-0.3B_2O_3 合金的表面 BSE 图［图 15-2（b）］和 EDS mapping 图［图 15-2（c）~（h）］可知，W 主要在浅白色区域富集，钨晶粒细小且大多球化明显。浅黑色区域主要富集的是 Ni、Co 元素。在深黑色区域中，主要富集 V 和 O 元素，应为富钒氧化物，且均匀地分布在钨晶粒之间，将影响 W 粉颗粒的溶解—沉淀过程，最终抑制钨晶粒的长大，对合金起到细晶强化的作用。B 元素比较均匀地分布在钨晶粒和黏结相中，均匀分布的 B_2O_3 粒子容易产生弥散强化，有利于烧结合金力学性能的提升。

15.4 典型烧结合金的精细结构

为了进一步分析烧结合金的显微结构、相组成和元素分布，对 1275 ℃烧结的典型 W-9.7VCoNi-0.3B_2O_3 合金进行了 TEM 和 EDS 表征，其结果如图 15-3 所示。由合金的 TEM 图［图 15-3（a）］及各元素对应的 EDS mapping 图［图 15-3（b）］可知，钨晶粒占据了合金的主要区域，居于其次的是（Ni，Co）黏结相，其将多个钨晶粒分隔开来。由于一些具有较小原子半径的 V、Co、Ni 元素也扩散进入了钨晶粒内部，说明烧结后合金中的钨晶粒实际为（W，V，Co，Ni）固溶体。同时，大量 V 原子和部分 W 原子有向黏结相（Ni，Co）中扩散的趋势，因此准确说来黏结相为同时含 V、W 原子的（Ni，Co，V，W）固溶体。很明显地，在黏结相与钨晶粒之间的界面上、黏结相及钨晶粒内均或多或少分布有近球状的富钒氧化物微粒。对于 B_2O_3 纳米粒子，从 B 元素的 EDS 结果可以看出其比较均匀地弥散分布在钨晶粒和黏结相中。此外，在 W 基体内部和黏结相内部还发现存在着高密度的位错。

对图 15-3 合金中区域 1、2 进一步进行 SAED 表征和 EDS 点扫描分析，其结果如图 15-3（c）~（f）和图 15-4 所示。对于黏结相区域 1 处，通过 SAED 表征

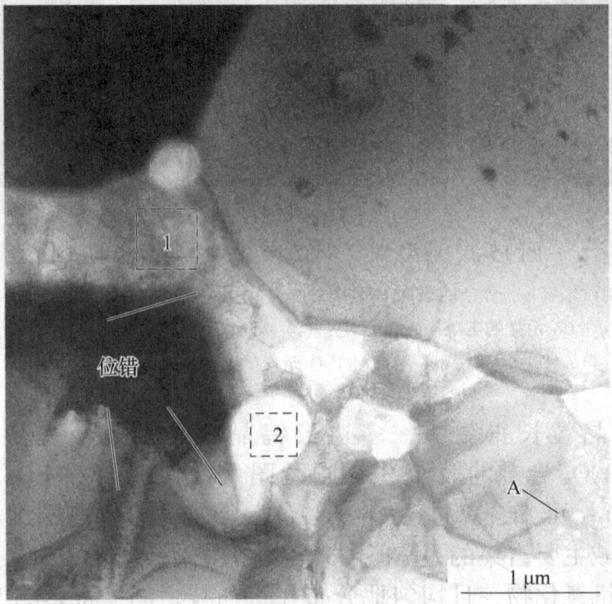

(a)

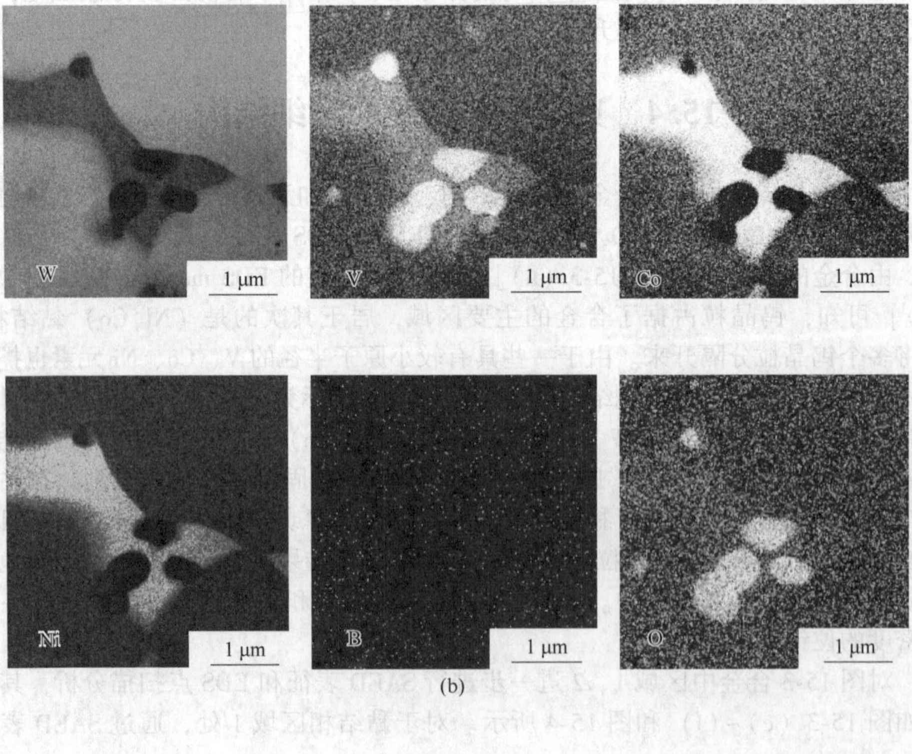

(b)

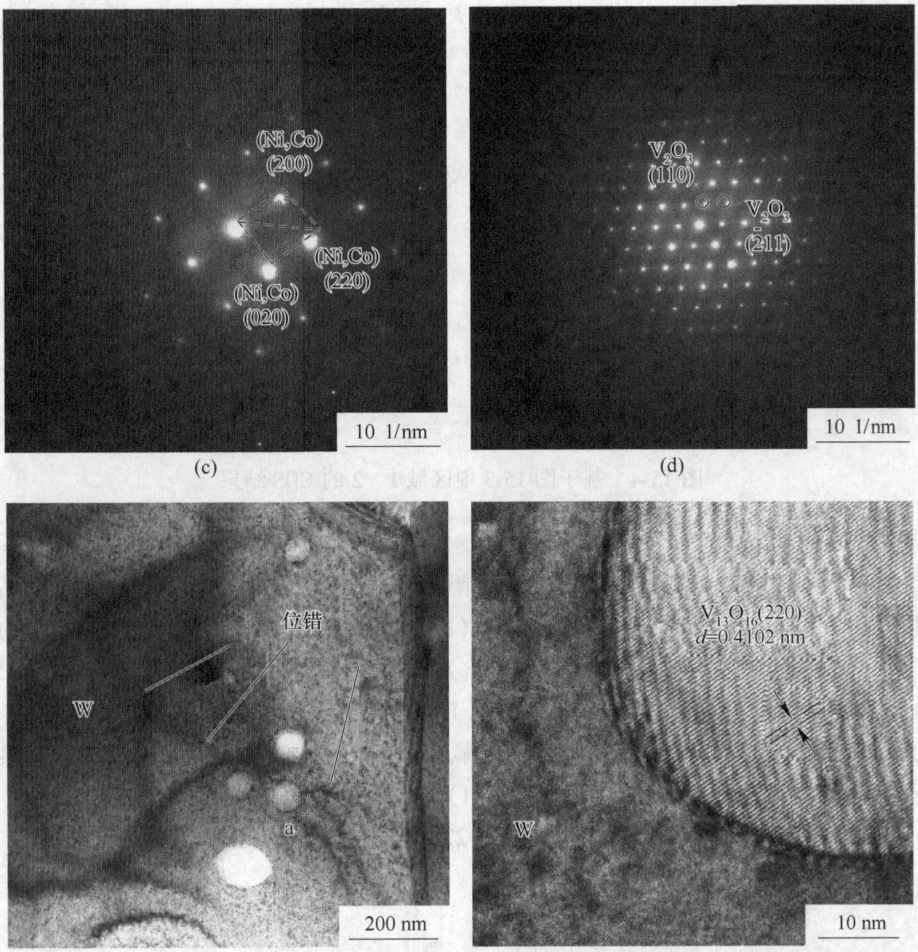

(e) (f)

图 15-3 典型 W-9.7VCoNi-0.3B_2O_3 合金的 TEM 和 EDS 表征

(a) 合金的 TEM 图；(b) 各元素的 EDS mapping 图；(c) 区域 1 的 SAED 图；(d) 区域 2 的 SAED 图；(e) W 晶粒内 A 处的局部放大图；(f) 图 15-3 (e) 中 a 处的 HRTEM 图

[图 15-3 (c)] 测定结果可知，其间距为 0.1227 nm 和 0.1734 nm，分别与 (Ni, Co) 固溶体 (JCPDS 卡号 01-074-5694) 的 (220) 晶面间距 (0.1249 nm) 和 (200) 晶面间距 (0.1767 nm) 相近。基于图 15-3 (a) 中区域 1 的定量 EDS 结果可知，黏结相中除了有 Ni 和 Co 元素外，还有大量的 V 元素和少量的 W 元素扩散进入 (Ni, Co) 固溶体中，再次证实其实际为 (Ni, Co, V, W) 固溶体。而且，该 EDS 结果也再次证实了黏结相中 B_2O_3 纳米粒子的存在。

对于区域 2 处的 W 基体和黏结相之间的富钒氧化物颗粒，由图 15-3 (d) 中 SAED 表征结果，可知其晶面间距为 0.4219 nm 和 0.2669 nm，分别与 V_2O_3

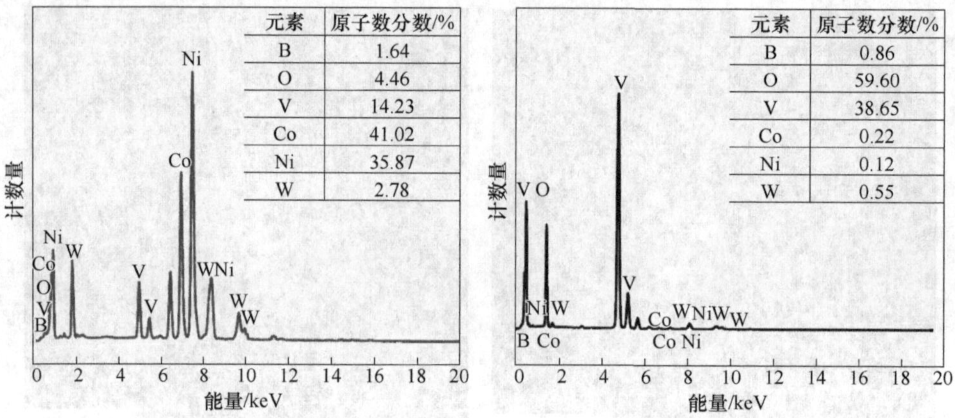

(a)　　(b)

图 15-4　基于图 15-3 中区域 1、2 的 EDS 结果

(a) 区域 1 部分 EDS 结果；(b) 区域 2 部分 EDS 结果

（JCPDS 卡号 01-072-5929）的（110）晶面间距（0.4112 nm）和（-211）晶面间距（0.2693 nm）相近。结合图 15-4（b）的 EDS 结果，V 和 O 的原子比约为 2∶3，可以确定其为 V_2O_3 颗粒。对包含富钒氧化物纳米颗粒的钨晶粒［图 15-3（a）中 A 处］进行局部放大，结果如图 15-3（e）所示。结合其线扫描结果（图 15-5）可知，该氧化物纳米颗粒为钒的氧化物，在图 15-3（e）中选取一个典型纳米颗粒进行 HRTEM 表征［图 15-3（f）］，测得其晶格间距为 0.4102 nm，与 $V_{13}O_{16}$（JCPDS 卡号 04-007-2167）的（220）晶面间距（0.4143 nm）相近。此

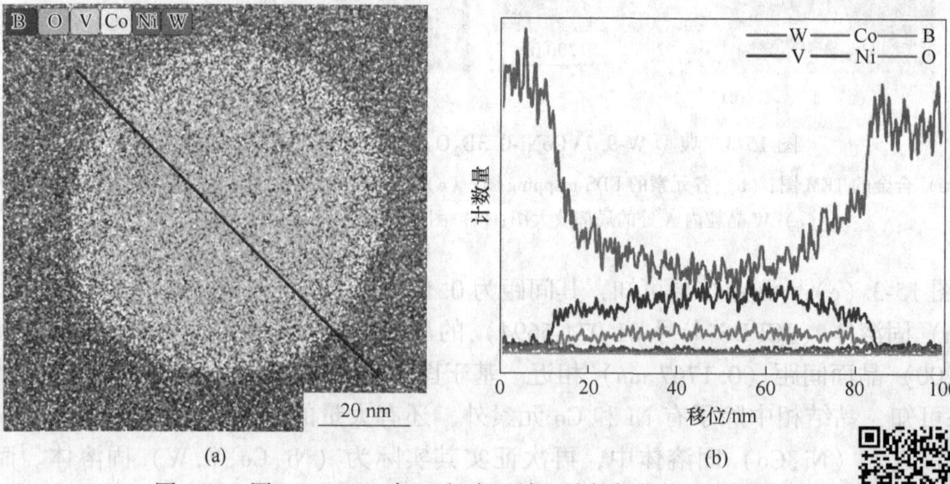

(a)　　(b)

图 15-5　图 15-3（e）中 W 相内区域 a 处的氧化物纳米颗粒的 EDS 线扫描结果

(a) 元素线扫描方向示意；(b) 元素线扫描结果

扫一扫看
更清楚

外，从图 15-3（e）也可以清楚地看到 W 相内纳米富钒氧化物颗粒对位错的钉扎作用，钉扎效应导致位错运动困难，这有助于提高合金的力学性能。

15.5 不同温度烧结合金的性能

图 15-6 所示为不同烧结温度制备 W-VCoNi-B_2O_3 合金的相对密度和力学性能。从图 15-6（a）可知，合金的相对密度随着烧结温度的增加而逐渐升高，其中以 1250 ℃为分界点，该温度以上烧结合金的相对密度上升速率明显比该温度以下合金更快。这是由于该温度大于 VCoNi 中熵合金黏结相的熔点，VCoNi 中熵合金黏结相熔化产生的液相可以促进合金的液相烧结，从而制得致密度更高的钨合金。相比前期制备的 W-VCoNi 合金，添加少量 B_2O_3 后不同温度烧结合金的相对密度更高，这主要与 B_2O_3 的熔点很低，可促进合金的液相烧结相关。

从图 15-6（b）可知，随着烧结温度的上升，合金的抗弯强度呈先升高后降低的趋势，其硬度却一直呈下降趋势，但绝对值变化不大。很显然，1275 ℃温度之前合金抗弯强度变化趋势与相对密度一致，但大于该温度后烧结合金的抗弯强度却有所下降，这与 SPS 高温加压烧结过程中部分液体黏结相容易被挤出模具（相对密度超过 100%）有关。在所有温度烧结 W-9.7VCoNi-0.3B_2O_3 合金中，1275 ℃烧结合金接近全致密（相对密度为 98.03%），而且拥有最高的抗弯强度（2205.27 MPa±22.71 MPa）和超过 70HRA 的高硬度（73.50 HRA±0.29 HRA），因而该温度是最适宜的合金烧结温度。

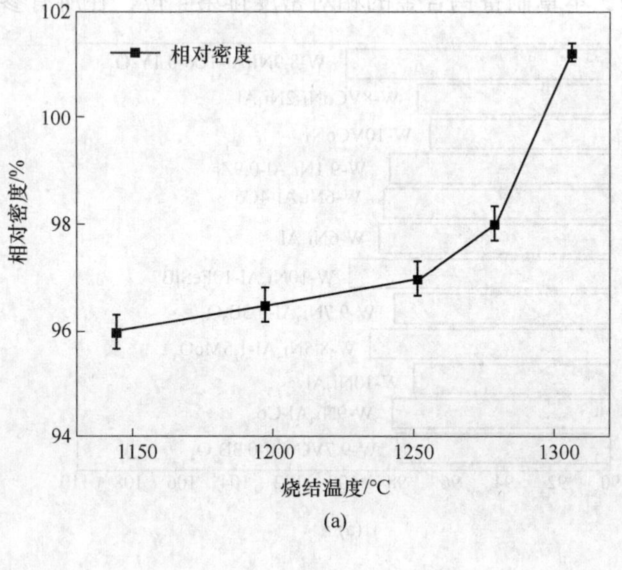

(a)

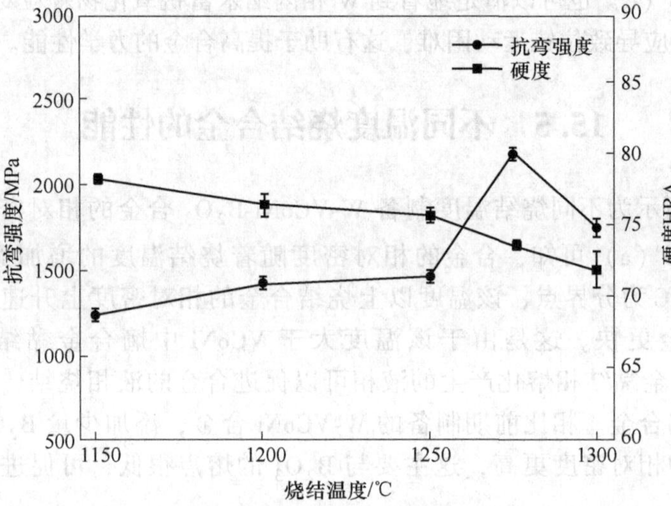

(b)

图 15-6　不同温度烧结 W-9. 7VCoNi-0. 3B_2O_3 合金的性能

（a）相对密度；（b）硬度和抗弯强度

15.6　典型烧结合金的性能比较及断口形貌

为了体现本章制备钨合金的优势，对 1275 ℃烧结典型 W-9. 7VCoNi-0. 3B_2O_3 合金和其他钨合金的相对密度及力学性能进行了对比，结果如图 15-7 所示。从图 15-7（a）可知，本章制备钨合金的相对密度排第 4 位，在所有参加比较的 12

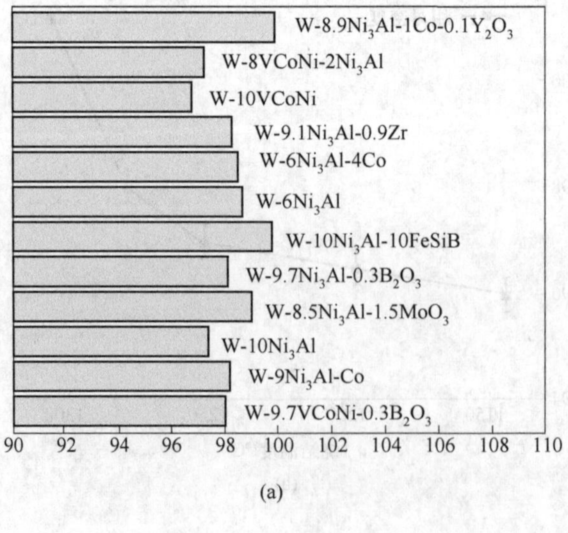

(a)

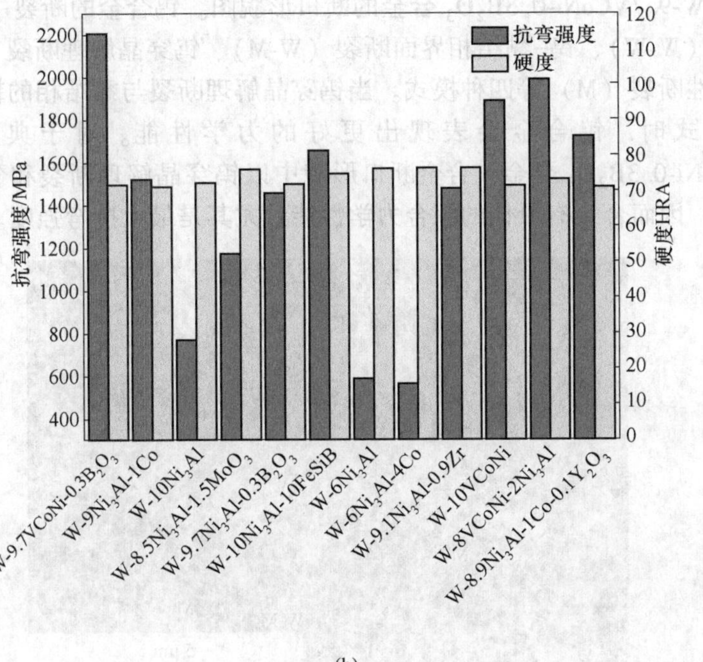

(b)

图 15-7 典型 W-9. 7VCoNi-0. $3B_2O_3$ 合金与其他钨合金的性能比较

(a) 相对密度比较；(b) 力学性能比较

种钨合金中处于前列，属于较高致密度钨合金。然而，与其他钨合金相比，本章制备钨合金的综合力学性能最好，尤其是抗弯强度处于绝对优势地位。

烧结 W-9. 7VCoNi-0. $3B_2O_3$ 合金相对密度略低于 W-6Ni_3Al 合金和 W-6Ni_3Al-4Co 合金，但抗弯强度却大幅提高了约 4 倍。本章制备钨合金的相对密度与 W-6Ni_3Al-4Co 合金、第 7 章制备的 W-9. 7Ni_3Al-0. $3B_2O_3$ 合金，以及第 9 章制备的 W-9. 1Ni_3Al-0. 9Zr 合金尽管相近，但抗弯强度却提升了 45%以上。即或相比第 10 章制备的几乎全致密 W-10Ni_3Al-10FeSiB 合金的抗弯强度（1654. 50 MPa），本章制备钨合金也提高了 550. 77 MPa（33. 29%）。相比第 13 章制备的 W-VCoNi 合金，添加 0. 3%（质量分数）B_2O_3 改性钨合金的硬度和抗弯强度分别提高了 3. 01%和 17. 11%。相比第 12 章制备的高致密 W-8. 9Ni_3Al-1Co-0. 1Y_2O_3 合金的抗弯强度和硬度，分别提升了 27%和 3%以上。相比第 14 章制备的 W-8VCoNi-2Ni_3Al 合金，在硬度略为增加的情况下，W-VCoNi-B_2O_3 合金的抗弯强度也提升了 10. 81 %。总体而言，通过添加少量 B_2O_3 对 W-VCoNi 合金进行改性，可以在保持合金高硬度的情况下，制备出抗弯强度大幅提升的“双高”细晶 W-9. 7VCoNi-0. $3B_2O_3$ 合金。

钨合金的断口形貌可以间接证实其力学性能好坏。图 15-8（a）所示为 1275 ℃

烧结典型 W-9. 7VCoNi-0. 3B_2O_3 合金的断口形貌图。钨合金的断裂一般包含 W-W 界面断裂（W-W）、钨-黏结相界面断裂（W-M）、钨穿晶解理断裂（W）以及黏结相的韧性断裂（M）等四种模式。当钨穿晶解理断裂与黏结相的韧性断裂为主要断裂模式时，钨合金会表现出更好的力学性能。对于典型液相烧结 W-9. 7VCoNi-0. 3B_2O_3 合金，合金断口形貌中以钨穿晶解理断裂和黏结相的韧性断裂为主，因而合金有最佳的综合力学性能，尤其是最大抗弯强度。

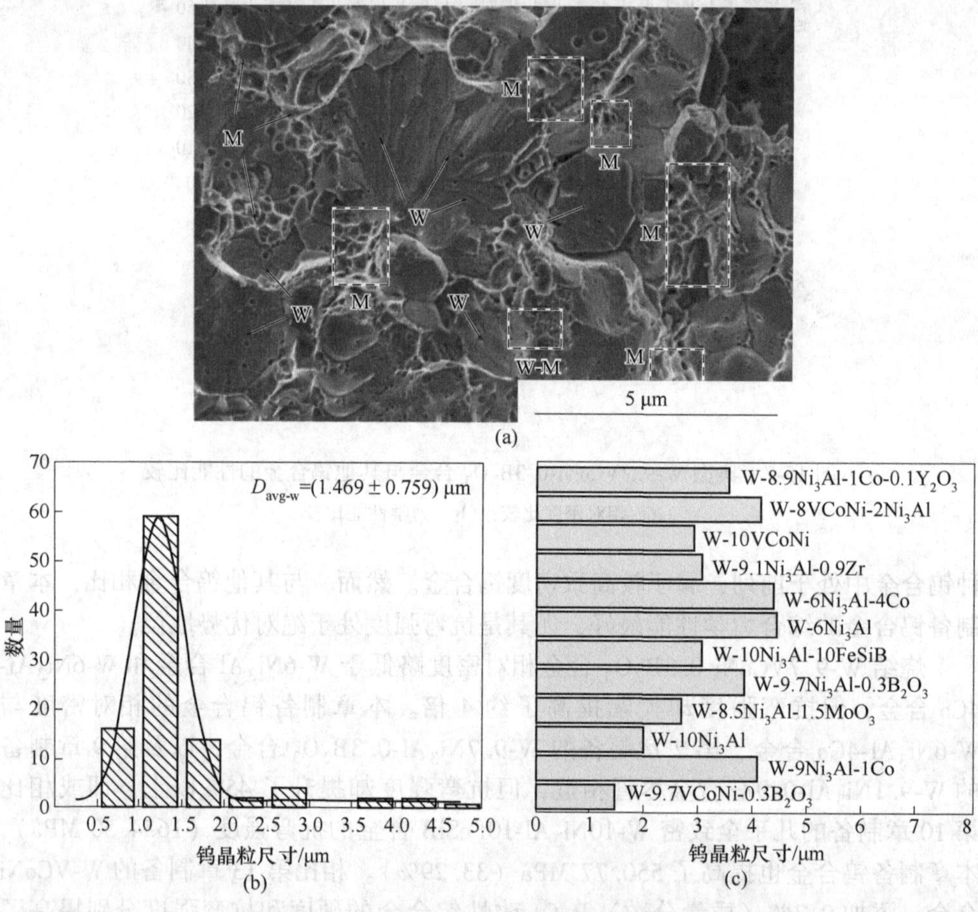

图 15-8　典型 W-9. 7VCoNi-0. 3B_2O_3 合金的断口形貌及晶粒尺寸对比

（a）合金断口 SEM 图；（b）钨晶粒尺寸分布直方图；（c）W-9. 7VCoNi-0. 3B_2O_3 合金平均钨晶粒尺寸与其他钨合金对比

基于图 15-8（a），经统计分析可得到制备的具有最佳综合力学性能的 W-9. 7VCoNi-0. 3B_2O_3 合金的钨晶粒尺寸为（1. 469±0. 759）μm［图 15-8（b）］。将该典型合金的钨晶粒尺寸与其他钨合金的钨晶粒尺寸进行对比，结果如图 15-8

(c) 所示。从图 15-8 (c) 可知，在所有参与对比的钨合金中，W-9.7VCoNi-0.3B_2O_3 合金的平均钨晶粒尺寸最小。其中，W-6Ni_3Al 合金的钨晶粒尺寸超过 W-9.7VCoNi-0.3B_2O_3 合金钨晶粒尺寸的 3 倍以上。其他钨合金，如 W-6Ni_3Al-4Co 合金、第 14 章制备的 W-8VCoNi-2Ni_3Al 合金、第 11 章制备的 W-9Ni_3Al-1Co 合金、第 7 章制备的 W-9.7Ni_3Al-0.3B_2O_3 合金、第 10 章制备的 W-10Ni_3Al-10FeSiB 合金的钨晶粒尺寸均是 W-9.7VCoNi-0.3B_2O_3 合金钨晶粒尺寸的 2.5 倍以上。仅有第 5 章制备的 W-10Ni_3Al 合金的钨晶粒尺寸稍大于 W-9.7VCoNi-0.3B_2O_3 合金钨晶粒尺寸，但也超过了 2 μm。尤其引人注意的是，相比第 13 章未添加 B_2O_3 的 W-10VCoNi 合金，W-9.7VCoNi-0.3B_2O_3 合金的钨晶粒尺寸也下降了 50%左右。这说明仅需添加微量的 B_2O_3，便可以起到显著细化钨晶粒尺寸的作用，由此导致的细晶强化有利于提高合金的综合力学性能。

综上所述，在本章中，先通过高能球磨制备了 VCoNi 中熵合金粉末，再将其与微量 B_2O_3 粉及 W 粉进行二次球磨，最后通过 1275 ℃放电等离子烧结，成功制备了同时具有高硬度（73.50 HRA±0.29 HRA）和高抗弯强度（2205.27 MPa±22.71 MPa）的微小细钨晶粒（1.469±0.759）μm W-9.7VCoNi-0.3B_2O_3 合金。相比未添加 B_2O_3 的 W-10VCoNi 合金，该合金的硬度和抗弯强度分别提高了 3.01%和 17.11%。W-9.7VCoNi-0.3B_2O_3 合金综合力学性能的全面改善主要与以下因素有关：一是高能球磨过程中面心立方（Ni,Co）固溶体的形成及烧结过程中 W、V 原子向该固溶体中扩散形成（Co,Ni,W,V）固溶体导致的黏结相固溶强化，以及烧结过程中 V、Co、Ni 原子扩散进入钨晶粒形成（W,V,Co,Ni）固溶体导致的硬质相固溶强化；二是球磨及烧结过程中钒氧化物相的形成阻碍 W 粉颗粒的溶解—析出过程，进而抑制钨晶粒长大引起的细晶强化，同时钒氧化物相也可钉扎并阻碍位错运动和减缓裂纹扩展；三是弥散分布在合金的钨晶粒和黏结相内的 B_2O_3 粒子产生的弥散强化。上述这些强化方式的叠加效应，导致制备出了比单一中熵合金黏结钨合金综合力学性能更好的细晶钨合金。

参考文献

[1] Srikanth V, Upadhyaya G. Sintered heavy alloys: a review [J]. International Journal of Refractory Metals and Hard Materials, 1986, 5 (1): 49-54.

[2] Li Y, Liu G Q, Hu X B, et al. A novel medium heavy alloy (MHA) with excellent static/dynamic properties and impact toughness [J]. Scripta Materialia, 2019, 162: 311-315.

[3] German R M. Sintered tungsten heavy alloys: Review of microstructure, strength, densification, and distortion [J]. International Journal of Refractory Metals and Hard Materials, 2022, 108: 105940.

[4] Guangyu Y, Jinghai C, Nan L, et al. Research on W-Ni-Fe-Co alloys fabricated by selective electron beam melting from pre-alloyed powder [J]. Rare Metal Materials and Engineering, 2020, 49 (11): 3865-3869.

[5] Magness L S. High strain rate deformation behaviors of kinetic energy penetrator materials during ballistic impact [J]. Mechanics of Materials, 1994, 17 (2): 147-154.

[6] Li Y, Hu K, Li X, et al. Fine-grained 93W-5.6Ni-1.4Fe heavy alloys with enhanced performance prepared by spark plasma sintering [J]. Materials Science and Engineering A, 2013, 573: 245-252.

[7] Bose A, Yang S C. Development of a new W-Ni-Mn heavy alloy [J]. Advances in Powder Metallurgy, 1991, 6: 425-437.

[8] Liu X F, Tian Z L, Zhang X F, et al. "Self-sharpening" tungsten high-entropy alloy [J]. Acta Materialia, 2020, 186: 257-266.

[9] Zahraee S M, Arabi H, Salehi M T, et al. Effect of Mn/Ni ratio variation on microstructure of W-Ni-Mn alloy [J]. Powder Metallurgy, 2008, 51 (4): 303-309.

[10] Zahraee S M, Salehi M T, Arabi H, et al. Development of a tungsten heavy alloy, W-Ni-Mn, used as kinetic energy penetrator [J]. Iranian Journal of Materials Science and Engineering, 2007, 4 (3/4): 9-13.

[11] 李云凯, 解峰, 王富耻, 等. 高密度合金 W-Ni-Mn 的绝热剪切破坏研究 [J]. 爆炸与冲击, 2007 (2): 185-189.

[12] 解峰, 李云凯, 王富耻, 等. 高密度合金 W-Ni-Mn 液相烧结 [J]. 中国稀土学报, 2005 (S2): 168-171.

[13] 李文超, 曹顺华, 张秀芳, 等. 90W-Ni-Mn 合金的制备与性能研究. 粉末冶金材料科学与工程, 2009, 14 (5): 347-350.

[14] 解峰, 田玉亮, 宋希剑. 高密度合金 W-Ni-Mn 的静态拉伸性能研究 [J]. 有色金属 (冶炼部分), 2007 (增刊): 112-114.

[15] Tiegs T, Alexander K, Plucknett K, et al. Ceramic composites with a ductile Ni_3Al binder phase [J]. Materials Science and Engineering A, 1996, 209 (1/2): 243-247.

[16] Zhou P, Yu J, Sun X, et al. The role of boron on a conventional nickel-based superalloy [J]. Materials Science and Engineering A, 2008, 491 (1/2): 159-163.

[17] 刘伟, 张凤林, 卢家锋, 等. Ni_3Al 基金刚石工具制备初探 [J]. 超硬材料工程, 2018, 30

(1): 1-6.
[18] Upadhyaya A. Processing strategy for consolidating tungsten heavy alloys for ordnance applications [J]. Materials Chemistry and Physics, 2001, 67 (1): 101-110.
[19] Griffo A. Processing and physical metallurgy of tungsten-nickel aluminide composites [D]. The Pennsylvania State University, 1996.
[20] Wang J, Guo W G, Su Y, et al. Anomalous behaviors of a single-crystal nickel-base superalloy over a wide range of temperatures and strain rates [J]. Mechanics of Materials, 2016, 94: 79-90.
[21] Cantor B, Chang I T H, Knight P, et al. Microstructural development in equiatomic multicomponent alloys [J]. Materials Science and Engineering A, 2004, 375-377: 213-218.
[22] Zhang Y, Zuo T T, Tang Z, et al. Microstructures and properties of high-entropy alloys [J]. Progress in Materials Science, 2014, 61: 1-93.
[23] Miracle D B, Senkov O N. A critical review of high entropy alloys and related concepts [J]. Acta Materialia, 2017, 122: 448-511.
[24] Panigrahi A, Acharya T S, Sengupta P, et al. Microstructure and mechanical properties of novel tungsten heavy alloys prepared using FeNiCoCrCu HEA as binder [J]. Materials Science and Engineering A, 2022, 832: 142451.
[25] Jian R, Wang L, Zhou S, et al. Achieving fine-grain tungsten heavy alloys by selecting a high entropy alloy matrix with low W grain growth rate [J]. Materials Letters, 2020, 278: 128405.
[26] Li Z B, Zhang G H, Chou K C. Simultaneous enhancements of strength and hardness for fine-grained W-NiFeCoCrMn composites [J]. Materials Characterization, 2023, 201: 112933.
[27] Ma H, Shao Y, Shek C H. Microstructure, grain growth behavior and mechanical properties of W-CoCuFeNi tungsten heavy alloys prepared by infiltration [J]. International Journal of Refractory Metals and Hard Materials, 2021, 98: 105572.
[28] 鲍瑞. WC-Co 硬质合金的微波烧结制备研究 [D]. 长沙：中南大学, 2013.
[29] Upadhyaya A, Tiwari S, Mishra P. Microwave sintering of W-Ni-Fe alloy [J]. Scripta Materialia, 2007, 56 (1): 5-8.
[30] Olakanmi E O, Cochrane R F, Dalgarno K W. A review on selective laser sintering/melting (SLS/SLM) of aluminium alloy powders: Processing, microstructure, and properties [J]. Progress in Materials Science, 2015, 74: 401-477.
[31] 王攀, 刘天伟, 王述钢, 等. 钨基合金激光立体成形的组织及性能研究 [J]. 激光技术, 2016, 40 (2): 254-258.
[32] 赵欢欢. 热等静压烧结对机械合金化制备 Nb_3Al 材料组织和性能的影响 [D]. 天津：天津大学, 2019.
[33] 郎利辉, 续秋玉, 张东星, 等. 钨合金粉末和烧结材料的热等静压工艺技术 [J]. 塑性工程学报, 2014, 21 (4): 1-6.
[34] 岳鹏. 钨合金挤压棒材高速载荷下的微观结构演变及其力学性能 [D]. 长沙：中南大学, 2012.
[35] Essam M, Elsayed A, Shash A, et al. Fabrication of tungsten heavy alloy long rods by warm

powder extrusion and vacuum sintering [J]. Journal of Materials Research and Technology, 2019, 8 (2): 2209-2215.

[36] Hu Z-Y, Zhang Z H, Cheng X W, et al. A review of multi-physical fields induced phenomena and effects in spark plasma sintering: Fundamentals and applications [J]. Materials & Design, 2020, 191: 108662.

[37] German R M, Suri P, Park S J. Liquid phase sintering [J]. Journal of Materials Science, 2009, 44: 1-39.

[38] Gutmanas E Y. Materials with fine microstructures by advanced powder metallurgy [J]. Progress in Materials Science, 1990, 34 (4): 261-366.

[39] Liu D, Zhang A, Jia J, et al. A novel in-situ exothermic assisted sintering high entropy Al_2O_3/(NbTaMoW) C composites: Microstructure and mechanical properties [J]. Composites Part B: Engineering, 2021, 212: 108681.

[40] Fan Z S, Xiang D P, Pan Y L, et al. Effect of two-time spark plasma sintering on microstructure and mechanical properties of W-6Ni-4Mn alloy [J]. Materials Science and Engineering A, 2019, 745: 300-306.

[41] Dong Y, Yang H, Zhang L, et al. Ultra-uniform nanocrystalline materials via two-step sintering [J]. Advanced Functional Materials, 2021, 31 (1): 2007750.

[42] Alem S A A, Latifi R, Angizi S, et al. Development ofmetal matrix composites and nanocomposites via double-pressing double-sintering (DPDS) method [J]. Materials Today Communications, 2020, 25: 101245.

[43] Hong S H, Ryu H J. Combination of mechanical alloying and two-stage sintering of a 93W-5.6Ni-1.4Fe tungsten heavy alloy [J]. Materials Science and Engineering A, 2003, 344 (1): 253-260.

[44] Chuvil'deev V N, Nokhrin A V, Boldin M S, et al. Impact of mechanical activation on sintering kinetics and mechanical properties of ultrafine-grained 95W-Ni-Fe tungsten heavy alloys [J]. Journal of Alloys and Compounds, 2019, 773: 666-688.

[45] Ren C, Fang Z Z, Zhang H, et al. The study on low temperature sintering of nano-tungsten powders [J]. International Journal of Refractory Metals and Hard Materials, 2016, 61: 273-278.

[46] Lu T, Chen C, Li P, et al. Enhanced mechanical and electrical properties of in situ synthesized nano-tungsten dispersion-strengthened copper alloy [J]. Materials Science and Engineering A, 2021, 799: 140161.

[47] Wang C, Ping W, Bai Q, et al. A general method to synthesize and sinter bulk ceramics in seconds [J]. Science, 2020, 368 (6490): 521-526.

[48] Li X Q, Xin H W, Hu K, et al. Microstructure and properties of ultra-fine tungsten heavy alloys prepared by mechanical alloying and electric current activated sintering [J]. Transactions of Nonferrous Metals Society of China, 2010, 20 (3): 443-449.

[49] Xiao F, Barriere T, Cheng G, et al. Research on preparation process for the in situ nanosized $Zr(Y)O_2$ particles dispersion-strengthened tungsten alloy through synthesizing doped hexagonal

$(NH_4)_{0.33} \cdot WO_3$ [J]. Journal of Alloys and Compounds, 2020, 843: 156059.

[50] Kim Y, Hong M H, Lee S H, et al. The effect of yttrium oxide on the sintering behavior and hardness of tungsten [J]. Metals and Materials International, 2006, 12: 245-248.

[51] Zhang Y, Huang Y, Liu W, et al. Effect of tungsten tantalum pre-alloying on the sintering structure of 90(W-Ta)-Ni-Fe alloy [J]. Journal of Alloys and Compounds, 2022, 891: 161881.

[52] Liu J, Huang Y, Liu W, et al. Effect of tantalum concentration on the microstructure and mechanical properties of novel W-Ta-Re alloy [J]. Vacuum, 2023, 207: 111627.

[53] Ding L, Xiang D P, Li Y Y, et al. Phase, microstructure and properties evolution of fine-grained W-Mo-Ni-Fe alloy during spark plasma sintering [J]. Materials & Design, 2012, 37: 8-12.

[54] Li X, Zhang L, Dong Y, et al. Pressureless two-step sintering of ultrafine-grained tungsten [J]. Acta Materialia, 2020, 186: 116-123.

[55] Wang S, Wang L, Wu Z H, et al. The characteristics of lamellar bands developed in cold-rolled Ta10W alloy at low strains [J]. International Journal of Refractory Metals and Hard Materials, 2021, 97: 105521.

[56] AyyappaRaj M, Yadav D, Agrawal D K, et al. Microstructure and mechanical properties of spark plasma-sintered La_2O_3 dispersion-strengthened W-Ni-Fe alloy [J]. Rare Metals, 2021, 40: 2230-2236.

[57] Yao G, Liu X, Zhao Z, et al. Excellent performance of W-Y_2O_3 composite via powder process improvement and Y_2O_3 refinement [J]. Materials & Design, 2021, 212: 110249.

[58] Das B, Patra A. Fabrication and characterization of nano-Cr_2O_3 dispersed mechanically alloyed and conventional sintered W-Zr alloys [J]. Materials Today: Proceedings, 2020, 33: 5109-5115.

[59] Li Z B, Zhang H, Chen B, et al. Microstructure and mechanical properties of Al_2O_3 dispersed fine-grained medium heavy alloys with a superior combination of strength and ductility [J]. Materials Science and Engineering A, 2021, 817: 141376.

[60] Xie Y F, Zhou L L, Zhang X Y, et al. Microstructure and properties of W-4. 9Ni-2. 1Fe heavy alloy with Dy_2O_3 addition [J]. Rare Metals, 2019, 38: 746-753.

[61] Qin M, Yang J, Chen Z, et al. Preparation of intragranular-oxide-strengthened ultrafine-grained tungsten via low-temperature pressureless sintering [J]. Materials Science and Engineering A, 2020, 774: 138878.

[62] Dong Z, Liu N, Ma Z, et al. Synthesis of nanosized composite powders via a wet chemical process for sintering high performance W-Y_2O_3 alloy [J]. International Journal of Refractory Metals and Hard Materials, 2017, 69: 266-272.

[63] Xu L, Xiao F, Wei S, et al. Development of tungsten heavy alloy reinforced by cubic zirconia through liquid-liquid doping and mechanical alloying methods [J]. International Journal of Refractory Metals and Hard Materials, 2019, 78: 1-8.

[64] Sun Y F, Shek C H, Li F S, et al. Stress-induced martensitic transformations in CuZrAl bulk

metallic glass forming alloys [J]. Materials Science and Engineering A, 2008, 479 (1): 31-36.

[65] Hong S H, Kim J T, Park H J, et al. Gradual martensitic transformation of B2 phase on TiCu-based bulk metallic glass composite during deformation [J]. Intermetallics, 2016, 75: 1-7.

[66] Chen S, Wu J, Tu J, et al. Enhanced plasticity in a Ti-Ni-Nb-Zr shape memory bulk metallic glasscomposite with high Nb addition [J]. Materials Science and Engineering A, 2017, 704: 192-198.

[67] Zhu Y, Wu X. Heterostructured materials [J]. Progress in Materials Science, 2023, 131: 101019.

[68] Wu Y, Zhang F, Yuan X, et al. Short-range ordering and its effects on mechanical properties of high-entropy alloys [J]. Journal of Materials Science & Technology, 2021, 62: 214-220.

[69] 晏建武，周继承，鲁世强，等．钨基高密度合金的制备研究进展综述 [J]．材料导报，2024, 18 (11): 33-35.

[70] German R M, Churn K. Sintering atmosphere effects on the ductility of W-Ni-Fe heavy metals [J]. Metallurgical Transactions A, 1984, 15: 747-754.

[71] Rao R D. Modelling optimal exploitation of petroleum resources in India [J]. Resources Policy, 2002, 28 (3): 133-144.

[72] Liu L, Dong S, Wang F, et al. Fabrication of uniform and anti-corrosion layered double hydroxides film on Mg-Gd-Y-Zn-Zr alloy through solution pH tailoring [J]. Electrochimica Acta, 2022, 411: 140057.

[73] Maurya R S, Sahu A, Laha T. Effect of sintering temperature on phase transformation during consolidation of mechanically alloyed $Al_{86}Ni_6Y_6Co_2$ amorphous powders by spark plasma sintering [J]. Journal of Non-Crystalline Solids, 2016, 453: 1-7.

[74] Liu H, Cao S, Zhu J, et al. Densification, microstructure and mechanical properties of 90W-4Ni-6Mn heavy alloy [J]. International Journal of Refractory Metals and Hard Materials, 2013, 37: 121-126.

[75] Chen B, Cao S, Xu H, et al. Effect of processing parameters on microstructure and mechanical properties of 90W-6Ni-4Mn heavy alloy [J]. International Journal of Refractory Metals and Hard Materials, 2015, 48: 293-300.

[76] Guo W, Liu J, Li S, et al. The effect of preparation methods on the microstructure and dynamic compressive properties of 65W-25Cu-10Ni alloys [J]. International Journal of Refractory Metals and Hard Materials, 2015, 48: 238-244.

[77] Gong X, Fan J L, Ding F, et al. Effect of tungsten content on microstructure and quasi-static tensile fracture characteristics of rapidly hot-extruded W-Ni-Fe alloys [J]. International Journal of Refractory Metals and Hard Materials, 2012, 30 (1): 71-77.

[78] Massalski T B, Murray J L, Bennett L H, et al. Binary alloy phase diagrams [M]. American Society for Metals, Ohio, USA, 1986, 2.

[79] German R M. Sintering theory and practice [M]. John Wiley & Sons Inc: New York, 1996.

[80] Amirjan M, Zangeneh-Madar K, Parvin N. Evaluation of microstructure and contiguity of

W/Cu composites prepared by coated tungsten powders [J]. International Journal of Refractory Metals and Hard Materials, 2009, 27 (4): 729-733.

[81] Xiang D P, Ding L, Li Y Y, et al. Microstructure and mechanical properties of fine-grained W-7Ni-3Fe heavy alloy by spark plasma sintering [J]. Materials Science and Engineering A, 2012, 551: 95-99.

[82] Xie F, Li Y, Li S, et al. Influence of alloying elements Al, Si, Sn, Zn on density of W-Ni-Mn alloy [J]. Rare Metal Materials and Engineering, 2007, 36: 28-31.

[83] Pan Y L, Ding L, Xiang D P. Microstructure evolution and mechanical properties of spark plasma sintered W-Ni-Mn alloy [J]. Transactions of Nonferrous Metals Society of China, 2017, 27 (7): 1588-1593.

[84] Chen C L, Huang C L. The effects of alloying and milling on the formation of intermetallics in ODS tungsten heavy alloys [J]. Intermetallics, 2013, 41: 10-15.

[85] Massalski T B, Murray J L, Bennet L H, et al. Binary alloy phase diagrams [J]. American Society for Metals: Metals Park, OH, 1986.

[86] Edmonds D V. Structure/property relationships in sintered heavy alloys [J]. International Journal of Refractory Metals and Hard Materials, 1991, 10 (1): 15-26.

[87] Xiang D P, Ding L, Li Y Y, et al. Fabricating fine-grained tungsten heavy alloy by spark plasma sintering of low-energy ball-milled W-2Mo-7Ni-3Fe powders [J]. Materials Science and Engineering A, 2013, 578: 18-23.

[88] Pan Y, Xiang D, Wang N, et al. Mechanical milling-assisted spark plasma sintering of fine-grained W-Ni-Mn alloy [J]. Materials, 2018, 11 (8): 1323.

[89] Das J, Kiran U R, Chakraborty A, et al. Hardness and tensile properties of tungsten based heavy alloys prepared by liquid phase sintering technique [J]. International Journal of Refractory Metals and Hard Materials, 2009, 27 (3): 577-583.

[90] Kang S J L, Kim K H, Yoon D N. Densification and shrinkage during liquid-phase sintering [J]. Journal of the American Ceramic Society, 1991, 74 (2): 425-427.

[91] Huang L, Jiang L, Topping T D, et al. In situ oxide dispersion strengthened tungsten alloys with high compressive strength and high strain-to-failure [J]. Acta Materialia, 2017, 122: 19-31.

[92] Li X, Chen J, Zheng D, et al. Preparation and mechanical properties of WC-10 Ni_3Al cemented carbides with plate-like triangular prismatic WC grains [J]. Journal of Alloys and Compounds, 2012, 544: 134-140.

[93] Liu B, Dong H, Li P, et al. Study on microstructure and mechanical properties of W-Ni_3Al alloys prepared by ball milling and two-step sintering [J]. Materials Research Express, 2021, 8 (3): 036505.

[94] Hu K, Li X, Ai X, et al. Fabrication, characterization, and mechanical properties of 93W-4.9Ni-2.1Fe/95W-2.8Ni-1.2Fe-1Al_2O_3 heavy alloy composites [J]. Materials Science and Engineering A, 2015, 636: 452-458.

[95] Lee K H, Cha S I, Ryu H J, et al. Effect of two-stage sintering process on microstructure and

mechanical properties of ODS tungsten heavy alloy [J]. Materials Science and Engineering A, 2007, 458 (1): 323-329.

[96] Li X, Lu K. Playing with defects in metals [J]. Nature Materials, 2017, 16 (7): 700-701.

[97] Jiang L, Li Z, Fan G, et al. A flake powder metallurgy approach to Al_2O_3/Al biomimetic nanolaminated composites with enhanced ductility [J]. Scripta Materialia, 2011, 65 (5): 412-415.

[98] Liu W, Zhang F L, Lu J F, et al. Preparation of Ni_3Al bonded diamond core drill with Ni-Cr alloy and its performance on glass-ceramic [J]. Ceramics International, 2018, 44 (18): 23080-23087.

[99] Zheng R, Ma F, Xiao W, et al. Achieving enhanced strength in ultrafine lamellar structured Al2024 alloy via mechanical milling and spark plasma sintering [J]. Materials Science and Engineering A, 2017, 687: 155-163.

[100] Xu Y, Sakurai J, Teraoka Y, et al. Initial oxidation behavior of Ni_3Al (210) surface induced by supersonic oxygen molecular beam at room temperature [J]. Applied Surface Science, 2017, 391: 18-23.

[101] Kai X, Li Z, Fan G, et al. Strong and ductile particulate reinforced ultrafine-grained metallic composites fabricated by flake powder metallurgy [J]. Scripta Materialia, 2013, 68 (8): 555-558.

[102] Lee K H, Cha S I, Ryu H J, et al. Effect of oxide dispersoids addition on mechanical properties of tungsten heavy alloy fabricated by mechanical alloying process [J]. Materials Science and Engineering A, 2007, 452-453: 55-60.

[103] Guo N, Luan B, He F, et al. Influence of flake thickness on the shape and distribution of Al_2O_3 particles in Al matrix composites fabricated by flake powder metallurgy [J]. Scripta Materialia, 2014, 78-79: 1-4.

[104] Mereib D, Seu U C C, Zakhour M, et al. Fabrication of biomimetic titanium laminated material using flakes powder metallurgy [J]. Journal of Materials Science, 2018, 53 (10): 7857-7868.

[105] Hu C, Sakka Y, Grasso S, et al. Shell-like nanolayered Nb_4AlC_3 ceramic with high strength and toughness [J]. Scripta Materialia, 2011, 64 (8): 765-768.

[106] Sahin Y. Recent progress in processing of tungsten heavy alloys [J]. Journal of Powder Technol, 2014, 1: 1-22.

[107] Shevtsova L I, Korchagin M A, Esikov M A, et al. Ni_3Al+B material obtained by mechanical activation followed by spark plasma sintering [J]. Materials Today: Proceedings, 2019, 12: 120-123.

[108] Debata M, Upadhyaya A. Effect of boron addition on sintering of tungsten based alloys [J]. Journal of Materials Science, 2004, 39 (7): 2539-2541.

[109] Mohammad Sharifi E, Karimzadeh F, Enayati M H. A study on mechanochemical behavior of B_2O_3-Al system to produce alumina-based nanocomposite [J]. Journal of Alloys and Compounds, 2009, 482 (1): 110-113.

[110] Xie X F, Xie Z M, Liu R, et al. Hierarchical microstructures enabled excellent low-temperature strength-ductility synergy in bulk pure tungsten [J]. Acta Materialia, 2022, 228: 117765.

[111] Mao R, Xiang D. Enhancement of mechanical properties of tungsten alloy via disordered microstructure and solid solution strengthening [J]. Materials & Design, 2023, 225: 111468.

[112] Yadav T P, Yadav R M, Singh D P. Mechanical milling: a top down approach for the synthesis of nanomaterials and nanocomposites [J]. Nanoscience and Nanotechnology, 2012, 2 (3): 22-48.

[113] Mao R, Fan Z, Xiang D. Enhanced mechanical properties of tungsten alloy by synergistic strengthening of flaky Ni_3Al and Al_2O_3 nano-particles [J]. Journal of Alloys and Compounds, 2022, 898: 162790.

[114] Mariño-Gámez A E, Acosta-González G E, Pech-Canul M I, et al. Influence of high energy ball milling on structural, microstructural and optical properties of TiO_2 nanoparticles [J]. Ceramics International, 2022, 48 (3): 3362-3367.

[115] Yuksel B, Kirtay S, Osman Ozkan T, et al. The effect of B_2O_3 addition to the microstructure and magnetic properties of $Ni_{0.4}Zn_{0.6}Fe_2O_4$ ferrite [J]. Journal of Magnetism and Magnetic Materials, 2008, 320 (5): 714-718.

[116] Chen Y, He S, Yi Z, et al. A synergistic reinforcement of Re and W for ideal shear strengths of γ'-Ni_3Al phases [J]. Journal of Physics and Chemistry of Solids, 2019, 131: 34-43.

[117] Zhu C, Yu T, Wang C, et al. First-principles study of Ni/Ni_3Al interface doped with Re, Ta and W [J]. Computational Materials Science, 2020, 175: 109586.

[118] Li J, Li X, Lai J, et al. In-situ elongated aluminium borate grains toughening WC-1. 87 wt % Al_2O_3-4. 13 wt % ZrO_2 composite via spark plasma sintering [J]. Ceramics International, 2019, 45 (16): 19610-19616.

[119] Majumdar S, Kishor J, Paul B, et al. Densification behaviour, microstructural characteristics and mechanical properties of liquid phase sintered W-2Ni-1Fe alloy [J]. Journal of Alloys and Compounds, 2020, 818: 152897.

[120] Pieczonka T, Kaysser W, Petzow G. Transient liquid phase sintering of Fe-Cu-Ti compacts [J]. Journal of Materials Processing Technology, 1999, 92: 21-24.

[121] Chen X, Liu Y, Zhang L, et al. Phase formation and evolution during transient liquid phase sintering of MIM418 superalloy with master alloy addition [J]. Journal of Alloys and Compounds, 2020, 829: 154583.

[122] Sacks M D, Bozkurt N, Scheiffele G W. Fabrication of mullite and mullite-matrix composites by transient viscous sintering of composite powders [J]. Journal of the American Ceramic Society, 1991, 74 (10): 2428-2437.

[123] Zhang D. Ultrafine grained metals and metal matrix nanocomposites fabricated by powder processing and thermomechanical powder consolidation [J]. Progress in Materials Science, 2022, 123: 100853.

[124] Jujur I N, Hanada S. Tensile properties of W/Ni_3Al composites at elevated temperatures [J].

Materials Science and Engineering A, 1995, 192-193: 848-855.

[125] Zhang Z, Qian Y, Xu J, et al. Corrosion behaviors of $Cr_2AlC/\alpha\text{-}Al_2O_3$ composites in 3.5 wt. % NaCl aqueous solution [J]. Ceramics International, 2020, 46 (8): 11846-11853.

[126] 黎江玲. 高铝钢连铸保护渣的物理化学研究 [D]. 北京: 北京科技大学, 2016.

[127] Wu L, He Y, Lei T, et al. The stability of hydrogen evolution activity and corrosion behavior of porous Ni_3Al-Mo electrode in alkaline solution during long-term electrolysis [J]. Energy, 2014, 67: 19-26.

[128] Zhang K, Wang C, Wang D W, et al. Effects of solute redistribution during heat treatment on micro-galvanic corrosion behavior of dilute Mg-Al-Ca-Mn alloy [J]. Corrosion Science, 2023, 213: 110971.

[129] 韩彬. 无黏结相 WC-Al_2O_3 硬质复合材料的腐蚀行为研究 [D]. 上海: 东华大学, 2022.

[130] Sakairi M, Sasaki R, Kaneko A, et al. Evaluation of metal cation effects on galvanic corrosion behavior of the A5052 aluminum alloy in low chloride ion containing solutions by electrochemical noise impedance [J]. Electrochimica Acta, 2014, 131: 123-129.

[131] Ryu H J, Hong S H. Fabrication and properties of mechanically alloyed oxide-dispersed tungsten heavy alloys [J]. Materials Science and Engineering A, 2003, 363 (1): 179-184.

[132] Liu R, Zhou Y, Hao T, et al. Microwave synthesis and properties of fine-grained oxides dispersion strengthened tungsten [J]. Journal of Nuclear Materials, 2012, 424 (1): 171-175.

[133] Wang C, Zhang L, Pan K, et al. Effect of Al_2O_3 content and swaging on microstructure and mechanical properties of Al_2O_3/W alloys [J]. International Journal of Refractory Metals and Hard Materials, 2020, 86: 105082.

[134] Wang C, Zhang L, Wei S, et al. Establishment of processing map, microstructure and high-temperature tensile properties of W-0.25 wt% Al_2O_3 alloys [J]. Journal of Alloys and Compounds, 2020, 831: 154751.

[135] Zhang S, Zhang Q. Effect of vent size on vented hydrogen-air explosion [J]. International Journal of Hydrogen Energy, 2018, 43 (37): 17788-17799.

[136] Chen M, Fan G, Tan Z, et al. Design of an efficient flake powder metallurgy route to fabricate CNT/6061Al composites [J]. Materials & Design, 2018, 142: 288-296.

[137] Polat G, Canbolat I E, Uzunoğlu A, et al. Effect of milling time, MWCNT content, and annealing temperature on microstructure and hardness of Fe/MWCNT nanocomposites synthesized by high-energy ball milling [J]. Advanced Powder Technology, 2021, 32 (8): 3107-3116.

[138] Zhang M, Cheng Z, Li J, et al. Study on microstructure and mechanical properties of WC-$10Ni_3Al$ cemented carbide prepared by different ball-milling suspension [J]. Materials, 2019, 12 (14): 2224.

[139] German R M. Lower sintering temperature tungsten alloys for space research [J]. International Journal of Refractory Metals and Hard Materials, 2015, 53: 74-79.

[140] Dirras G. Filament formation during elevated temperature deformation of high purity ultrafine-grained aluminum [J]. Materials Letters, 2010, 64 (10): 1163-1165.

[141] Sadeghi B, Cavaliere P, Balog M, et al. Microstructure dependent dislocation density evolution in micro-macro rolled Al_2O_3/Al laminated composite [J]. Materials Science and Engineering A, 2022, 830: 142317.

[142] Li W B, Easterling K E. The influence of particle shape on zener drag [J]. Acta Metallurgica et Materialia, 1990, 38 (6): 1045-1052.

[143] Dang C, Lin W, Meng F, et al. Enhanced tensile ductility of tungsten microwires via high-density dislocations and reduced grain boundaries [J]. Journal of Materials Science & Technology, 2021, 95: 193-202.

[144] Li Z, Chen Y, Wei S, et al. Microstructure characterization and properties of YSZ particles doped tungsten alloy prepared by liquid phase method [J]. Materials Science and Engineering A, 2022, 832: 142483.

[145] Wei Z, Hong S, Wei Z, et al. Comparison on long-term corrosion performance of WC-CoCr and Al_2O_3-TiO_2 ceramic coatings in sulphide-containing 3.5 wt% NaCl solution [J]. International Journal of Refractory Metals and Hard Materials, 2022, 107: 105906.

[146] Mao R, Xiang D. Improved mechanical properties of tungsten alloy by flaky Ni_3Al and trace B_2O_3 synergistic reinforcement [J]. Journal of Alloys and Compounds, 2022, 923: 166467.

[147] Zakeri M, Yazdani-Rad R, Enayati M H, et al. Synthesis of $MoSi_2$-Al_2O_3 nanocomposite by mechanical alloying [J]. Materials Science and Engineering A, 2006, 430 (1): 185-188.

[148] Blavette D, Cadel E, Pareige C, et al. Phase transformation and segregation to lattice defects in Ni-base superalloys [J]. Microscopy and Microanalysis, 2007, 13 (6): 464-483.

[149] Guo S, Bao R, Li S, et al. The role of Y_2O_3, Cu, Mo and Mo_2C additives on optimizing the corrosion resistance of WC-6Co cemented carbide in HCl and NaOH solutions [J]. Journal of Alloys and Compounds, 2020, 827: 154269.

[150] Memarrashidi Z, Plucknett K P. The influence of Ni_3Al binder content on the aqueous corrosion response of TiC and Ti(C,N) cermets [J]. International Journal of Refractory Metals and Hard Materials, 2017, 64: 113-121.

[151] Zhang P, Xu Z, Yao Z, et al. A high-corrosion-resistant high-entropy alloys (HEAs) coatings with single BCC solid solution structure by laser remelting [J]. Materials Letters, 2022, 324: 132728.

[152] Christudasjustus J, Felde M R, Witharamage C S, et al. Age-hardening behavior, corrosion mechanisms, and passive film structure of nanocrystalline Al-V supersaturated solid solution [J]. Journal of Materials Science & Technology, 2023, 135: 1-12.

[153] Han B, Zhu S, Dong W, et al. Improved electrochemical corrosion resistance of hot-press sintered WC-Al_2O_3 composites with added TiC in alkaline solutions [J]. Ceramics International, 2021, 47 (22): 32168-32178.

[154] Sun C, Xiao R, Li H, et al. Effects of phase selection and microsegregation on corrosion behaviors of Ti-Al-Mo alloys [J]. Corrosion Science, 2022, 200: 110232.

[155] Dong H, Li P, Ai T, et al. Study on substitution of Ni with Ni_3Al on structure and properties of W-$6Ni_3Al$-4Co alloys by two-step sintering process [J]. Materials Research Express, 2020, 7 (3): 036514.

[156] Mao R, Xiang D. Significantly elevated strength of W-Ni_3Al alloy by adding trace boron element [J]. International Journal of Refractory Metals and Hard Materials, 2023, 111: 106091.

[157] Shevtsova L I, Nemolochnov D A, Esikov M A, et al, Fabrication of the Ni_3Al-Zr materials by mechanical activation and spark plasma sintering [C]. AIP Conference Proceedings, AIP Publishing, 2019.

[158] Wang D, Liang Y, Ning H, et al. Effects of Zr and Co on the microstructure and mechanical properties of NiAl-based alloys [J]. Journal of Alloys and Compounds, 2021, 883: 160815.

[159] Li Z, Xu L, Wei S, et al. Fabrication and mechanical properties of tungsten alloys reinforced with c-ZrO_2 particles [J]. Journal of Alloys and Compounds, 2018, 769: 694-705.

[160] Zhao Y, Xu L, Guo M, et al. Compressive properties and deformation behaviors of sintered W-m-ZrO_2 alloy under different temperature [J]. Materials Science and Engineering A, 2022, 859: 144238.

[161] Liang Z, Liu X, Zhao Z, et al. Enhancing hardness and toughness of WC simultaneously by dispersed ZrO_2 [J]. Materials Science and Engineering A, 2023, 870: 144905.

[162] Lee W E, Rainforth W M. Ceramic microstructures: property control by processing [M]. Chapman & Hall, London. Springer Science & Business Media, 1994.

[163] Huang W, Zhang Y, Lu J, et al. Effect of sintering time on the microstructure and stability of Al_2O_3-ZrO_2 composite powders under microwave-assisted sintering [J]. Ceramics International, 2023, 49 (6): 8993-8999.

[164] Sun J, Chen Y, Zhao J. Nano-ceramic replacing cobalt in cemented carbide as binder phase: Is it feasible [J]. Journal of Alloys and Compounds, 2022, 896: 162968.

[165] Stevens R. An introduction to zirconia [M]. Magnesium Elektron Publications, Twickenham, 1986.

[166] Barsoum M. Fundamentals of ceramics [M]. CRC press, 2019.

[167] Zheng Y, Yu W, Yu Y, et al. Fracture morphology and toughening mechanism of Al_2O_3/ZrO_2 eutectic ceramic prepared by the combustion synthesis under ultra-high temperature [J]. International Journal of Refractory Metals and Hard Materials, 2019, 81: 21-26.

[168] Aoki K, Ishikawa K, Masumoto T. Ductilization of Ni_3Al by alloying with boron and substitutional elements [J]. Materials Science and Engineering A, 1995, 192: 316-323.

[169] Xie Z, Liu R, Miao S, et al. Extraordinary high ductility/strength of the interface designed bulk W-ZrC alloy plate at relatively low temperature [J]. Scientific Reports, 2015, 5 (1): 16014.

[170] Jiang J, Wang Z B, Pang S J, et al. Oxygen impurity improving corrosion resistance of a Zr-based bulk metallic glass in 3.5 wt% NaCl solution [J]. Corrosion Science, 2021, 192: 109867.

[171] Gu Y, Lin D, Guo J. Ductilization of Ni_3Al by alloying with zirconium [J]. Scripta Materialia, 1996, 35 (5): 609-613.

[172] Alam M E, Odette G R. On the remarkable fracture toughness of 90 to 97W-NiFe alloys revealing powerful new ductile phase toughening mechanisms [J]. Acta Materialia, 2020, 186: 324-340.

[173] Xue Y F, Cai H N, Wang L, et al. Dynamic compressive deformation and failure behavior of Zr-based metallic glass reinforced porous tungsten composite [J]. Materials Science and Engineering A, 2007, 445/446: 275-280.

[174] Ding H, Zhao Z, Jin J, et al. Densification mechanism of Zr-based bulk metallic glass prepared by two-step spark plasma sintering [J]. Journal of Alloys and Compounds, 2021, 850: 156724.

[175] Cao Z H, Zhai G Y, Ma Y J, et al. Evolution of interfacial character and its influence on strain hardening in dual-phase high entropy alloys at nanoscale [J]. International Journal of Plasticity, 2021, 145: 103081.

[176] Sun L G, Wu G, Wang Q, et al. Nanostructural metallic materials: Structures and mechanical properties [J]. Materials Today, 2020, 38: 114-135.

[177] Yang T, Zhao Y, Li W, et al. Ultrahigh-strength and ductile superlattice alloys with nanoscale disordered interfaces [J]. Science, 2020, 369 (6502): 427-432.

[178] Liu W, Di J, Xue L, et al. Phase evolution progress and properties of W-Si composites prepared by spark plasma sintering [J]. Journal of Alloys and Compounds, 2018, 766: 739-747.

[179] Chen H Y, Luo L M, Zan X, et al. Investigation of W-B behavior during short transient events by laser irradiation [J]. Fusion Engineering and Design, 2017, 121: 130-136.

[180] Chen Q, Tang C Y, Chan K C, et al. Viscous flow during spark plasma sintering of Ti-based metallic glassy powders [J]. Journal of Alloys and Compounds, 2013, 557: 98-101.

[181] Li X X, Yang C, Chen T, et al. Determination of atomic diffusion coefficient via isochronal spark plasma sintering [J]. Scripta Materialia, 2018, 151: 47-52.

[182] He G, Chen Q. Interpretation of densification behavior of spark plasma sintered Fe-based metallic glass powders from the standpoint of internal friction [J]. Journal of Alloys and Compounds, 2019, 797: 213-221.

[183] Duman N, Mekhrabov A O, Akdeniz M V. Microalloying effects on the microstructure and kinetics of nanoscale precipitation in Ni-Al-Fe alloy [J]. Intermetallics, 2012, 23: 217-227.

[184] Han Y, Li Y, Ye L, et al. A novel dissolution-precipitation mechanism during liquid phase sintering and its strengthening effects in W-Ni-Fe alloys with low W contents [J]. Materials & Design, 2022, 220: 110841.

[185] Chiba A, Hanada S, Watanabe S. Ductilization of Ni_3Al by macroalloying with Pd [J]. Acta Metallurgica et Materialia, 1991, 39 (8): 1799-1805.

[186] Whang S H, Pope D, Liu C, et al. High temperature aluminides and intermetallics [C]. Elsevier, 1990.

[187] Hu J, Shi Y, Sauvage X, et al. Grain boundary stability governs hardening and softening in extremely fine nanograined metals [J]. Science, 2017, 355 (6331): 1292-1296.

[188] Chookajorn T, Murdoch H A, Schuh C A. Design of stable nanocrystalline alloys [J]. Science, 2012, 337 (6097): 951-954.

[189] Zhao M, Zhou Z, Ding Q, et al. Effect of rare earth elements on the consolidation behavior and microstructure of tungsten alloys [J]. International Journal of Refractory Metals and Hard Materials, 2015, 48: 19-23.

[190] Lang S, Yan Q, Sun N, et al. Effects of TiC content on microstructure, mechanical properties, and thermal conductivity of W-TiC alloys fabricated by a wet-chemical method [J]. Fusion Engineering and Design, 2017, 121: 366-372.

[191] Guo W, Arshad K, Yuan Y, et al. Effects of vanadium alloying on the microstructures and mechanical properties of hot-pressed tungsten material [J]. Modern Physics Letters B, 2016, 30 (12): 1650216.

[192] Deng N, Li J, Wang Y, et al. Microstructure and mechanical properties of liquid-phase sintered W@NiFe composite powders [J]. International Journal of Refractory Metals and Hard Materials, 2021, 95: 105447.

[193] Zhang J, Tian Y, Zhu J, et al. Microstructure and mechanical properties of HfC reinforced W matrix composites regulated by trace Zr [J]. International Journal of Refractory Metals and Hard Materials, 2020, 86: 105096.

[194] Wu Y, Liu Y, Li C, et al. Deformation behavior and processing maps of Ni_3Al-based superalloy during isothermal hot compression [J]. Journal of Alloys and Compounds, 2017, 712: 687-695.

[195] Michel J, Coupeau C, Nahas Y, et al. What can be learnt on the yield stress anomaly of Ni_3Al using AFM observations [J]. Intermetallics, 2014, 50: 86-93.

[196] Sun H, Wang M, Zhou J, et al. Effects of Al addition with different contents on the performance of multi-doped tungsten alloys prepared by SPS [J]. Materials Characterization, 2022, 185: 111738.

[197] Liu D G, Zhang P, Ruan C F, et al. Fabrication and characterization of W/Cu/Ni-based high specific gravity alloy with Zr and Ti combined addition [J]. International Journal of Refractory Metals and Hard Materials, 2021, 101: 105674.

[198] Levin Z S, Ted Hartwig K. Hardness and microstructure of tungsten heavy alloy subjected to severe plastic deformation and post-processing heat treatment [J]. Materials Science and Engineering A, 2015, 635: 94-101.

[199] Ren C, Fang Z Z, Koopman M, et al. Methods for improving ductility of tungsten: A review [J]. International Journal of Refractory Metals and Hard Materials, 2018, 75: 170-183.

[200] Chen C L, Ma S H. Effects of Ni/Co ratio and mechanical alloying on characteristics and sintering behavior of W-Ni-Co tungsten heavy alloys [J]. Journal of Alloys and Compounds, 2017, 711: 488-494.

[201] Kiran U R, Sankaranarayana M, Nageswara Rao G, et al. Effect of cobalt addition on

microstructure and mechanical properties of tungsten heavy alloys [J]. Transactions of the Indian Institute of Metals, 2017, 70: 615-622.

[202] Lu P, Xu X, Yi W, et al. Porosity effect on densification and shape distortion in liquid phase sintering [J]. Materials Science and Engineering A, 2001, 318 (1): 111-121.

[203] Luo C, Wang Y, Xu J, et al. The activated sintering of W-Cu composites through spark plasma sintering [J]. International Journal of Refractory Metals and Hard Materials, 2019, 81: 27-35.

[204] Senthilnathan N, Raja Annamalai A, Venkatachalam G. Activated sintering of tungsten alloys through conventional and spark plasma sintering process [J]. Materials and Manufacturing Processes, 2017, 32 (16): 1861-1868.

[205] Tokita M. Progress of spark plasma sintering (SPS) method, systems, ceramics applications and industrialization [J]. Ceramics, 2021, 4 (2): 160-198.

[206] Sadeghi B, Cavaliere P. Progress of flake powder metallurgy research [J]. Metals, 2021, 11 (6): 931.

[207] Xu R, Tan Z, Xiong D, et al. Balanced strength and ductility in CNT/Al composites achieved by flake powder metallurgy via shift-speed ball milling [J]. Composites Part A: Applied Science and Manufacturing, 2017, 96: 57-66.

[208] Song C, Huang J, Yang Y, et al. Laser powder bed fusion of a tungsten-nickel-ferrum alloy via in-situ alloying: Densification, microstructure, and mechanical properties [J]. Powder Technology, 2022, 406: 117560.

[209] Wu Q, Li S. Alloying element additions to Ni_3Al: Site preferences and effects on elastic properties from first-principles calculations [J]. Computational Materials Science, 2012, 53 (1): 436-443.

[210] Rahm M, Hoffmann R, Ashcroft N. Atomic and ionic radii of elements I-96. Chemistry-A European Journal, 2016, 22 (41): 14625-14632.

[211] Weili D, Shuhua L, Yatao L, et al. Effect of raw material powders on microstructure and property of W-10Ti alloy prepared by spark plasma sintering [J]. Rare Metal Materials and Engineering, 2019, 47 (9): 2888-2894.

[212] Wang C, Dong X, Wei S, et al. Effect of hot-working process on interface structure and ductile-to-brittle transition temperature of tungsten alloy reinforced by Al_2O_3 particles [J]. International Journal of Refractory Metals and Hard Materials, 2022, 108: 105945.

[213] Zhang J, Wang W, Ji W, et al. Ultrafine grain tungsten heavy alloys with excellent performance prepared by spark plasma sintering [J]. Journal of Wuhan University of Technology- Materials Science Edition, 2020, 35 (2): 393-398.

[214] Satyanarayana P, Sokkalingam R, Jena P, et al. Tungsten matrix composite reinforced with cocrfemnni high-entropy alloy: Impact of processing routes on microstructure and mechanical properties [J]. Metals, 2019, 9 (9): 992.

[215] Pan Y, Ding L, Li H, et al. Effects of Y_2O_3 on the microstructure and mechanical properties of spark plasma sintered fine-grained W-Ni-Mn alloy [J]. Journal of Rare Earths, 2017, 35

(11): 1149-1155.

[216] Arshad K, Zhao M Y, Yuan Y, et al. Effects of vanadium concentration on the densification, microstructures and mechanical properties of tungsten vanadium alloys [J]. Journal of Nuclear Materials, 2014, 455 (1): 96-100.

[217] Mondal A, Upadhyaya A, Agrawal D. Microwave and conventional sintering of 90W-7Ni-3Cu alloys with premixed and prealloyed binder phase [J]. Materials Science and Engineering A, 2010, 527 (26): 6870-6878.

[218] Wu Y C, Hou Q Q, Luo L M, et al. Preparation of ultrafine-grained/nanostructured tungsten materials: An overview [J]. Journal of Alloys and Compounds, 2019, 779: 926-941.

[219] Yu Y, Zhang W, Wang E. Effect of heat treatment on microstructure and mechanical properties of hot-hydrostatically extruded 93W-4.9Ni-2.1Fe alloy [J]. Journal of Alloys and Compounds, 2015, 622: 880-884.

[220] Chen C L, Sutrisna. Development of ODS tungsten heavy alloys reinforced with Co9Al8W superalloy binder by mechanical alloying [J]. Journal of Alloys and Compounds, 2022, 903: 163762.

[221] Chen H, Li D, Geng Z, et al. Additive manufactured high-strength tungsten composite with high deformability by using a novel CoCrNi medium-entropy binder [J]. Composites Part B: Engineering, 2022, 246: 110256.

[222] Dong Z, Ma Z, Dong J, et al. The simultaneous improvements of strength and ductility in W-Y_2O_3 alloy obtained via an alkaline hydrothermal method and subsequent low temperature sintering [J]. Materials Science and Engineering A, 2020, 784: 139329.

[223] Veleva L, Schaeublin R, Battabyal M, et al. Investigation of microstructure and mechanical properties of W-Y and W-Y_2O_3 materials fabricated by powder metallurgy method [J]. International Journal of Refractory Metals and Hard Materials, 2015, 50: 210-216.

[224] Wang R, Xie Z M, Wang Y K, et al. Fabrication and characterization of nanocrystalline ODS-W via a dissolution-precipitation process [J]. International Journal of Refractory Metals and Hard Materials, 2019, 80: 104-113.

[225] Hu L, Xiang D, Mao R, et al. Microstructure evolution and mechanical property of W-Ni_3Al alloy by adding minor Co element [J]. Journal of Alloys and Compounds, 2024, 976: 173286.

[226] Bayrak Y, Kisasoz A, Sezer R. Properties of Al/Y_2O_3 composites produced by Y_2O_3-Al_2O_3 interaction in powder metallurgy route [J]. Materials Letters, 2024, 358: 135856.

[227] Mao R, Xiang D. Improving mechanical properties of W-Ni_3Al alloy through Zr element addition: Solid-solution and oxide particle strengthening [J]. Journal of Alloys and Compounds, 2024, 1002: 175240.

[228] Mao R, Xiang D. Preparing W-Ni_3Al alloy at low sintering temperature by adding MoO_3: Microstructure, mechanical properties, and salt spray corrosion [J]. Journal of Alloys and Compounds, 2023, 956: 170306.

[229] Hansen N. Hall-Petch relation and boundary strengthening [J]. Scripta Materialia, 2004, 51

(8): 801-806.

[230] Arshad K, Guo W, Wang J, et al. Influence of vanadium precursor powder size on microstructures and properties of W-V alloy [J]. International Journal of Refractory Metals and Hard Materials, 2015, 50: 59-64.

[231] Joo S H, Kato H, Jang M J, et al. Tensile deformation behavior and deformation twinning of an equimolar CoCrFeMnNi high-entropy alloy [J]. Materials Science and Engineering A, 2017, 689: 122-133.

[232] Zhou S, Liang Y J, Zhu Y, et al. High entropy alloy: A promising matrix for high-performance tungsten heavy alloys [J]. Journal of Alloys and Compounds, 2019, 777: 1184-1190.

[233] Sohn S S, Kwiatkowski da Silva A, Ikeda Y, et al. Ultrastrong medium-entropy single-phase alloys designed via severe lattice distortion [J]. Advanced Materials, 2019, 31 (8): 1807142.

[234] Huang J Y, Yu Y D, Wu Y K, et al. Microstructure and nanoscale composition analysis of the mechanical alloying of Fe_xCu_{100-x} (x = 16, 60) [J]. Acta Materialia, 1997, 45 (1): 113-124.

[235] Han Z, Ding C, Liu G, et al. Analysis of deformation behavior of VCoNi medium-entropy alloy at temperatures ranging from 77 K to 573 K [J]. Intermetallics, 2021, 132: 107126.

[236] Amar A, Wang M, Zhang L, et al. Additive manufacturing of VCoNi medium-entropy alloy: Microstructure evolution and mechanical properties [J]. Additive Manufacturing, 2023, 68: 103522.

[237] Zhou H, Li J, Xin Y, et al. Optical and electrical switching properties of VO_2 thin film on MgF_2 (111) substrate [J]. Ceramics International, 2016, 42 (6): 7655-7663.

[238] Yasir Rafique M, Pan L, Farid A. From nano-dendrite to nano-sphere of $Co_{100-x}Ni_x$ alloy: composition dependent morphology, structure and magnetic properties [J]. Journal of Alloys and Compounds, 2016, 656: 443-451.

[239] Kumari A, Sankaranarayana M, Nandy T K. On structure property correlation in high strength tungsten heavy alloys [J]. International Journal of Refractory Metals and Hard Materials, 2017, 67: 18-31.

[240] Pan G, Xiang D, Hu L, et al. Enhanced mechanical properties of Co-containing W-Ni_3Al alloy by trace Y_2O_3 addition [J]. Journal of Alloys and Compounds, 2025, 1010: 177769.

[241] Dai W, Wang D, Chen G. Mechanism of an approach based on bone microstructure to improve the machining quality for bionic multi-size particulate-reinforced composite [J]. Composite Structures, 2021, 274: 114346.

[242] George E P, Raabe D, Ritchie R O. High-entropy alloys [J]. Nature Reviews Materials, 2019, 4 (8): 515-534.

[243] Wang J, Liu B, Zhou H, et al. Additive manufactured oxide-dispersion strengthened FeCrNi medium entropy alloy with superior mechanical properties [J]. Intermetallics, 2024, 175: 108532.

